Michael Ohl

STACHEL UND STAAT

Eine leidenschaftliche Naturgeschichte von Bienen, Wespen und Ameisen

Mit Makrofotografien von Bernhard Schurian

Besuchen Sie uns im Internet:
www.droemer.de

Ein Imprint der Verlagsgruppe
Droemer Knaur GmbH & Co. KG, München

Lektorat: Nadine Lipp, Berlin
Covergestaltung: Kathrin Keienburg-Rees, Freiburg
Coverabbildung: Bernhard Schurian, Berlin
Layout und Satz: Nadine Clemens, München
Druck und Bindung: Kösel, Krugzell
Printed in Germany
ISBN 978-3-426-27749-2

2 4 5 3 1

Für meine Schwester Frauke

INHALT

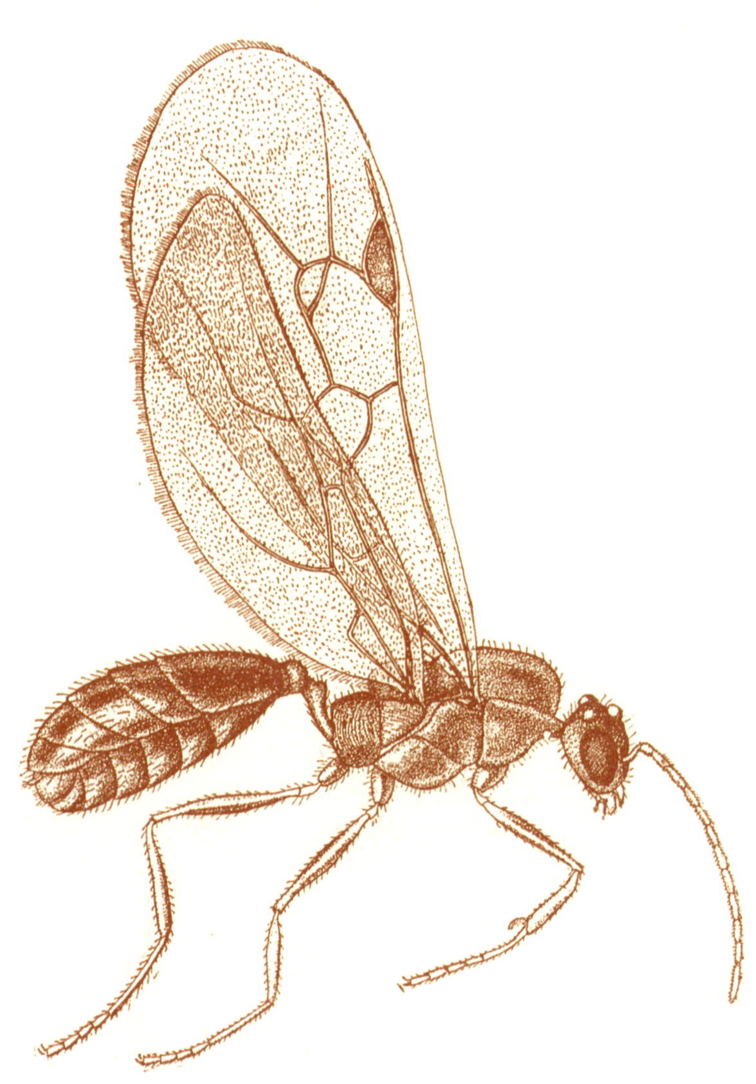

EINLEITUNG

LEIDENSCHAFT

Von der Poetik des Sammelns und ungehobenen Schätzen

»Ich liebe dich, heiße, zornige, viel verleumdete wilde Wespe. Denn ich weiß, dass nur wer so groß und heiß lebt, auch froh zu sterben vermag. ... Die Biene opfert das Leben dem Werk; die Wespe opfert alles Werk dem Leben.«
Theodor Lessing, 1925 (2005)[1]

Wespen, Bienen, Ameisen – sie sind die heimlichen Herrscher der Erde. Die rund 153 000 schon bekannten und viele weitere unentdeckte Arten bevölkern beinahe jeden Lebensraum des Festlands. Geht man an einem Sommertag selbst in einer Stadt nur ein kurzes Stück spazieren und achtet auf die zufällig den Weg kreuzenden Insekten, ist es wahrscheinlich, innerhalb von Minuten mindestens eine Wespe, Biene oder Ameise zu entdecken. In den Tropen machen die sozialen Wespen und Ameisen einen Großteil der tierischen Biomasse aus, und überall auf der Welt sind die Honigbiene und die Zigtausenden Wildbienenarten für einen erheblichen Teil der Blütenbestäubung verantwortlich. Wenn auch die einzelne

Ameise im Verhältnis zu einem Menschen verschwindend klein ist, wiegen die geschätzten zehntausend Billionen Ameisen, die die Erde bewohnen, in etwa so viel wie alle Menschen zusammen.[2]

Stechende Insekten gibt es seit beinahe 150 Millionen Jahren, während die Frühevolution des Menschen gerade einmal vor zwei bis drei Millionen Jahren ihren Anfang nahm. Nachdem der Urahn aller Wespen, Bienen und Ameisen in der Jura-Zeit, als die riesigen Dinosaurier die Erde bevölkerten, den Stachel entwickelt hatte, erwies sich dies als Schlüsselereignis für eine evolutive Erfolgsgeschichte. Kaum eine andere Insektengruppe ist heute so vielfältig und artenreich wie die stechenden Wespen, Bienen und Ameisen. Und ihre Geschichte entwickelte sich zwischen Stachel und Staat.

Ein Großteil dieser faszinierenden Vielfalt existiert im Verborgenen. Das liegt zum einen daran, dass man sich die wehrhaften Tiere lieber aus der Ferne ansieht. Zum anderen sind die meisten Arten klein und unauffällig und leben in weit entfernten Wüsten und Regenwäldern. Schaut man aber genau hin, öffnet sich eine enorme Vielfalt an Farben, Formen und Strukturen. Erst hochauflösende Makrofotografien offenbaren Details der Insekten, die sich dem bloßen Auge nicht erschließen. Der chitinöse Panzer der Insekten ist Träger unterschiedlicher Farben, die sich zu einem arteigenen Farbmuster ergänzen. Selbst die schwarzen Bereiche unterscheiden sich, von einem häufigen dunklen Braunschwarz bis zu einem beinahe alles Licht verschluckenden samtigen Tiefschwarz. Ergänzt wird das Schwarz oft durch ein kontrastierendes Gelb oder Rot, das in Bändern oder Flecken über den Körper verteilt ist. Auch die Oberflächentextur des Panzers unterscheidet sich von Art zu Art. Manche Tiere besitzen einen beinahe künstlich wirkenden Glanz, während die Oberfläche anderer Arten durch Riffeln, Grate und Punktierungen in verschiedener Weise strukturiert ist. Behaart sind sie alle, aber doch jede in ihrer eigenen Weise, mal mehr, mal weniger, mal samtig, mal borstig. Haken und zahnartige Vorsprünge an verschiedenen Körperstellen, Komplexaugen in verschiedenen Formen, lange Beine, dünne Beine, Flügel oder keine machen jede Art zu einem einzigartigen Kunstwerk. Je länger man hinschaut, desto mehr Details offenbaren sich. Und doch ist dies immer nur eine kleine Auswahl der ungeheuren Mannigfaltigkeit der Wespen, Bienen und Ameisen, die es auf der Erde gibt. Von dieser Vielgestaltigkeit, die bezaubert und fasziniert, soll hier berichtet werden.

Wespen, Bienen, Ameisen – drei vertraute Insektengruppen, von denen jeder etwas weiß und zu denen jeder eine eigene Geschichte zu erzählen hat. Die meisten Menschen haben bereits als Kinder das erste Mal den brennenden Schmerz eines Wespen- oder Bienenstiches erfahren. Das Zusammentreffen findet dabei meist ungeplant und überraschend statt, wenn der unvorsichtige Mensch auf eine nichts ahnende Biene tritt, die gerade auf der Wiese auf einem Klee sitzt. Die Reaktion kommt sofort und unmittelbar, und der Schmerz ist direkt und unausweichlich. War es eine Honigbiene, steckt meist noch der Stachel mit der Giftblase im eigenen Fleisch, und wenn man trotz des pulsierenden Schmerzes in der Lage ist, sich den Ausgangspunkt des Übels anzuschauen, sieht man die Giftblase unbarmherzig Gift in ihr Opfer pumpen. Dass die Biene dabei ihr Leben lässt, was im Übrigen nur bei wenigen der Zehntausenden von Bienen- und Wespenarten der Fall ist, ist nur ein schwacher Trost. Der Lerneffekt durch die Folgen dieses Zusammentreffens beschränkt sich auf den überlebenden Konfliktpartner, den Menschen, aber dieser Lerneffekt währt meist lange.

Die allermeisten Kontakte von Menschen besonders mit Wespen und Bienen gehen auf das Konto nur sehr weniger Arten, die allesamt große Staaten bilden, in unserer Kulturlandschaft häufig sind und in riesigen Individuenzahlen nahezu überall vorkommen. In Mitteleuropa und womöglich selbst im globalen Vergleich sind dies in erster Linie die Honigbiene *Apis mellifera* und zwei soziale Wespenarten, die Deutsche Wespe *Paravespula germanica* und die Gemeine Wespe *Paravespula vulgaris*.

Insekten, die »hinten stechen«, bilden eine artenreiche und in ihrem Körperbau und Verhalten enorm vielfältige Gruppe. Vor vielen Millionen Jahren ist bei dem gemeinsamen Vorfahren der Wespen, Bienen und Ameisen eine wichtige evolutive Neuerung entstanden: ein Stachel als Injektionsapparat für ein wirkungsvolles Verteidigungs- und Lähmungsgift. Bienen, Wespen und Ameisen, so unterschiedlich sie auch auf den ersten Blick erscheinen mögen, sind daher eng miteinander verwandt. Zusammen nennt man sie in der Wissenschaft Aculeata, von dem lateinischen Wort *aculeus* für Stachel. Die Aculeata gehören wiederum zu den Hautflüglern, wissenschaftlich Hymenoptera, eine der neben den Schmetterlingen, Fliegen und Mücken sowie den Käfern »mega-diversen« Insektenordnungen, die einen überproportional großen Anteil an der weltweiten Insektenvielfalt besitzen. Rund 153 000 Hautflüglerarten sind heute bereits weltweit bekannt, und davon besitzt knapp die Hälfte einen Stachel.

Erst mit dem Besitz des Stachels und der Entwicklung hochspezialisierter Gifte für unterschiedliche Einsatzgebiete konnte sich die heutige Vielfalt an stechenden Hautflüglern entwickeln. Auch für die Entwicklung komplexer Sozialsysteme, wie sie bei Wespen, Bienen und Ameisen häufig auftreten, war der Stachel eine wichtige Voraussetzung. Große Nester voller schmackhafter, eiweißreicher Larven und großer Mengen an süßem, zu Honig fermentierten Nektars sind eine attraktive Beute für hungrige Wirbeltiere aller Art. Wespen, Bienen und Ameisen haben deshalb Verteidigungssysteme gegen Angreifer entwickelt, die derart effektive Angriffswaffen sind, dass es selbst einer einzelnen Arbeiterin gelingen kann, einen um ein Vielfaches größeren Feind in die Flucht zu schlagen.

Viele Arten stechender Insekten führen allerdings keine soziale Lebensweise. Bei diesen solitären Arten baut jedes Weibchen allein auf sich gestellt ein Nest, das sie mit Larvennahrung füllt und auf die sie ihre Eier legt. Keine übermäßige Brutfürsorge, keine Arbeiterinnen. Diese solitären Wespen und Bienen beherrschen das Spiel mit dem Schmerz allerdings ebenso, aber hier kommen Funktionen des Giftcocktails hinzu, die die sozialen Arten nicht benötigen. Die meisten solitären Wespenarten versorgen ihren Nachwuchs mit Insektenbeute, die sie mit dem Stich ihres Stachels in dauerhafte Lähmung versetzen. Die Jungwespen ernähren sich dann von den paralysierten Insekten. Das injizierte Gift muss dabei so beschaffen sein, dass die Beute dauerhaft gelähmt bleibt, ohne frühzeitig zu sterben und so zu verderben. Die Wirksamkeit des Giftcocktails muss genauestens auf die spezifischen Rahmenbedingungen wie die Größe und Art der Beute und der Entwicklungszeit der Wespenlarven abgestimmt sein. Einige Wespen gehen sogar so weit, dass sie durch gezielte Stiche in einen Nervenknoten ihrer Insektenbeute den »Willen« des Insekts zu Fluchtbewegungen ausschalten, die motorische Steuerung der Beinbewegungen aber erhalten bleibt. So kann die Wespenmutter die oft viel größere Beute an den Fühlern wie ein Zombie in ihren Unterschlupf lenken. Solche spezifisch auf das Nervensystem der Opfer wirkenden Substanzen sind in der medizinischen Forschung von großem Interesse.

Das berühmte »Vogelspinnenblatt« aus Maria Sibylla Merians »Metamorphosis Insectorum Surinamensium« von 1705. Wahrscheinlich hat Carl von Linné dieser Vogelspinnenart den Namen *Aranea avicularia* aufgrund dieses Blattes gegeben. Entgegen Merians Beschreibung im Text ihres Buches handelt es sich bei den Ameisen wohl nicht um vegetarische Blattschneiderameisen, sondern um räuberische Treiberameisen der Gattung *Eciton*.[3]

WESPEN, BIENEN UND AMEISEN

Was aber sind Wespen, Bienen und Ameisen? So vertraut diese Begriffe scheinen, so schwierig ist ihre Verwendung im allgemeinen Sprachgebrauch. Bei der »Ameise« ist es noch unproblematisch, und die Rote Waldameise *Formica rufa* mit ihren imposanten Ameisenhügeln kann als Paradebeispiel für eine hochsoziale Ameisenart gelten. Auch wenn die mehr als 12 000 bekannten Ameisenarten in einer Form- und Verhaltensfülle auftreten, die verblüffend vielfältig und weitgehend unbekannt ist.

Bei der »Biene« wird es schon schwieriger. Rund 20 000 Bienenarten sind weltweit bekannt, aber der Großteil unseres Wissens über Bienen geht auf das Konto einer einzigen Art, der Honigbiene. Trotz dieser großen Bienenvielfalt, von denen nur wenige sozial wie die Honigbiene leben, sind Bienen biologisch gesehen im Grunde recht einfach zu charakterisieren. Bis auf wenige Ausnahmen sind sie alle Blütenbesucher und sammeln Nektar und Pollen für ihre Larven. Im Detail allerdings offenbaren sich hier artspezifische Besonderheiten und vielfältige Anpassungen, die verblüffend sind, sodass man sich hüten sollte, in der so populären Honigbiene einen repräsentativen Vertreter der Bienenvielfalt zu sehen.

»Wespe« schließlich ist der wohl am wenigsten klar umrissene Begriff. Im Grunde können alle Hautflügler ohne die Ameisen und Bienen als Wespen bezeichnet werden. Das Spektrum reicht von den sogenannten Blatt- und Holzwespen, die weder eine Wespentaille noch einen Stachel besitzen, über die große Gruppe der Schlupfwespen und anderer parasitischer Gruppen, die mithilfe eines stachelartigen Eilegeapparates ihre Eier in ihre Wirte injizieren, bis eben zu der vielfältigen Gruppe der stechenden Hautflügler. Aber auch unter den stechenden Hautflüglern ist die Vielfalt dessen, was als Wespe gelten kann, sehr groß. Wegwespen, Dolchwespen, Rollwespen, Goldwespen und Grabwespen sind nur einige der vielen unterschiedlichen Gruppen von Wespen, die auch bei uns in Mitteleuropa vorkommen. Sie führen alle ein verstecktes Leben und sind oft von geringer Körpergröße, sodass man sie häufig übersieht. Und was besonders wichtig ist: Sie leben einzeln und kommen daher in weitaus geringeren Individuenzahlen vor als die sozialen Wespen, die im Spätsommer unsere Biergärten und Bäckereien überfluten und Anlass für das weitverbreitete schlechte Image »der Wespe« sind.

Die Illustration der Grabwespe *Philanthus hortorum* Panzer, 1799 als Teil der Originalbeschreibung dieser Art, die heute *Cerceris rybyensis* (Linnaeus, 1771) heißt. Die Abbildung ist eine von 2640 Tafeln mit Einzelillustrationen von Insekten aus der »Faunae Insectorum Germanicae initia«, einem bedeutenden ikonografischen Werk von Georg Wolfgang Franz Panzer, das er ab 1792 herausgab.

Es ist nur allzu verständlich, dass die sozialen Arten wie die Honigbiene, die Deutsche und Gemeine Wespe so viel Aufmerksamkeit erregen. Sie kommen nahezu überall vor, und ihre umfangreichen Staaten und die damit verbundenen komplexen Interaktionen sind hoch spannend. Ganz zu schweigen davon, dass wir dazu neigen, die Insektenstaaten mit den menschlichen Gesellschaften zu vergleichen und es nur allzu verführerisch ist, aus den Ähnlichkeiten Schlüsse für unser eigenes soziales Dasein und unsere eigene evolutive Geschichte zu ziehen.

Will man aber verstehen, wie und unter welchen Bedingungen die sozialen Arten als Äste im »Baum des Lebens« der übrigen stechenden Insekten entstanden sind, bleibt das Bild lückenhaft, beschränkt man sich auf die sozialen Arten. Die weitaus größte Zahl der stechenden Hautflügler lebt einzeln, und bei diesen Einzelgängern kümmert sich ein

Weibchen alleine um seinen Nachwuchs, entweder als Parasit, indem es seine Eier an oder in einen Wirt oder ein Wirtsnest legt oder indem es ein einzelnes kleines Nest mit einigen wenigen Kammern für seine Larven baut, die es mit Nahrung versorgt. Das Verhalten der solitären Wespen und Bienen – in diesem Zusammenhang dürfen die Ameisen ohne Weiteres ignoriert werden, da es keine einzeln lebenden Ameisen gibt – ist dabei enorm vielfältig und wie bei der »Zombie-Wespe« nicht selten so gruselig wie ein Horrorfilm.

VIELFALT IN SAMMLUNGEN

Die gestochen scharfen Insektenfotos dieses Buches sind keine Lebendaufnahmen. Sie haben es sicherlich schon gemerkt. Die Tiere befinden sich als genadelte Präparate in der Hautflüglersammlung des Museums für Naturkunde in Berlin (mithilfe einer Software wurde die Nadel wegretuschiert).

Ich befasse mich beruflich ausschließlich mit präparierten Wespen, denn ich erforsche, welche Wespenarten es weltweit gibt, woran man sie unterscheiden kann und wie sie in der Evolution entstanden sind. Dafür ist es nötig, sich die äußere und innere Gestalt der Wespen sehr genau anzuschauen und genetische Daten zu erheben. Diese Untersuchungen wiederum sind nur möglich, wenn man eine umfangreiche Vergleichssammlung hat, mit deren Hilfe man Individuen von bereits bekannten Arten mit neu gefundenen Tieren vergleichen kann. Solche Sammlungen gibt es in den großen Forschungsmuseen der Welt, und auch dort werden nur tote Individuen für jetzige und zukünftige Forschungsfragen konserviert. Es scheint widersinnig zu sein, als Biologe das Leben anhand von toten Tieren erforschen zu wollen. Und auch wenn es eine eher grundsätzliche Frage ist, ob ein Biologe wirklich das Leben selbst erforscht, ist es doch naheliegend, sich zu dieser Frage Gedanken zu machen.

Ein erheblicher, wenn nicht sogar der größte Teil der schon bekannten Wespendiversität ist nur durch einzelne Museumstiere bekannt. Was auf der anderen Seite bedeutet, dass man über die allermeisten Arten außer ihrem Körperbau und dem Fundort im Grunde kaum etwas weiß. Schon überhaupt nichts über ihr Verhalten. Will man also die globale Vielfalt einer bestimmten Tier- oder Pflanzengruppe erforschen, hat man keine andere Wahl, als sich sehr detailliert mit dem zu beschäftigen, was verlässlich und dauerhaft nach dem Tod eines Tieres erhalten bleibt. Und genau das tue ich.

Das Wissenschaftsgebiet, das sich auf diese Weise mit der Entdeckung, Beschreibung und Benennung von Arten beschäftigt, heißt Taxonomie und ist ein Teilgebiet der biologischen Systematik, der Wissenschaft von der Ordnung in der belebten Natur. Taxonomie, oder Biodiversitätsentdeckung, wie heute manchmal gesagt wird, ist ohne Sammlungen von präparierten Tieren oder Pflanzen nicht denkbar. Bei bestimmten Tiergruppen mit wenigen Arten und durchweg recht gutem Überblick über die Weltfauna, wie bei manchen Säugetieren, können Sammlungen eine untergeordnete Rolle spielen. Bei Insekten ist das anders. Auch wenn man bereits rund 153 000 Arten von Hautflüglern kennt,[4] warten sicherlich noch mehrere Hunderttausend auf ihre Entdeckung. Ohne ein Archiv der materiellen Basis all dieser Artbeschreibungen, ohne eine Referenz- und Vergleichssammlung wäre es nicht möglich, hier den Überblick zu behalten und bei all den Neuentdeckungen zu entscheiden, ob es sich um eine bereits bekannte oder eine neue Art handelt.

Verhaltensbiologen dagegen, die mit lebendigen Organismen arbeiten, stellen vollkommen andere Fragen an die Natur, als Systematiker es tun. Wichtige Fragen und sinnvolle Fragen, deren Antworten dazu beitragen, zu verstehen, wie Tiere leben und in ihrer Umgebung agieren. Das Verhalten eines Organismus ist häufig der Schlüssel zum Verständnis evolutiver Prozesse, die zu bestimmten Änderungen auch der körperlichen Eigenschaften führen. Ohne die Lebensweise eines Organismus zu kennen, ist es schwer, etwas über die Funktion seiner strukturellen Merkmale zu sagen. Aber selbst ohne dass wir verstehen, wozu bestimmte Strukturen eines Tieres letztlich dienen, können wir diese Strukturen am toten Körper sehen, sie aufzeichnen und miteinander vergleichen.

Ich hege eine maßlose Bewunderung für enthusiastische Verhaltensforscher wie Jean-Henri Fabre (1823–1915), den südfranzösischen Entomologen, der so viele Verhaltensbeobachtungen an Wespen in wunderbaren Worten beschrieben hat, und sein amerikanisches Pendant, Howard E. Evans (1919–2002), der ein halbes Jahrhundert später akribisch das Verhalten von amerikanischen Wüstenwespen dokumentierte. Verhaltensforscher brauchen Geduld und sind dazu verurteilt, sich gewissenhaft und detailliert auf wenige Arten zu beschränken. Der Erfolg von Verhaltensstudien an Wespen ist von vielerlei Faktoren abhängig, auf die der Beobachter keinen Einfluss hat. So lässt nur der schönste Sonnenschein die meisten Arten tun, was sie üblicherweise zu tun pflegen. Schlechtwetterperioden können eine ganze Beobachtungssaison ruinieren. Und schließlich braucht man als Forscher die Bereitschaft, sich in der glühend heißen Wüstensonne wie versteinert neben ein Nest zu setzen und die Beobachtungen über Stunden zu dokumentieren. Und das systematisch und planvoll mit einer klaren Vorstellung der wissenschaftlich richtigen Methode und der sich anschließenden statistischen Analyseverfahren. Eine vollkommen andere Welt als die eines Taxonomen, der sich mit großer Akribie mit den präparierten Tieren auseinandersetzt, die er zwar oft selbst in mühevollen Expeditionen erbeutet hat, die aber erst im Lichte eines Mikroskops die Details ihrer Vielgestaltigkeit offenbaren. Und so die Geschichte ihrer eigenen Evolution erzählen.

Naturkundliche Sammlungen sind das Rückgrat der taxonomischen Erforschung der Artenvielfalt. Sammlungen dienen dabei besonders als Heimstatt von Referenzobjekten. Gute Wissenschaft muss reproduzierbar sein. In den experimentellen Naturwissenschaften bedeutet das, dass eine Versuchsanordnung so gewählt werden muss, dass sie jederzeit wiederholbar ist und zu denselben Ergebnissen führt. In der Taxonomie und Systematik dagegen, die nicht in gleicher Weise experimentell sind, macht man üblicherweise beschreibende Aussagen über den speziellen Aufbau und die Evolution von Organismen. Diese morphologischen oder auch genetischen Aussagen und ihre evolutive Interpretation werden in jeder Veröffentlichung möglichst ausführlich dokumentiert, und immer wird dezidiert angegeben, an welchen Individuen die Ergebnisse gewonnen wurden und in welcher Sammlung sich diese Individuen befinden. So können die Aussagen jederzeit überprüft werden.

Weil naturkundliche Sammlungen über einen langen Zeitraum angelegt werden, sind sie zugleich auch ein »Biodiversitätsarchiv«. Objekte, die vor Jahren oder Jahrzehnten, vielleicht sogar schon vor Jahrhunderten gesammelt wurden, geben Aufschluss über die Zusammensetzung von Lebensgemeinschaften in historischen Zeiten und über die seitdem stattgefundenen Veränderungen. Da man häufig auch Informationen über die Lebensbedingungen von Arten kennt, ist es auch möglich, von den Änderungen in der Artenzusammensetzung auf Änderungen der

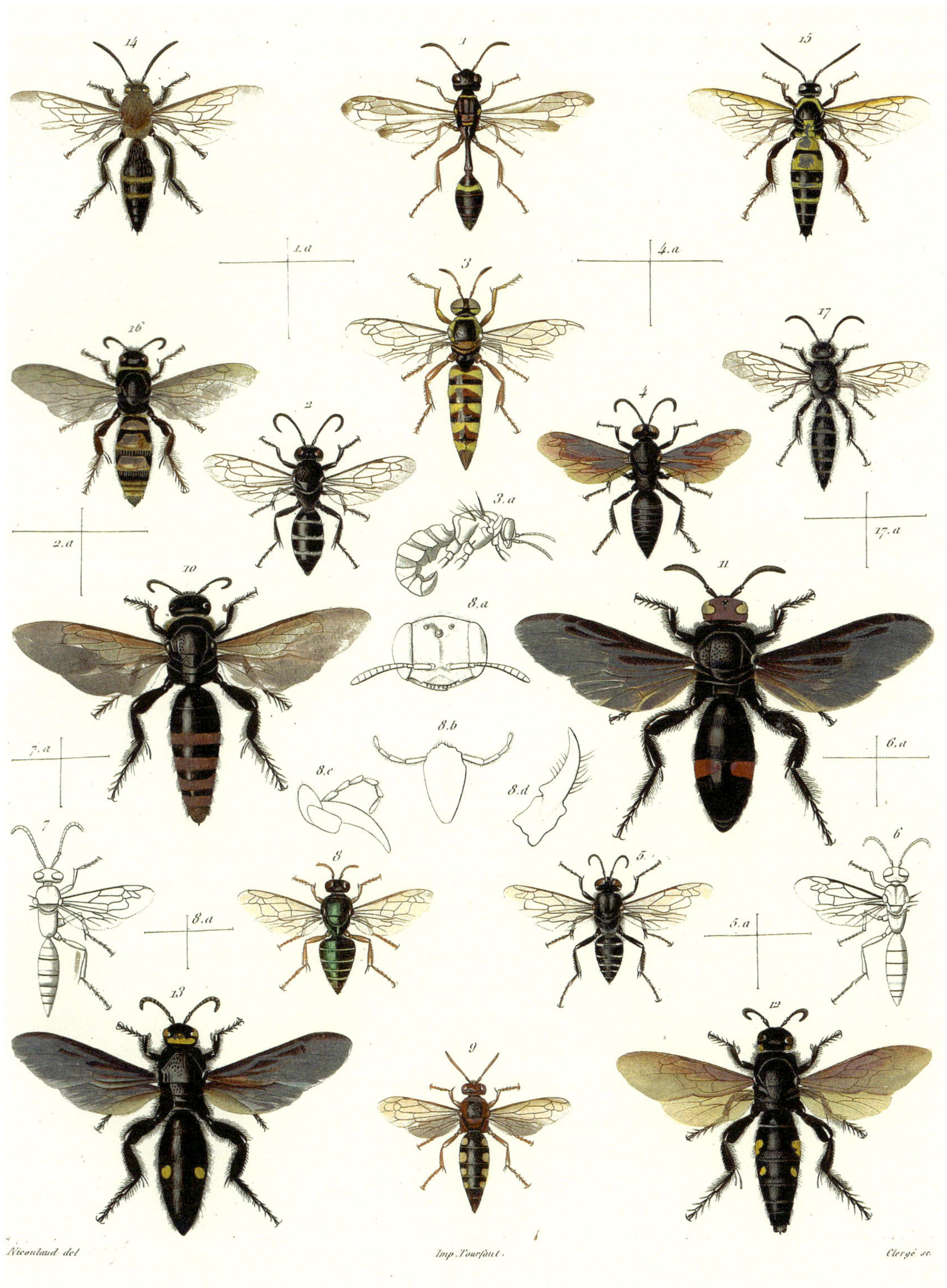

Verschiedene Grab- und Dolchwespenarten. Henri de Saussure, 1854.

Vegetation oder des Klimas zu schließen. Sammlungen sind also auch »Klimaarchive«. Vor diesem Hintergrund lassen sich Sammlungsdaten über die sich ändernde Zusammensetzung der Biodiversität nutzen, um mit komplexen mathematischen Verfahren Vorhersagen über künftige Prozesse unter bestimmten Annahmen klimatischer Veränderungen abzuleiten.

Sammlungen aber sind noch mehr. In den biologischen Sammlungen der Welt schlummert ein ungehobener Schatz. Wir sind als Menschen mit einer ganzen Reihe von Problemen konfrontiert, die von weltweiter Bedeutung sind, und die Natur hat das Potenzial, manche von ihnen zu lösen. Beispielsweise werden Naturstoffe mit spezifischen Wirkungen gesucht, die in der Medizin zur Therapie von Krankheiten eingesetzt werden können. Viele natürliche Wirkstoffe werden bereits verwendet, aber es kann gar keinen Zweifel geben, dass es viele noch unbekannte Substanzen mit noch unbekannten Wirkungen in der Natur gibt. Die naturkundlichen Sammlungen sind prädestiniert dafür, die Suche nach neuen Stoffen zu unterstützen. Aus aller Welt sind hier Organismen aus zwei Jahrhunderten versammelt, die leicht zugänglich sind und die man systematisch auf geeignete Substanzen untersuchen kann. Ein anderes bedeutendes Problem ist die Welternährung. Welche Pflanzen oder Tiere eignen sich für eine nachhaltige und produktive Landwirtschaft? Wie haben sich die Fischvorkommen in den Weltmeeren im Lauf der letzten Jahrzehnte verändert, und was können wir daraus für eine nachhaltige Nutzung lernen? Diese und viele andere Fragen benötigen das Wissen, das in den naturkundlichen Sammlungen der Welt schlummert, und dieses archivierte Wissen allein, ob schon bekannt oder noch verborgen, macht Sammlungen so wertvoll und aktuell.

Sammlungen dienen zudem als Anschauungsmaterial für die Bildung. Studenten biologischer Fachdisziplinen verwenden Sammlungen, um die relevanten Merkmale der Tiere und Pflanzen kennenzulernen. Es gibt wahrscheinlich keine bessere Möglichkeit, die Vielgestaltigkeit der Arten zu untersuchen, als eine Museumssammlung.

Das Sammeln ist ein wichtiger Teil eines Forschungsgebiets, das viel zu erzählen hat über die Organismen um uns herum. Ohne die Sammlungen wüssten wir heute viel weniger über die Geheimnisse der Natur, und ohne die Sammlungen würden wir auch in Zukunft die Lebewelt, mit der wir die Erde teilen, nur ungenügend erforschen können. Zudem beruht ein ganz erheblicher Teil meiner eigenen wissenschaftlichen Arbeit und der meiner Kolleginnen und Kollegen auf Museumssammlungen, und wir tragen dazu bei, die Sammlungen zu vergrößern und zu bearbeiten. Ich möchte gar nicht verhehlen, dass ich dies mit Begeisterung und Leidenschaft mache. Eine große Wespensammlung, die Vertreter aus aller Herren Länder umfasst, erfüllt mich mit Freude, die über die Freude an ihrem wissenschaftlichen Gehalt hinausgeht. Die atemberaubende Fülle an Formen und Farben in ihrer Gesamtheit vor mir ausgebreitet zu sehen, ist ein außerordentlich ästhetischer Genuss. Und zu jeder Wespe fällt mir sofort eine Geschichte ein.

Zugegeben, dem Sammeln hängt der Ruch des Vergangenen an, und der Vergleich mit Briefmarkensammlungen und der Verdacht des Sammelns um des Sammelns wegen steht nur allzu oft im Raum. Das Sammeln ist eine tief in uns und unserer Kultur verankerte menschliche Tätigkeit. Wir alle sammeln. Mit unterschiedlichen Zielen und in unterschiedlichem Ausmaß, aber wir sammeln. Seien es Bücher, Kronkorken oder Postkarten, das Sammeln von Objekten unserer Leidenschaft gehört untrennbar zu unserer Kultur. Die Literaturwissenschaftlerin Ulrike Vedder spricht von einer »Poetik des Sammelns« und meint damit »Praktiken des Hervorbringens und Weiterverarbeitens von Sinn, durch den Individuen und Gesellschaften ihre Lebenswelt strukturieren, gestalten und artikulieren«[5].

Es ist das Sinngebende einer naturkundlichen Sammlung, das das Sammeln rechtfertigt und damit auch das Sterben all dieser Tiere. Würde ich die Wespen lebendig lassen, könnte ich die zentralen Fragen meines Forschungsgebietes nicht beantworten. Und wir würden nicht erfahren, mit wem wir eigentlich unsere Erde teilen, wir wüssten nicht, wie der »Baum des Lebens« beschaffen ist, die komplexe historische Verbindung alles Lebendigen in seinem evolutiven Entstehungsprozess.

Wenn im Untertitel dieses Buches von einer leidenschaftlichen Naturgeschichte die Rede ist, so ist damit zweierlei gemeint. Einerseits ist eine Naturgeschichte immer auch eine Kulturgeschichte und damit auf das Engste verwoben mit unserem persönlichen und sich im Lauf unserer kulturellen Entwicklung wandelnden Blick auf die Natur. Die Mehrheit der Informationen in diesem Buch stammt von Wissenschaftlerinnen und Wissenschaftlern, die seit der Mitte des 18. Jahrhunderts dazu beigetragen haben, die natürlichen Zusammenhänge besser zu verstehen.

Viele sind schon lange tot, manche sind aktuelle Zeitgenossen. Für die meisten von ihnen ist die Erforschung der Natur, ihrer Eigenschaften und ihrer Entstehung eine Frage von Leidenschaft und Lebensinhalt. Die Naturgeschichte ist daher für mich immer auch eine Geschichte ihrer Entdeckung und ihrer Entdecker. Zu denen ich mich auch zählen kann, so klein mein eigener Beitrag vor dem Hintergrund der langen Entdeckungsgeschichte auch ist. Indem ich in diesem Buch neben den vielen biologischen Informationen auch von den Menschen berichte, die mit Leidenschaft und persönlichem Einsatz das stechende Insektenvolk und seine Vielfalt erforscht haben, wird hoffentlich deutlich, wie eng die Entdeckungen mit der persönlichen Perspektive ihrer Entdecker verwoben ist.

BEGRIFFE

Wie Sie bereits bei dem kurzen Absatz über die passende beziehungsweise fehlende populäre Bezeichnung für Wespen, Bienen und Ameisen erahnt haben dürften, kommt man nicht ganz ohne Fachbegriffe aus, wenn man über diese Insektengruppen spricht. Ich habe mich bemüht, weitestgehend auf Fachterminologie zu verzichten, was aber schnell an Grenzen stößt. So tragen nur manche der Wespengruppen eigene deutsche Bezeichnungen, sie alle aber haben wissenschaftliche, lateinisch-griechische Namen. Mir ist bewusst, dass diese wissenschaftlichen Namen auf den ersten Blick nicht einladend wirken, aber ich kann nur empfehlen, sich von ihnen nicht abschrecken zu lassen. Nicht nur sind sie gar nicht so schwer zu behalten, sie sind bei weiterer Recherche womöglich noch im englischen oder anderssprachigen Kontext eindeutiger als die nur regional verständlichen Namen der Umgangssprachen. Um Ihnen den Weg in diese fremde Welt der wissenschaftlichen Namen zu erleichtern, verwende ich in der Regel beide Namen wie zum Beispiel »der Bienenwolf *Philanthus triangulum*«. Versuchen Sie es einmal, *Philanthus triangulum*. Auf Fachbegriffe aus der Insektenmorphologie oder der Evolutionstheorie habe ich überwiegend verzichtet oder sie im laufenden Text erläutert.

Weniger geeignet ist dieses Buch als Einstieg in die Taxonomie der aculeaten Hymenopteren, und man wird mit ihm die verschiedenen

Wespengruppen nicht ohne Weiteres bestimmen können. Die Vielfalt an Wespen, Bienen und Ameisen ist zu groß, um selbst bei noch so großer Ähnlichkeit zwischen einem gefangenen Insekt und einem der Fotos dieses Buches sicher sein zu können, dieselbe Art vor sich zu haben. Dazu bedarf es spezieller Fachliteratur, eines Stereomikroskops und idealerweise auch einer Vergleichssammlung. Ich kann aber jedem, der nach der Lektüre des Buches Lust bekommen hat, herausfinden zu wollen, was im eigenen Garten oder Balkon an Stechendem herumfliegt, nur ermuntern, sich alles Notwendige dafür zu besorgen. Die Hautflügler-Spezialisten entomologischer Vereine und besonders der großen Naturkundemuseen und auch das Internet sind hier behilflich. Hier und in zahlreichen Büchern finden Sie zudem Informationen, was Sie in Ihrem Garten, auf dem Balkon oder der Fensterbank tun können, um den harmlosen Wespen, Bienen und Ameisen Unterschlupf und Nahrung zu bieten.

Ich verspreche Ihnen aber, dass sich Ihr Blick schärfen wird und Sie nach der Lektüre dieses Buches in der Lage sind, im Biergarten beiläufig mit Besserwisserblick auf die Wespe am Schinkenbrot verkünden zu können: »Die ist eine Arbeiterin, die gerade Nahrung für ihre Larven sammelt.« Und Sie werden wissen, dass Grabwespen schon Flugzeuge zum Absturz gebracht haben.

Ich hoffe, mit diesem Buch meine eigene Leidenschaft und die meiner Kolleginnen und Kollegen für die Natur und für die Schönheit ihrer Erscheinungsformen teilen zu können. Wenn es mir gelingt, Sie ebenfalls zu begeistern für die Vielfalt der stechenden Insekten zwischen »Stachel und Staat«, und wenn Sie danach die kleinen schwarzen fliegenden Insekten, die in den Löchern zwischen Ihren Terrassenplatten so schnell verschwinden, wie sie wieder erscheinen, mit anderen Augen sehen, hat mein Buch ein wichtiges Ziel erreicht. Ansonsten hoffe ich, dass Ihnen die Lektüre des Buches ebenso viel Spaß bereitet wie mir das Schreiben.

KAPITEL 1

ANNÄHERUNG

Von der Wüste in die Sammlung

Im Südosten des US-Bundesstaates Arizona, direkt an der Interstate 10, liegt das Städtchen Willcox. Ursprünglich 1880 als eine Niederlassung mit Namen Maley an der Southern Pacific Railroad gegründet, wurde der Flecken 1889 nach Orlando B. Willcox, einem General der United States Army während des US-Bürgerkriegs, zu Willcox umbenannt.[1] Viel mehr ist über Willcox nicht zu sagen. Willcox ist heute ein verschlafenes Wüstennest mit einigen Supermärkten, Tankstellen und Fast-Food-Restaurants. Der Inbegriff amerikanischer Provinzialität des Südwestens, der als Filmkulisse gleichermaßen vertraut wie fremdartig wirkt.

Für mich ist Willcox einer der aufregendsten Orte der Welt, es ist das Tor in die Welt der Wespen. Südöstlich von Willcox auf der Arizona State Route 186 durchquert man direkt hinter der Ortsgrenze eine unwirtliche Landschaft aus Sanddünen und kargen Büschen, die Willcox-Playa genannt wird, ein fast immer ausgetrockneter See. Kein Baum spendet Schatten, während im Juli die Temperaturen auf über 40 Grad steigen. Dornige Büsche bestimmen die Vegetation, und in weitem Abstand stehen einzelne widerstandsfähige Yucca-Palmen. Der schneeweiße Sand reflektiert die gleißende Sonne, und wann immer ich dort bin, denke ich an die Siedler, die aus dem Osten mit Planwagen und zu Fuß diese extreme Landschaft durchquerten. Tombstone, der berühmte Ort der Schießerei der Earp-Brüder und Doc Holliday, liegt nur wenige Meilen entfernt wie auch der Skeleton Canyon, in dem Geronimo, der Kriegshäuptling der Bedonkohe-Apachen, sich letztlich der Übermacht der ihn verfolgenden US-Army ergab.

Am südlichen Rand der Willcox-Playa befindet sich eine der vielen Geisterstädte des Südwestens der USA, Überbleibsel und Mahnmale der kurzen Boomzeit nach der Entdeckung von reichen Vorkommen von Kupfer, Silber und anderen Bodenschätzen in den unwirtlichen Wüsten. Die Geisterstadt am Südrand der Willcox-Playa heißt Dos Cabezas, zwei Köpfe, nach zwei hügeligen Kuppen, an deren Fuß die Stadt erbaut wurde. Mit dieser Geisterstadt verbindet mich ein Band mit der Vergangenheit, auf das mich ein Kollege hinwies, der nach seiner Pensionierung aus Washington, D.C., in diese Region zog. In Dos Cabezas gab es im späten 19. Jahrhundert einen »General Merchandise«, ein Ladengeschäft mit nahezu allem, was man als Siedler dort benötigte. Und der Inhaber des General Merchandise trug meinen Namen. Michael Ohl. Ein Foto in einem Buch über die Geschichte der Geisterstadt zeigt ihn, wie er auf der Veranda seines hölzernen Geschäftshauses sitzt.[2] Weißes Hemd, dunkle Hose und Weste, Hut. Davor eine Gruppe von Kindern mit einem Esel und der Bildunterschrift, Michael Ohl sei bei den Kindern von Dos Cabezas beliebt gewesen. Viel mehr erfahre ich nicht über meinen Namensvetter, aber es berührt mich, ihn dort sitzen zu sehen, sein Gesicht unkenntlich in der Körnigkeit des historischen Fotos. Begraben in einem anonymen Grab in Dos Cabezas, wie mir das Buch mitteilt.

Bei einem meiner vielen Besuche der Willcox-Playa habe ich einen alten Rancher getroffen, der sich erkundigte, was ich mit meinem Insektennetz bezwecke. Nachdem ich mir einen langen, aber unterhaltsamen Monolog über seine deutschen Wurzeln angehört hatte, fragte er mich nach meinem Familiennamen. Es stellte sich heraus, dass noch sein Vater von der Willcox-Playa nach Dos Cabezas zu reiten pflegte, um bei Michael Ohl einzukaufen und mit ihm einen Drink zu nehmen. Mit einem verschmitzten Lächeln verabschiedete er sich schließlich von mir. Er freue sich darauf, seinen Freunden zu erzählen, er habe Michael Ohl getroffen.

Die Willcox-Playa, Blick Richtung Chiricahua-Mountains.

BLÜTEN UND WESPEN

Ich habe die Willcox-Playa vor mehr als 20 Jahren das erste Mal besucht, an einem glühend heißen Tag mitten im Sommer. Seitdem bin ich viele Male hier gewesen, manchmal alleine, manchmal mit Studenten und Kollegen, manchmal mit meiner Frau und zuletzt mit meiner ältesten Tochter. Diese Landschaft berührt mich, jedes Mal. Ich stehe dann gerne auf einer sanft erhobenen sandigen Kuppe und schaue in Richtung der schroffen Chiricahua-Mountains im Südosten. Nur Wüste, Büsche, Yuccas, so weit das Auge reicht, und so wird es auch vor mehr als 100 Jahren gewesen sein, als der andere Michael Ohl hier seinen Alltag lebte. Und ich stelle mir vor, dass er wahrscheinlich etwas ganz anderes dort gesehen hat. Das Leben war hart, ohne den Luxus von Klimaanlagen, Autos und Internet, mit dem ich reise. Und es fällt mir schwer, mir vorzustellen, dass die Bewohner von Dos Cabezas, die Minenarbeiter, die Cowboys und Rancher, die Familien und Händler, die in dieser gleichermaßen wunderschönen wie feindlichen Umgebung zu überleben versuchten, dem Anlass meiner weiten Reise viel Verständnis entgegengebracht hätten. Ich würde gerne wissen, ob mein Namensvetter hier gefunden hat, was er suchte. Bis er schließlich in Dos Cabezas 1922 im Alter von 70 Jahren einer Lungenentzündung erlag.[3]

Ich finde hier immer, was ich suche. Die Wüste vibriert durch ein fortwährendes vielstimmiges Insektengesumme, denn auf jeder Blüte einer noch so kleinen hartlaubigen Wüstenpflanze sitzen sie. Wespen. Mit geschultem Auge sehe ich Wespen, wohin ich auch blicke. Und je genauer ich schaue, umso stärker bekomme ich den Eindruck, die Willcox-Playa sei ganz in der Hand des stechenden Insektenvolks. Fliegen, Käfer, Schmetterlinge, die in unseren gemäßigten Breiten oft vorherrschenden Insektengruppen, treten hier in der flimmernden Hitze der Wüste zurück und überlassen den Wespen das Feld.

Nun muss ich allerdings zugeben, dass dieser Eindruck der Wespenvorherrschaft auf der Willcox-Playa insbesondere dadurch entsteht, dass ich in der Vielfalt der abenteuerlichen Erscheinungsformen der Insekten Wespen erkenne, die man gemeinhin kaum eine Wespe nennen würde. In Mitteleuropa gibt es Hunderte von Wespenarten, aber unser aller Bild ist vollkommen geprägt von den staatenbildenden und besonders im Spätsommer in großer Zahl unsere Städte bevölkernden Wespen, deren schwarz-gelbe Warnfärbung unverkennbar ist. Auch bei uns kommen viele unscheinbare Wespenarten vor, die leicht übersehen werden, aber keine ist so auffällig und so omnipräsent wie die beiden in Mitteleuropa häufigsten Arten, die Deutsche Wespe, wissenschaftlich *Paravespula germanica*, und die Gemeine Wespe, *Paravespula vulgaris*.

In den Wüsten Arizonas allerdings spielen die »Yellow-Jackets« genannten sozialen Wespen nur eine untergeordnete Rolle. Um die ganze Wespenvielfalt dort mit einem Blick überschauen zu können, ist es die beste Strategie, sich einen der zahlreichen blühenden Büsche von *Baccharis* zu suchen. Diese Pflanzengattung, die zu den Korbblütlern gehört und in den USA »Desert Broom«, Wüstenbesen, genannt wird, kommt vorwiegend in Süd- und Mittelamerika vor, das Verbreitungsgebiet einiger Arten reicht allerdings bis in den Süden der USA. Die Büsche können mehrere Meter Höhe erreichen und besitzen lange, schmale, etwas klebrige Blätter. In der Blütezeit sind *Baccharis*-Büsche bedeckt mit kleinen weißen Blüten, die wegen ihrer kurzen Blütenkelche die ideale Futterquelle für Wespen darstellen. *Baccharis*-Büsche haben einen unverwechselbaren Geruch, der lange an Insektennetzen und selbst an meiner Kleidung haftet. Dieser Geruch ist für mich der Geruch der Wüste und der Wespen. Es gibt noch viele andere wespen- und bienengeeignete Pflanzen, zum Beispiel die winzig kleinen Blütenkugeln der Gattung *Eriogonum* aus der Familie der Knöterichgewächse, aber an *Baccharis* hängt mein Herz. Vielleicht, weil ich an ihr das erste Mal die Freuden an der Vielfalt der Wüstenwespen erlebt habe.

Ein blühender Busch dieser Pflanze ist ein magischer Anziehungspunkt für die Wespen der Umgebung, insbesondere wenn er alleine steht. Mit der Sonne im Rücken kann ich die Szenerie gut beobachten. Als Erstes fallen die großen schwarzen Wespen der Gattung *Pepsis* auf, die hier die größten Wespen überhaupt sind. Ihr Körper ist pechschwarz, die Flügel bei einigen Arten ebenso, bei manchen dagegen leuchtend orange oder rot. Sie fliegen recht langsam von Blüte zu Blüte, und unter ihrem Gewicht biegen sich die kleinen Ästchen. Fängt man sie, tut man gut daran, sich nicht stechen zu lassen, was, wie ich aus eigener Anschauung weiß, extrem schmerzhaft ist. Überall sind zudem die kleineren schwarzen, schwarz-roten oder schwarz-gelben Dolchwespen zu sehen, die in geradlinigen Flügen um die Büsche ziehen. Einige soziale Wespen, besonders gelb-rote Feldwespen, hängen nach der Landung auf den Blüten spinnenbeinig herab. Hin und wieder flattert das Männchen einer

Ein *Baccharis*-Busch in bester Blüte und mit zahlreichen Wespen. Portal, Arizona.

Mutillide, einer Spinnenameise, mit rotem Körper und schwarzen Flügeln ungelenk vorbei, auf der Suche nach einem paarungsbereiten Weibchen, das flügellos auf dem Wüstenboden herumläuft, um als Parasit sein Ei in die Bodennester anderer stechender Wespen und Bienen zu legen. Hin und wieder sieht man auf dem heißen Sand ein Insekt herumlaufen, dessen komplett weiße Behaarung verwegen hochtoupiert in alle Richtung absteht und das ebenfalls eine Spinnenameise ist und hier in der Region »Thistledown Velvet Ant« heißt.

Die schnellsten Wespen in Arizona sind die Sandwespen der Gattung *Bembix* und deren Verwandte. Mit ihrer meist hellgelben Zeichnung sind sie in der gleißenden Sonne und vor dem hellen Sand und den weißen Blüten nur schwer auszumachen. Mit atemberaubender Geschwindigkeit fliegen sie die immer gleichen Landmarken ab, nur um sich hin und wieder zur Mahlzeit auf Blüten niederzulassen. Sandwespen sind für mich mit die schönsten Insekten überhaupt, und sie zu fangen ist eine sportliche Herausforderung an Geschicklichkeit und Schnelligkeit. Sandwespen gehören zu den Grabwespen, die so heißen, weil die meisten Arten ihre Nester im Boden anlegen. Grabwespen sind eine der artenreichsten Wespengruppen in Arizona. Die von dem französischen Entomologen Jean-Henri Fabre so malerisch beschriebenen großen Heuschreckenwespen der Grabwespengattung *Sphex* fliegen hier auch überall herum, auch wenn es sich um andere Arten als in Südfrankreich handelt. Zwischen den Blüten hasten zahllose kleine schwarze Wespen unruhig von Blütenkelch zu Blütenkelch, und man kann sie in der wimmelnden Vielfalt kaum auseinanderhalten. Viele von ihnen sind Grabwespen, aber die schwarzen Rollwespen der Familie Tiphiidae sind ebenso häufig, wenn sie auch in recht einförmiger Gestalt auftreten.

Das summende Gesamtbild der schwirrenden Wespen wird ergänzt durch zahllose Vertreter der allernächsten Wespenverwandtschaft. Besonders Wildbienen treten hier in vielen Arten und großen Mengen auf, sofern nicht auf einer der nahe gelegenen Farmen größere Mengen an Honigbienenstöcken stehen, die das gesamte Blütenangebot mit sammelnden Arbeiterinnen förmlich überschwemmen.

Daneben eine andere spezialisierte Wespengruppe, die die Lebewelt besonders auf dem Wüstenboden dominiert. Ameisen in ihrer hektischen Betriebsamkeit sind nahezu überall, und zumindest hin und wieder sehe ich geflügelte Geschlechtstiere herumfliegen. Auch mir fällt es nicht leicht, all diese verschiedenen Wespenfamilien immer sofort voneinander zu unterscheiden, und in der Wüstenhitze an einem *Baccharis*-Busch, dem zentralen Treffpunkt der Wespenvielfalt, weiß ich kaum, wohin ich zuerst schauen soll.

VIELFALT IN DER WÜSTE

Nun bin ich nicht nach Arizona gekommen, um in der Mittagshitze neben einem Busch zu stehen und mich an dieser überbordenden Vielfalt zu erfreuen. Oder zumindest nicht nur. Ich bin auch nicht hier, um das Verhalten von Wespen zu beobachten, von denen viele ein hochkomplexes, evolutiv außergewöhnlich spannendes Verhalten zeigen. Ich bin hier, weil mich an der Wespendiversität etwas ganz bestimmtes interessiert, nämlich die Diversität selbst. Und zwar besonders die Artendiversität von Grabwespen. Mich interessiert die Frage, welche Arten von Grabwespen es auf der Welt gibt, welche Unterschiede zwischen den Arten die Evolution hervorgebracht hat und wie all diese Arten und all ihre Unterschiede im Lauf von Jahrmillionen entstanden sind.

Der Südwesten der USA ist ein sogenannter »Hotspot« der Biodiversität der Wespen und vieler anderer Tiere und Pflanzen.[4] Hier kommen ganz besonders viele Arten vor, und von den Hautflüglern, der Insektenordnung, zu der die Wespen, Bienen und Ameisen gehören, gibt es in den USA alleine fast 20 000 Arten. Und die meisten von ihnen im warmen Süden.

Die USA haben als wirtschafts- und wissenschaftsstarkes Land eine lange Tradition in der Erforschung ihrer eigenen Natur, und so sind viele der in den USA vorkommenden größeren und auffallenderen Tier- und Pflanzenarten bereits entdeckt und benannt. Nicht so allerdings bei den Insekten. Auch auf der Willcox-Playa, die ein Ort ist, zu dem die Wespenforscher seit Jahrzehnten pilgern, sind viele Arten noch unbeschrieben. Und manche davon sind so auffällig, dass man sich fragt, wie sie bislang übersehen werden konnten.

Vor wenigen Jahren habe ich hier eine Grabwespe entdeckt und unter dem Namen *Pseudoplisus willcoxi* beschrieben; leuchtend zitronengelb mit glänzenden schwarzen Streifen kann man sie mit keiner anderen Wespenart verwechseln.[5] Und doch ist sie erst jetzt entdeckt worden.

Und dies ist kein Einzelfall. Sich mit Wespenvielfalt zu beschäftigen heißt auch, noch unerkannte Arten zu entdecken. Und sie dann zu beschreiben und zu benennen.

DIE CHIHUAHUA-WÜSTE

An dieser Stelle bietet es sich an, etwas zur Wüste sagen. Spricht man von Wüste, denken viele Menschen unweigerlich an die vegetationsfreien Sandwüsten der Sahara oder der Gobi. Geologisch und biologisch aber fasst man unter Wüste eine enorme Vielzahl an recht unterschiedlichen Lebensräumen zusammen, denen der Mangel an Wasser gemeinsam ist. Es gibt eine große Zahl unterschiedlicher Wüstentypen, die sich auf den ersten Blick ähneln, sich aber im Detail sehr unterscheiden. Die jährlichen Niederschlagsmengen, die Bodenbeschaffenheit, die jahreszeitliche Verteilung der Niederschläge, die Temperaturen und andere klimatische, geologische und biologische Faktoren bestimmen den Charakter der Wüsten der Erde teilweise gravierend. Die nahezu vegetationsfreien Sandwüsten sind dabei nur einer von vielen Wüstentypen.

Der Südosten Arizonas ist ein Teil der Chihuahua-Wüste. Sie gilt als die flächenmäßig größte Wüste Nordamerikas und liegt zum überwiegenden Teil auf mexikanischem Gebiet. Ihre nördlichen Ausläufer reichen in den USA bis in den Südosten von Arizona, den Süden von New Mexico sowie den Westen von Texas. Die Chihuahua-Wüste ist außerordentlich vielgestaltig und beherbergt eine enorme Zahl an Tier- und Pflanzenarten, von denen viele in ihrem jeweiligen Verbreitungsgebiet endemisch sind, also nur dort vorkommen. Der im Südosten Arizonas vorherrschende Landschaftstyp wird auch als Chihuahua Desert Scrub bezeichnet und besteht aus einer lockeren, manchmal dichteren Ansammlung von kleineren oder größeren, meist hartlaubigen und oft stacheligen Büschen und Bäumen. Typische, und dank ihrer Größe auffällige Pflanzen sind der Mesquite-Baum, der Ocotillo, Agaven und Yuccas, den Gesamteindruck aber beherrschen die vielen kleinen Polster und Büsche in verschiedenen Blütenfarben und Wuchsformen. Zwischen ihnen sieht man sandige oder steinige Flächen, die manchmal von regelmäßig entlangziehenden Rindern zu Pfaden freigetreten werden. Rinder allerdings erlebt man zumindest in der Hitze des Tages nur selten, was ich keineswegs bedauere.

Wenn Sie schon einmal in Südfrankreich oder in Griechenland am Mittelmeer den Landschaftstyp kennengelernt haben, den man als Macchie bezeichnet, wissen Sie in etwa, wie Sie sich den Südosten Arizonas vorstellen müssen. Die Entstehung dieser Landschaften und der dort vorkommenden Pflanzengemeinschaften ist im Detail sehr unterschiedlich, auch wenn ähnliche klimatische Rahmenbedingungen die Bildung oberflächlich recht ähnlicher Lebensräume bewirkt haben.

Wer sich nun immer noch kein rechtes Bild von dieser Landschaft machen kann, denke an die alten John-Wayne-Western. Karge Landschaften mit dürrer Vegetation, durch die der Held zum nächsten Abenteuer galoppiert. Zahlreiche Westernfilme sind an Originalschauplätzen gedreht worden, die seit der Zeit des Wilden Westens nahezu unverändert geblieben sind. Viele Landschaften des Südwestens allerdings sind auf den ersten Blick oft reizlos und daher ungeeignet als Filmkulisse. So haben die Filmteams häufig Gegenden gewählt, die durch bizarre Felsformationen oder die attraktiven Joshua-Trees, die Josua-Palmlilie, geprägt sind. Joshua-Trees gibt es beileibe nicht überall, und auch die riesigen Säulenkakteen, die man häufig in Western sieht, kommen nur in bestimmten Regionen vor. Kleinere Unstimmigkeiten zwischen der angeblichen und tatsächlichen Lage des Drehortes kann man an diesen charakteristischen Pflanzen erkennen, und sie gehören wohl zur filmischen Freiheit.

WESPEN FANGEN

Die taxonomische Erforschung der meisten Tierarten kann sinnvoll nur anhand von präparierten Tieren durchgeführt werden. Diese Tiere werden tunlichst in öffentlichen Sammlungen dauerhaft verwahrt, damit sie jeder Interessierte erneut untersuchen und vergleichen kann. Spricht man über Insektensammlungen in Museen als wichtige Grundlage für systematische Untersuchungen, impliziert dies naturgemäß den Tod vieler Tausender und Abertausender Tiere. Museumssammlungen werden auch als »Archive des Lebens« bezeichnet, weil sie materielle Zeugnisse der Natur strukturiert für heutige und künftige Generationen verwahren, ganz wie ein Archiv. Die Erforschung der weltweiten Biodiversität wäre ohne die Bereitschaft, dazu Tiere und Pflanzen der Natur zu entnehmen und sie in einem präparierten Zustand zu untersuchen, gar nicht möglich. Es gibt viele gute Gründe, warum diese Art der Forschung durchgeführt wird und warum es Museumssammlungen gibt. Und der Tod der Untersuchungstiere ist eine ihrer Konsequenzen.

Der erste Schritt vor einer wissenschaftlichen Bearbeitung ist immer das Fangen. Dafür bin ich nach Arizona gereist. Mein Job dort in der Wüste ist verhältnismäßig leicht, trotz der extremen Temperaturen. Ich muss nur neben einem blühenden Busch oder einem geeigneten Nistplatz warten, bis Wespen vorbeikommen, und sie fangen. Die Schwierigkeit dabei ist weniger eine intellektuelle als eine körperliche. Hitzetoleranz ist hilfreich, und Geschicklichkeit im Umgang mit einem Insektennetz ebenso.

Sie lesen richtig, das klassische Insektennetz ist das Werkzeug der Wahl, so wie auch schon vor 250 Jahren zur Zeit von Carl von Linné, dem großen schwedischen Entomologen und Systematiker. Ein Insektennetz, von den Nichteingeweihten despektierlich auch Schmetterlingsnetz genannt, ist für viele Insektengruppen tatsächlich ein sehr effektives Fanggerät. Es eignet sich besonders für tagaktive Insekten von nicht allzu kleiner Körpergröße, die der Sammelnde optisch wahrnehmen kann.

Wespen sind prädestinierte Opfer für ein Insektennetz. Sie fliegen am helllichten Tag, viele von ihnen sind größer als einen Zentimeter (was für die meisten Insekten eine recht ordentliche Körperlänge ist), sie besitzen einen sehr harten Chitinpanzer, sodass man sie im Netz nicht beschädigt, und sie landen gerne auf Blüten, auf denen man sie mit einem eleganten Netzschwung fangen kann.

Insektennetze gibt es in allerlei Größen und Ausfertigungen, ich aber bevorzuge große Netzbeutel für schnell fliegende (und stechende!) Wespen, aus denen die Tiere nicht so leicht entkommen. Mindestens 40 Zentimeter Durchmesser sollte es haben, und dazu einen feinmaschigen Gazebeutel von fast 80 Zentimetern Länge. Das Ganze aufgespannt auf einem stabilen Drahtgestell an einem rund einen Meter langen Aluminiumstiel. Ein solches Netz zu beherrschen bedarf der Übung und einer ausgeklügelten Technik. Man muss sehr schnell sein und mit einem kräftigen Schwung aus dem Unterarm ohne Rücksicht auf pflanzliches Beiwerk zuschlagen. Wer zögert, verliert. Befindet sich die Wespe, oder im Idealfall sogar mehrere, im Netz, folgen zwei Schritte, an denen der

Das Insektennetz voller Wespen. Willcox-Playa, Arizona.

unerfahrene Insektenjäger nicht selten scheitert. Als Allererstes müssen die erfolgreich eingesackten Wespen an ihrer Flucht gehindert werden. Dazu kann man den Schwung der gleichermaßen kraftvollen wie eleganten Fangbewegung fließend in einen geschickten Handgelenksschwung übergehen lassen, sodass das untere Ende des Netzbeutels auf den Rest des Netzes umschlägt und so die Insekten einsperrt. Danach lässt sich das Netz über der Umschlagstelle von außen mit einer Hand fest zuhalten. Bei Wespen ist das nicht jedermanns Sache. Hat man große Arten im Netz, sieht man häufig, wie sie ihren erstaunlich dicken Stachel immer wieder nachdrücklich durch die Gaze stecken.

WIE FÄNGT MAN STECHENDE INSEKTEN?

Die wahre Herausforderung allerdings, und das ist der Augenblick, an dem so mancher Anfänger aussteigt, ist, die inzwischen schlechtgelaunten Wespen aus dem Netz heraus- und in ein geeignetes Gefäß hineinzubekommen. Da hat jeder Biologe seine Vorlieben, aber in der Regel nutzt man die Neigung der Wespen, im Falle der Gefangenschaft zur hellsten Stelle zu fliegen. Helligkeit verspricht Sonnenlicht, und Sonnenlicht verspricht Freiheit. Das ist auch der Grund, warum Insekten sich in Wohnungen am Fenster versammeln. Sie folgen dem Licht. Um also eine stechbereite Wespe aus dem Netz zu entnehmen, hält man die Spitze des Netzbeutels hoch Richtung Sonne. Und sogleich beginnen alle Insekten, an der Beutelwand nach oben zu kriechen. Danach kann man einigermaßen gelassen ein Fanggefäß durch die sich nun unten befindende Netzöffnung bis nach oben in den Netzbeutel schieben und versuchen, die Wespen dazu zu bringen, sich in das Gefäß zu begeben. Dann nur noch einen Deckel darauf, fertig.

Meine Lieblingstechnik allerdings, die ich noch als Student an der Universität Kiel von Fritz Sick, einem befreundeten Dipterologen, also einem Fliegenforscher, gelernt habe, funktioniert etwas anders und bedarf einigen Mutes. Oder aber der Zuversicht, dass auch eine Furcht einflößende Drei-Zentimeter-*Pepsis* weiß, dass sie nach Lehrbuchinformationen immer zum Licht fliegt. Nachdem also die Wespen erfolgreich in der Spitze des Netzes versammelt sind, stülpe ich mir das ganze Netz mit elegantem Schwung über den Kopf und versperre so mit Kopf und Schultern den möglichen Fluchtweg. Nicht vergessen sollte man allerdings, dabei weiterhin mit einer Hand den Beutel hochzuhalten und sich Richtung Sonne zu wenden. Selbst die hektischste Wespe fliegt oder krabbelt dann zum Licht und damit in die Enge der Netzspitze und, was besonders wichtig ist, weg von meinem Kopf. Danach stecke ich mit der anderen Hand ein Gläschen in das Netz und kann, dank meines Kopfes im Netz mit dem allerbesten Blick auf die Geschehnisse, in Ruhe die Wespen in das Glas bugsieren. Zugegeben, diese Technik liegt nicht jedem, aber sie ist schnell und effektiv. Daneben mag ich diese Art des Fangens aus einem noch ganz anderen Grund. Da die meisten Insekten von Blüten abgekeschert werden, bleibt es nicht aus, dass dabei als Kollateralschaden Blüten mit abgeschlagen werden. Ihr Duft erfüllt dann das ganze Netz. Bei unvorbereiteten Teilnehmern von Sammelexkursionen löst allerdings meine Kopf-im-Netz-Technik meist eine gewisse Heiterkeit aus.

Insektennetze sind also ein hochgradig geeignetes Werkzeug zum Fang von Wespen. Dennoch ist der Handfang ein mühseliges Geschäft, das nur dann zum Erfolg führt, wenn der engagierte Sammler tatsächlich aktiv ist. Zudem hängt die Effizienz dieser Methode stark von der Geschicklichkeit, Erfahrung, Ausdauer und dem Auge des Sammlers ab.

Daher werden schon seit Langem Fallen eingesetzt, um über längere Zeiträume konstant Insekten fangen zu können, ohne dabei sein zu müssen. Beliebt ist die Malaise-Falle, die aus einem Zelt besteht, das zu beiden Seiten offen ist, eine senkrechte Gazewand in der Mitte besitzt und dessen First schräg nach oben verläuft. Am allerhöchsten Punkt des Zeltes befindet sich eine Öffnung, die in ein mit Alkohol gefülltes Gefäß mündet. Fliegen nun Insekten seitlich in das Zelt, krabbeln sie wegen des hellen Sonnenlichts an der Mittelwand nach oben und folgen dem schräg verlaufenden First bis in das Sammelgefäß, in dem unweigerlich der Tod lauert. Solche Malaise-Fallen können mehrere Tage stehen.

Eine für Wespen ebenfalls beliebte Sammelmethode sind Farbschalen. Dabei handelt es sich um gelbe Kunststoffschalen, die, mit Wasser und einem Schuss Spülmittel versehen, in der Landschaft verteilt werden. Durch ihre Farbe funktionieren die Schalen wie überoptimale Blütenattrappen und locken blütenbesuchende Insekten an. Diese fallen ins Wasser und gehen wegen der durch das Spülmittel herabgesetzten Oberflächenspannung unter und ertrinken. Da Insekten im Wasser schnell verwesen, müssen Farbschalen besonders bei großer Hitze häufig ausgeleert und die Insekten in Alkohol überführt werden.

Wie aber tötet man Wespen am besten, ohne sie zu quälen, und so, dass sie sich für wissenschaftliche Untersuchungen eignen? Malaise-Fallen und Farbschalen müssen, je nach Temperaturlage, täglich oder alle paar Tage geleert werden. Beim Fang mit dem Insektennetz geht das etwas anders. Besonders für genetische Untersuchungen benötigen wir die Wespen sowieso möglichst frisch in hochprozentigem Ethanol, also Alkohol, sodass es sinnvoll ist, sie aus dem Handnetz gleich in ein Alkoholgefäß zu schubsen. Für viele andere Untersuchungen und besonders für die Museumssammlungen genadelter Tiere müssen die Wespen aber trocken sein. Dafür ist das Einfrieren eine beliebte Methode – und da bei Reisen in ferne Länder normalerweise kein Gefrierschrank in der Nähe ist, verwendet man eine Substanz namens Essigsäurethylesther. Man gibt einige Tropfen dieses Lösungsmittels in das Glas mit den lebenden Wespen. Sie sterben sehr schnell und werden anschließend auf Wattelagen getrocknet, die in Papierumschlägen in Transportdosen gestapelt werden. Zurück in der heimatlichen Institution werden die trockenen Wespen in einer Feuchtkammer aufgeweicht, die nichts anderes ist als eine verschließbare Kunststoffdose mit einem angefeuchteten Tuch und

Ein Insektenkasten voller unbestimmter Grabwespen aus Taiwan und Sulawesi aus dem frühen 20. Jahrhundert. Die beiden großen Tiere wurden 2012 von Lynn Kimsey und mir als neue Art *Megalara garuda* beschrieben, die in der Presse als Monsterwespe bekannt wurde.

einem Spritzer Essig gegen Schimmelbildung. In der hohen Luftfeuchtigkeit werden die harten Insekten innerhalb weniger Tage wieder weich und können genadelt und nach Wunsch ausgerichtet werden.

Diese nüchterne Beschreibung möglichst effektiver Methoden, Lebewesen zu fangen, zu töten und herzurichten, ist sicherlich nicht jedermanns Sache. Das Leben, seine Vielgestaltigkeit und Evolution anhand toter Tiere zu erforschen und die Tiere tot zu verwahren, darin scheint ein innerer Widerspruch zu stecken. Aber eben nur scheinbar. Die Körper von Insekten offenbaren sehr viel mehr über das Leben und seine Entstehung, als man gemeinhin annehmen mag.

Als Wissenschaftler muss man sich dennoch dieser Ambivalenz bewusst sein. Man sollte sich fragen, ob Untersuchungsziel und Untersuchungsmethode in einem vernünftigen Verhältnis zueinander stehen und das Töten gerechtfertigt ist. Meinen Studenten versuche ich dabei einen respektvollen Umgang mit den Tieren zu vermitteln. In der Regel bringen wir von Sammelreisen viele Hundert, manchmal mehrere Tausend Wespen mit nach Hause. Und eine jede verdient es, nach ihrem Tod als wissenschaftliches Exemplar dauerhaft verwahrt zu werden. Das bedeutet, sie zu nadeln oder in Alkohol zu konservieren, mit einem Fundortetikett zu versehen und ordnungsgemäß in einer öffentlichen Forschungssammlung zu deponieren. So steht sie unserer eigenen Forschung und der von Kollegen jetzt und in der Zukunft zur Verfügung.

SAMMELSTRATEGIEN

Häufig werde ich gefragt, warum wir so viele Tiere einer Art fangen und ob nicht ein Pärchen jeder Art ausreiche. Diese Frage ist berechtigt und berührt eine der zentralen Fragen der Wissenschaft von der Entdeckung, Beschreibung und Benennung von Arten, der Taxonomie.

Jede Art variiert. Das bedeutet, dass keines der Nachkommen eines Elternpaares seinen Geschwistern haargenau gleicht. Durch eine recht zufällige Vermischung des elterlichen Erbgutes stellt jedes Tier eine einzigartige Kombination aus den Eigenschaften seiner Eltern dar. Diese Unterschiede kann man bei genauem Hinsehen auch bei Wespen finden, auch wenn dazu meist ein Mikroskop und einiges an Erfahrung nötig sind. Verschiedene Arten wiederum unterscheiden sich ebenfalls meist in äußerlichen Kennzeichen voneinander. Und hier steckt die zentrale Frage der Taxonomie: Wie groß ist die Variabilität der Organismen innerhalb einer Art, und wie groß sind die Unterschiede zwischen den Arten? Die innerartlichen Unterschiede können manchmal erstaunlich groß sein, und um einschätzen zu können, ob es sich um Individuen einer Art oder um Vertreter mehrerer Arten handelt, ist es unumgänglich, möglichst viele Vertreter einer Art zu untersuchen. Erst dann bekommt man einen Überblick, um das Ausmaß der innerartlichen Variabilität beurteilen zu können. Da diese Unterschiede bei den recht kleinen Insekten allerdings oft gering und zudem mikroskopisch klein sind, ist es nicht möglich, im Augenblick des Fangens in jedem Fall sicher zu sein, was man da eigentlich hat. Allein in Deutschland kommen rund 250 meist kleine Grabwespenarten vor,[6] im Südwesten der USA viele Hundert mehr.[7] Um die Variabilität jeder dieser Arten richtig einschätzen zu können, benötigt man lange Serien von Tieren. Sehr lange Serien, wenn möglich. Was unterm Strich bedeutet, alle Wespen mitzunehmen, derer man habhaft werden kann. Aus diesem Grund stecken in den Museumssammlungen nicht selten Dutzende, manchmal Hunderte von Tieren einer Art, die mit bloßem Auge nahezu identisch wirken.

Auf meinen Sammelreisen in die Wüsten der Welt wecken meine Kollegen und ich manchmal Misstrauen bei der heimischen Bevölkerung und auch bei der örtlichen Polizei. Der Süden Arizonas liegt unangenehm nah an der Grenze zwischen den USA und Mexiko, und besonders die abgelegenen Wüstenregionen im Süden der Vereinigten Staaten sind beliebt bei Drogenschmugglern aus Mexiko. Entsprechend nervös agiert die »Border Patrol«, der US-amerikanische Grenzschutz. Gruppen von Insektennetze schwingenden Personen, die sich verdächtig durch dornige Gebüsche schlagen, ziehen verständlicherweise die Aufmerksamkeit des Grenzschutzes auf sich. In der Regel ist leicht erklärt, was wir dort treiben, und oft sind die Grenzschutzpolizisten neugierig und lassen sich unsere bisherige Fangausbeute an Wespen zeigen. Die Reaktion ist ganz überwiegend ähnlich: »Great, kill them all!« Auch wenn ich wohl mit Recht annehmen kann, dass diese Aufforderung nicht wörtlich gemeint ist, zeugt sie dennoch von einem weitverbreiteten Missverständnis von dem, was wir dort tun. Insekten werden von vielen Menschen erst dann wahrgenommen, wenn sie lästig werden, und dann ist die Reaktion nicht selten, die Lästlinge zu erschlagen. Auch ich töte Insekten, viele Insekten sogar, aber ich bin überzeugt, dass der Tod dieser Tiere einen wissenschaftlichen Sinn hat.

Natürlich liegen hier auch allerlei ethische Stolpersteine. In den letzten Jahrzehnten hat nicht nur gesellschaftlich, sondern auch im Kontext der akademischen Forschung und Lehre eine Diskussion darüber stattgefunden, ob Tieren zum Zwecke der Wissenschaft ihr Leben genommen werden darf. Eine für diese Themen sensible Wissenschaft, die den Umgang mit Tieren in der Forschung kritisch hinterfragt, ist notwendig. Sie entbindet aber nicht von der ganz persönlichen Frage, ob ich selbst, als handelnder Student oder Wissenschaftler, eine Forschung betreiben möchte, deren Durchführung vom Tod von Tieren abhängt. Manche der Studierenden lehnen dies aus persönlichen Gründen strikt ab, und ich akzeptiere das. Ich ermuntere Studenten dazu, sich diese Fragen zu stellen und sie kritisch in sich zu bewegen. Und dies tunlichst, bevor sie sich auf eine Sammelreise begeben.

ETHIK DES SAMMELNS

Insektensammler, ob Profis aus den Naturkundemuseen oder begeisterte Amateure, werden des Öfteren für das Sammeln der Insekten kritisiert. Selten allerdings aus ethischen Gründen, auch wenn das ebenfalls vorkommt. Die Kritik richtet sich ganz überwiegend darauf, dass wir alle ausführlich mit Informationen versorgt werden, dass es den Schmetterlingen und Bienen in unserer Kulturlandschaft nicht gut geht und dass durch die gravierende Lebensraumzerstörung der tropischen Regenwälder täglich Arten aussterben. Wie widersinnig erscheint es da, zusätzlich Tiere zu töten!

Bei größeren Säugetieren mit geringer Populationsgröße und akuter Bedrohung ist dies ein zutreffendes Argument. Wale oder Tiger für die Wissenschaft zu schießen lässt sich heute nur noch schwer rechtfertigen. Bei Insekten aber ist die Situation eine ganz andere. Die Individuenzahl einer Population geht schnell in die Millionen, und so wichtig auch eine jede dieser Arten im komplexen Gefüge des Naturhaushalts ist, so gering ist die Bedeutung eines einzelnen Insektenindividuums. Jeder einzelne Singvogel verzehrt im Lauf seines Lebens Tausende von Insekten, und kein Entomologe kann derart effizient Insekten aufspüren und sammeln wie ein Vogel. Zumindest gilt dies für »manuelle« Sammler mit einem Insektennetz. Für lokale Populationen seltener Insekten dagegen kann nicht ausgeschlossen werden, dass es tatsächlich zu einer »Überbesammlung« kommen kann. Und damit zu einem Einbruch der Population und letzten Endes zum Aussterben einer Art.

Beispiele dafür sind aus dem Bereich des kommerziellen Insektenfangs bekannt. Es gibt einen florierenden und lukrativen Markt für große und seltene Schmetterlinge und Käfer, die von privaten Sammlern gekauft werden. Je größer und seltener, desto wertvoller sind die Insekten, und manche tropischen Arten erzielen auf Verkaufsbörsen oder im Internet mehrere Hundert Dollar. Da diese großen, spektakulären Arten meist ein eingeschränktes Verbreitungsgebiet und eine lange Entwicklungsdauer haben, kann der gezielte Fang, besonders wenn er langfristig mit Einsatz von Fallen und Ködern betrieben wird, Populationen an den Rand des Zusammenbruchs bringen.

In jedem Fall aber sollte man als Wissenschaftler abwägen, wo man sammelt, wie man sammelt und was man sammelt. In der überwiegenden Zahl der entomologischen Projekte wird es aufgrund der bedeutenden Populationsgröße und der schnellen Generationsfolge der Insekten sowie der sehr lokalen Fangaktivitäten kaum dazu führen, einer Insektenpopulation durch wissenschaftliches Sammeln spürbar zuzusetzen.

In meinen favorisierten Sammelgebieten, den Wüsten, kommt noch ein anderer Faktor hinzu. Die Artendiversität der meisten Gruppen stechender Hautflügler, also besonders der Wespen, ist in den trockenen Wüstengebieten der Welt am höchsten. Wüsten sind extreme, für den Menschen schwierig zu besiedelnde Lebensräume von häufig gewaltiger Ausdehnung. Entsprechend locker besiedelt sind viele Wüsten. Die Ansiedlungen sind durch Straßen miteinander verbunden, die bedeutende Lebensadern für die dort wohnenden Menschen darstellen. Und auch für die Wissenschaftler. Man kann wohl davon ausgehen, dass Wespen im Grunde überall in ihrem Lebensraum vorkommen, zumindest soweit es die benötigten Ressourcen wie Nistplätze, Beutearten und Nahrungspflanzen zulassen. Für uns Wissenschaftler reicht es daher oft vollkommen, den einfachen Weg zu den Wespen zu nehmen, nämlich entlang der vorhandenen Straßen nach geeigneten Sammelstellen zu suchen. Besonders aussichtsreich sind dabei alle Arten von Bach- und Flussbetten, also Einsenkungen in der Landschaft, die zu bestimmten Zeiten des Jahres Wasser führen. Selbst wenn diese Wasserläufe in der regenarmen Jahreszeit üblicherweise trockenfallen, werden sie vom Menschen meist nicht genutzt, da man für die regenreiche Jahreszeit für einen alternativen Wasserablauf sorgen müsste. Wichtiger für die Wespen aber noch ist, dass entlang selbst trockener Wasserläufe die lokalen Bedingungen für Pflanzen günstiger als in der freien Landschaft sind. Restwasser ist meist oberflächennah verfügbar, der Wind zerrt weniger stark an den Pflanzen, und die Temperaturen sind nachts milder. So findet man an den ausgetrockneten Wasserläufen mit großer Wahrscheinlichkeit blühende Pflanzen, selbst wenn die übrige Wüstenfläche karg und trocken ist.

Entlang der oft einsamen und sich endlos hinziehenden Straßen nach solchen bevorzugten Stellen zu suchen ist noch aus einem anderen Grund eine gute Strategie. Der Straßenasphalt dichtet lokal den Boden ab, sodass die geringen Regenmengen auf beiden Seiten der Straßen versickern. Selbst die dadurch entlang der Wüstenstraßen nur unwesentlich erhöhten Regenmengen führen dazu, dass dort günstigere Bedingungen für viele Pflanzen herrschen. Tatsächlich kann man an vielen Stellen in den Wüsten sehen, wie sich rechts und links der Straßen Bänder blühender Pflanzen entlangziehen. Und so bestimmt das Straßennetz der Wüsten die Fangstrategie vieler Biologen. Es zu verlassen ist technisch anspruchsvoller, kostet Zeit und ist nicht unbedingt Erfolg versprechend.

So wird vielleicht deutlich, welch kleinen Ausschnitt der beinahe endlos wirkenden Wüsten selbst ein engagierter Sammler besammelt und überhaupt nur besammeln kann. Und selbst aufgebaute Fallen haben in diesen riesigen Gebieten keinen spürbaren Einfluss auf die Insektenpopulationen.

Was aber passiert mit den gefangenen Insekten nach meiner Rückkehr in das Naturkundemuseum Berlin? Alle Tiere, ob getrocknet auf Wattelagen oder in Alkohol, werden individuell versorgt. Die flüssigfixierten Insekten kommen einzeln in kleine alkoholgefüllte Röhrchen, die trockenen Insekten werden in einer feuchten Kammer aufgeweicht und genadelt. Einer der wichtigsten Schritte dabei ist das Etikettieren. Jedes Tier bekommt ein kleines, gedrucktes Etikett, auf dem sorgfältig der Herkunftsort, das Sammeldatum und der Sammler dokumentiert sind. Ohne ein solches dauerhaftes Fundortetikett kann man mit einem Museumstier wenig anfangen. Erst jetzt, nach der Vereinzelung und Etikettierung, können die Tiere wissenschaftlich bearbeitet werden.

Die grobe Vorsortierung nach Insektenordnung – Fliege oder Wespe – können nach einer kurzen Einarbeitungszeit auch Praktikanten durchführen. Die genauere Bestimmung, womöglich bis zur Art, erfordert Sachverstand, Vergleichsliteratur und möglichst auch Vergleichstiere. Viele meiner Studenten sind inzwischen hervorragende Spezialisten für Hautflügler und können sehr verlässlich sagen, um welche Gattungen oder Arten es sich jeweils handelt. Einmal bestimmt, wird der taxonomische Namen wiederum auf ein Etikett gedruckt und dem Tier beigefügt. Grundsätzlich kommen danach alle Tiere in die Sammlung des Museums und stehen nun allen interessierten Wissenschaftlerinnen und Wissenschaftlern zur Verfügung. Erst jetzt, nachdem wir genau wissen, was vor uns liegt, alle relevanten Informationen genau dokumentiert und die Insekten konserviert sind, können die gefangenen Tiere für weiterführende wissenschaftliche Untersuchungen eingesetzt werden.

WESPEN, BIENEN UND AMEISEN ALS EVOLUTIVE ERFOLGSGESCHICHTE

Ich hoffe, es ist klar geworden, warum ich als Biologe Insekten sammle. Und warum ich viele Insekten sammle, sehr viele. Und warum ich dafür bis nach Arizona reise. Oder in die nördlichen Wüsten Argentiniens. Oder auch nur ans Mittelmeer. In all diesen Regionen und in vielen mehr gibt es Wüsten und Wüstenwespen.

Es sollte ebenfalls deutlich geworden sein, warum ich dieses Buch ohne die Vielzahl der Museumswespen nicht hätte schreiben können. Ich mag Wespen. Und Bienen und Ameisen, die man immer mitdenken muss, wenn man über Wespen nachdenkt. Wespen, Bienen und Ameisen sind eng miteinander verwandt, und mancher Hymenopterologe sagt sogar, genau genommen seien Bienen nur vegetarische Wespen und Ameisen eine besonders vielfältige Gruppe sozialer Wespen. Aber das ist letztlich eine Diskussion um Worte. In jedem Fall gehören Wespen, Bienen und Ameisen zusammen. Sie haben eine gemeinsame evolutive Wurzel und besitzen in vielerlei Hinsicht mehr Ähnlichkeiten, als man vermutet. Die faszinierende Vielfalt und Evolution von Wespen kann man nur verstehen, wenn man sie im Kontext des größeren Rahmens der Evolution von allem sieht, was hinten sticht.

Nun mag ich diese Insekten nicht deshalb besonders, weil sie stechen, und auch nicht, obwohl sie stechen. Stechende Hautflügler und ich haben manches gemeinsam, zum Beispiel die Vorliebe für trocken-heiße Gegenden. Sie sind schon da, wo ich gerne hinfahre. Wespen, Bienen und Ameisen sind außerdem beeindruckend vielfältig, und zwar sowohl im Körperbau als auch im Verhalten. Es macht mir Spaß, an Wespen zu arbeiten, weil ich immer wieder Überraschendes finde. Die Unterschiede zwischen den Arten vieler Insektengruppen sind oft minimal, und in manchen Fällen wird man an dem sprichwörtlich-despektierlichen »Fliegenborstenzählen« nicht vorbeikommen (meine fliegenforschenden Kollegen mögen mir verzeihen). Nicht so bei Wespen. Deren äußerer Körperbau offenbart dem geübten Auge eine enorme Vielzahl an Strukturen und Merkmalen, die mich immer wieder begeistern. Von der Vielfalt der Farben und Größen ganz zu schweigen. Wespen, Bienen und Ameisen haben zudem Staaten gebildet, was es, abgesehen von den nicht näher verwandten Termiten, in dieser Weise bei anderen Insekten nicht gibt.

Das Zusammenleben in großen Gemeinschaften hat wiederum eine Vielzahl faszinierender Eigenschaften hervorgebracht, die bis heute nicht vollständig erforscht sind. Die Sozialstrukturen von Wespen, Bienen und Ameisen sind sicherlich eines der beeindruckendsten Phänomene der Tierwelt überhaupt, auch weil Ähnlichkeiten zu unserer eigenen Gesellschaft nahezuliegen scheinen, ob berechtigt oder unberechtigt.

Und all diese Vielfalt an Formen, Farben und Verhalten nimmt ihren Ursprung in der Millionen von Jahren zurückliegenden Erfindung des Stachels. Die Natur- und Kulturgeschichte von Wespen, Bienen und Ameisen, auch in ihrer Bedeutung für uns Menschen, ist damit zugleich eine Geschichte des Stechens und des Schmerzes.

Aus dieser Widersprüchlichkeit zwischen der schmerzhaften Wehrhaftigkeit von Bienen, Wespen und Ameisen, die jeder von uns bereits einmal kennengelernt haben dürfte, und dem enorm positiven Image besonders der Honigbiene als Blütenbestäuberin und Honigproduzentin, aber auch der Ameisen als geachteter Pflegedienst für Wald und Wiese und selbst der Wespen als Vertilger von Schadinsekten, erwächst eine besondere Faszination. Diese Faszination hat etwas mit uns selbst zu tun. Bienen, Wespen und Ameisen sind allgegenwärtige Geschöpfe, deren Formen- und Verhaltensreichtum alleine es schon rechtfertigt, sich mit ihnen zu beschäftigen. Gleichzeitig aber haben sie eine Bedeutung für uns als Menschen, sei es als Schmerzverursacher, Störenfriede im Garten oder als bedeutende Mitspieler in unserer Kulturlandschaft. Über Hymenopteren zu sprechen verleitet dazu, Superlative zu verwenden. Das kleinste Insekt, das umfangreichste Eigelege aller Insekten und das größte Insektenei überhaupt. All dies findet sich bei Hautflüglern. Zugleich hat die Beschäftigung mit Hymenopteren den Weg zu mancher menschlichen Erfolgsgeschichte geebnet, sei es der Pulitzer-Preis für ein Ameisenbuch oder der Nobelpreis für Bienenforschung.

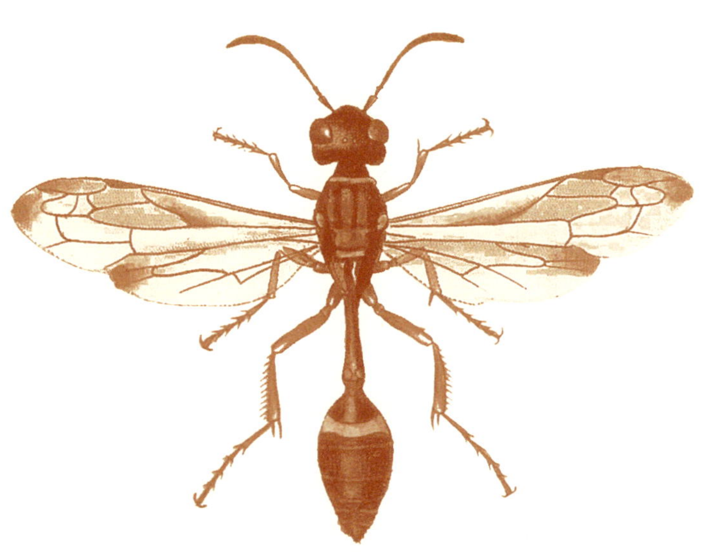

KAPITEL 2

VIELFALT

Von Evolution und Mannigfaltigkeit

Das Bild der stechenden Hautflügler ist zumindest in Europa geprägt von einer geringen Zahl von Arten, die häufig vorkommen, weitverbreitet und für uns Menschen relevant sind. Besonders prominent in unserer Wahrnehmung ist sicherlich die Honigbiene, gefolgt von den »normalen« Wespen. Was man unter einer »normalen« Wespe versteht, hängt ein wenig davon ab, wen man fragt und wo man sich geografisch befindet. In Deutschland sind dies vorwiegend zwei Arten sozialer Wespen, die Deutsche Wespe *Paravespula germanica* und die Gemeine Wespe *Paravespula vulgaris*. Sie sehen sich auf den ersten Blick täuschend ähnlich, bauen beide individuenreiche Nester oft in der Nähe menschlicher Behausungen und kommen uns auf der Suche nach zuckerhaltigen Substanzen, Fleisch und Altholz oft unangenehm nahe.

Im Bekanntheitsgrad erst nach Honigbiene und sozialen Wespen kommen die Hummeln, bei denen vielen Menschen bereits unklar ist, ob sie Bienen sind und überhaupt stechen können, und die Hornisse *Vespa crabro*, der eine gar übermächtige Gefährlichkeit nachgesagt wird. Dann aber ist beinahe schon Schluss mit dem Wissen über die Artenvielfalt an stechenden Hautflüglern. Dass das Image der Stechimmen, wie sie in

Die Gemeine Wespe *Paravespula vulgaris* in einer Darstellung aus Georg Wolfgang Franz Panzers »Faunae Insectorum Germanicae initia«, 1792–1813.

Deutschland auch genannt werden, so stark von diesen wenigen Arten geprägt ist, verwundert nicht. Die Staaten von Honigbiene, Gemeiner und Deutscher Wespe beherbergen Hunderte, oft Tausende von Individuen, und diese drei Arten überfluten mit Legionen von Arbeiterinnen unsere Kulturlandschaft bis in die Mitte der Großstädte.

Und doch sind diese drei Arten nur die Spitze des Eisbergs einer enormen Vielfalt an Arten. Die letzte »Volkszählung« aller Hautflügler aus dem Jahr 2013, also die Erfassung aller bereits entdeckten und benannten Arten, an der ich als Verantwortlicher für die Grabwespen beteiligt war, kam zu dem Ergebnis, dass bislang 152 677 Hymenopterenarten bekannt sind.[1] Eine recht imposante Zahl, die heute noch größer ist, weil seit 2013 viele Hundert Neuentdeckungen dazugekommen sind. Mit also rund 153 000 bekannten Arten spielen die Hautflügler in derselben Liga wie die anderen der sogenannten mega-diversen Insektengruppen.

Von den Zweiflüglern (Diptera), also Fliegen und Mücken, und den Schmetterlingen (Lepidoptera) sind ebenfalls jeweils rund 160 000 Arten bekannt.[2] Nur die Käfer (Coleoptera), für die Gott nach einem oft zitierten, aber wohl nicht belegbaren Aphorismus des Evolutionsbiologen John B. S. Haldane eine übermäßige Vorliebe gehabt haben soll,[3] sind mit beinahe 400 000 Arten erheblich vielfältiger.

Zum Vergleich die Zahlen unserer heimischen Fauna: Aus dem flächenmäßig kleinen und gut untersuchten Deutschland kennt man 9318 Hautflüglerarten, 9183 Fliegen- und Mückenarten, 3602 Schmetterlingsarten und 6492 Käferarten.[4] Das bedeutet, dass zwar nur kaum mehr als 6 Prozent der weltweit bekannten Wespen, Bienen und Ameisen in Deutschland vorkommen, dass die Hautflügler aber die in Deutschland artenreichste Insektengruppe sind.

Und dennoch. Das Bewusstsein für diese enorme Vielfalt im eigenen Land und auch im eigenen Garten scheint nicht allzu groß zu sein. Selbst ein befreundeter Hobby-Imker aus Berlin war im Gespräch mit mir überrascht zu hören, dass es in Deutschland nicht nur die eine, ihm wohlbekannte Bienenart gibt, sondern rund 550 wild lebende Verwandte. Nun muss man natürlich fair sein und zugeben, dass ein erheblicher Teil der einheimischen Hautflüglervielfalt versteckt lebt, nur eine kurze Lebensspanne besitzt und von oft sehr geringer Körpergröße ist. So kommen auch bei uns Ameisen zwar in enormen Individuenzahlen vor, die Nester aber sind bis auf die prominenten Waldameisenhügel unauffällig im Boden oder im Holz verborgen. Nur gut besuchte Ameisenstraßen weisen dann den Weg zum Nesteingang.

Ein Drittel aller deutschen Hautflügler sind zum Beispiel parasitische Schlupfwespen, deren kurze Lebensspanne sich um ihre Insektenwirte dreht und die man als Nichtfachmann kaum jemals zu Gesicht bekommt. Andererseits aber gibt es bei uns viele Hundert Arten, die eine viel exponiertere Lebensweise haben und durchaus am helllichten Tag gesehen werden können. Viele der 550 Wildbienen- oder der 250 Grabwespenarten zum Beispiel. Wenn auch einige Arten winzig, schwarz und unauffällig sind, fliegt die Mehrzahl doch emsig und sichtbar von Blüte zu Blüte, um ihren Nachwuchs mit Nahrung zu versorgen. Dieser wächst in einem nur von einem einzelnen Weibchen betriebenen Nest heran und wird mit Pollen und Nektar (Bienen) oder mit gelähmten Insekten und Spinnen (Grabwespen) versorgt.

Sieht man genauer hin, sind im Hochsommer Pflanzen mit vielen kleinen Blüten wie Thymian und Oregano, besonders aber die auffälligen weißen Dolden der Doldenblütler meist übersät mit kleinen und großen Bienen und Wespen. Und dann fallen sie einem ganz plötzlich auf, die vielen kleinen Löcher im Boden, in die kleine schwarze Wespen und Bienen in Windeseile verschwinden, schwer beladen mit Pollen oder gelähmten Insekten, um danach gleich wieder herauszuschießen, um sich auf die nächste Sammeltour zu machen. An geeigneten Nistorten, die meist sonnenexponiert und sandig sind, können diese solitären, also einzeln lebenden Wespen- und Bienenarten riesige Aggregationen aus Hunderten von Individuen bilden. Hat man sich erst einmal eingeguckt, sieht man sie nahezu überall, und mancher Kleingärtner wird davon verunsichert, sobald er realisiert, dass es sich um stechende Insekten handelt.

Es gibt stechende und nicht stechende Hautflügler (Hymenoptera). Die Stecher sind Bienen, Wespen und Ameisen. Wenn man sich aber mit Insektenvielfalt ernsthaft beschäftigen möchte, lässt es sich kaum vermeiden, sich auch mit den wissenschaftlichen Namen auseinanderzusetzen. Das hat seine guten Gründe, denn diese wissenschaftlichen Namen, die nach bestimmten Regeln und Standards gebildet werden, werden auf der ganzen Welt genutzt und verstanden. Umgangssprachliche Tiernamen dagegen sind meist auf das Verbreitungsgebiet ihrer jeweiligen Herkunftssprache beschränkt. Da aber wissenschaftliche Namen in der Regel lateinischer oder griechischer Herkunft sind oder zumindest nach altsprachlichen Regeln gebildet werden, kann ihre Aussprache eine echte Herausforderung sein. Ganz zu schweigen davon, sich diese Namen auch noch zu merken. In vielen Kulturkreisen gibt es aus diesem Grund zusätzlich lokale Namen für die häufigeren und prominenteren Arten und Gruppen. Andere Gruppen sind zu selten oder zu schwer zu erkennen, sodass populäre Namen nicht benötigt werden oder sich nicht durchsetzen.

Dieses Problem zeigt sich auch bei den deutschen Namen der Familien der stechenden Hautflügler. Während manche von ihnen wohlbekannte umgangssprachliche Namen tragen wie »Ameisen«, haben andere, die nicht in Deutschland vorkommen, überhaupt keine deutschen Namen.

SPRACHHISTORISCHES

Leider besitzen weder Hautflügler noch die Teilgruppe der stechenden Hautflügler (Aculeaten) einen schönen, nachvollziehbaren und leicht zu merkenden deutschen Namen. An sich wäre das kein Beinbruch, aber besonders wenn ich mit Nichtfachleuten über Wespen und ihre Verwandten spreche, wird mir dieser Missstand offenbar. Käfer als deutsche Entsprechung für Coleoptera kennt und versteht jeder, und auch Schmetterling für Lepidoptera passt und ist vertraut. Hautflügler allerdings ist eine wörtliche Übersetzung von Hymenoptera, und ich bezweifle, dass viele Menschen sich darunter etwas vorstellen können. Im Rechtschreibung-Duden steht Hautflügler immerhin als zoologischer Fachterminus, allerdings ohne weitere Erläuterung.[5] Im Fremdwörter-Duden findet sich die Konstruktion »der Hymenopter« mit der Erklärung, es handle sich um ein Insekt der Ordnung Hautflügler und werde meist im Plural als »die Hymenopteren« verwendet.[6] Die Häufigkeit des Plurals kann ich bestätigen, aber ich glaube nicht, dass ich selbst schon einmal »der Hymenopter« verwendet oder von einem meiner Kollegen gehört habe. Der Duden autorisiert also immerhin die Verwendung beider Bezeichnungen, aber außerhalb der Fachwelt richtig gebräuchlich scheinen sie mir im Gegensatz zu Käfer und Schmetterling nicht zu sein.

»Aculeata« oder »aculeate Hymenopteren« finden sich, wenig überraschend, nicht im Duden. Ebenfalls findet man dort das manchmal verwendete, etwas sperrige deutsche Wort »Wehrstachelimmen« oder das kürzere »Stechimmen« nicht. Das ältere, 1838 begonnene »Deutsche Wörterbuch« von Jacob und Wilhelm Grimm[7] kennt weder Hautflügler noch Hymenopteren, allerdings »Wehrstachel« als Giftstachel der Insekten.[8] »Die Imme« meist für Bienen, aber auch für Ameisen und sogar »der Imme« als alte Bezeichnung für den Bienenstock und eine Vielzahl von Komposita wie Immenkönig, Immenbär und Immenbrot ist den Grimms ebenfalls bekannt. Sie nennen auch »Stechbiene« als »eine ausländische stechende Bienenart« und schließlich den heute noch verwendeten Begriff »Stechimme« für die stechenden Hautflügler. Als Autorität für die Verwendung von »Stechimme« verweisen die Grimms auf den neunten Band von »Brehms Thierleben«, der als zehnbändige Ausgabe erstmals 1876 bis 1879 erschienen ist. Aber schon zuvor in der ersten Auflage von 1863 bis 1869 verwendete der »Brehm« eine Reihe von deutschen Bezeichnungen. Alle Hymenopteren werden dort von Ernst Ludwig Taschenberg,[9] dem Autor des sechsten Bandes »Insekten, Tausendfüßler, Spinnenthiere« und selbst renommiertem Hymenopterologen, als »Hautflügler, Aderflügler, Immen« bezeichnet.

Die 24-bändige sechste Auflage von »Meyers Konversationslexikon« widmet 1905 den Hautflüglern eine ganze Textseite plus zwei Abbildungstafeln und nennt neben Hautflüglern noch Aderflügler und Hymenoptera. Die wehrstacheltragenden Hautflügler werden fachspezifisch als »Hymenoptera aculeata« bezeichnet, von Stechimmen aber keine Spur. Ein modernerer »Brockhaus« von 2001, ebenfalls 24 Bände stark, gönnt den Hymenopteren nur noch kaum mehr als eine halbe Spalte, nennt aber explizit die Stechimmen. Auch in der aktuellen populären Literatur, wie zum Beispiel in Heiko Bellmanns Naturführer »Bienen, Wespen, Ameisen – Hautflügler Mitteleuropas«,[10] sind »Stechimmen« die Ausnahme. »Hautflügler« oder das eingedeutschte »Hymenopteren« werden verwendet, aber noch häufiger einfach »Wespen, Bienen, Ameisen«. Und so halte ich es auch gerne.

Wenn Ihnen jetzt der Kopf schwirrt, dann ist das durchaus verständlich. Denn das Fazit dieses sprachhistorischen Exkurses ist, dass sich kein wirklich populärer Begriff in der deutschen Alltagssprache findet, der die Hymenopteren und die stechenden Hymenopteren für jeden verständlich in ihrer Gesamtheit benennt. Ich muss zugeben, dass ich mich mit dem altertümlichen »Stechimmen« schwertue, weil die »Imme« im Namen die Bienen impliziert. Und so verwende ich meist den Begriff Hautflügler oder stechende Hautflügler.

Woher aber stammt die Bezeichnung »Hymenoptera«? Sie geht auf Carl von Linné zurück, der mit seiner binären Nomenklatur der Organismen die Grundlage für das heutige Benennungssystem von Arten schuf. Das Erscheinen der zehnten Auflage von Linnés *Systema Naturae* im Jahr 1758 markiert dabei den Beginn der offiziellen zoologischen Nomenklatur. Es verwundert also nicht, dass so viele selbst gut bekannte Arten Linnés Namen als verantwortlicher Autor tragen. Auf Seite 553 der zehnten Auflage seiner *Systema Naturae* nun führt er erstmals die Hymenoptera ein. Dort steht auf Latein: *Alae quatuor membranaceae, plerisque. Aculeus caudae, sed nullus in Maribus.* (»Die meisten mit vier häutigen Flügeln. Mit einem Stachel am Hinterende, aber nicht bei den Männchen.«) Mit der Betonung auf die häutigen Flügel wird Hymenoptera unter Entomologen, aber auch in deutschen Herkunftswörterbüchern[11] meist interpretiert als Kompositum aus dem griechischen *hymen*, also Häutchen oder dünne Haut, und dem griechischen *pteros* für Flügel. Zusammen also ganz einfach Hautflügler.

Eine andere Interpretation ist nicht ganz so naheliegend, aber auch plausibel. Die Bedeutung und Etymologie von *hymen* ist zwar unklar, das Wort bildet aber als Refrain den Kern eines im antiken Griechenland gesungenen Hochzeitsliedes.[12] Daraus wiederum leitete sich *Hymenaios* als Bezeichnung der antiken Form eines solchen Hochzeitsliedes ab, und dessen Personifikation als Gott der Hochzeit in der griechischen Mythologie wiederum trug ebenfalls den Namen *Hymenaios*. Diese etymologische Verbindung des griechischen *Hymen* zu Hochzeit veranlasste manche Hymenopterologen zu der Vermutung, dass hier neben dem Aspekt der häutigen Flügel noch ein anderes, wichtiges Merkmal der Hautflügler zum Ausdruck kommt. Hymenopteren tragen nämlich, zumindest sofern sie Flügel besitzen, an den Vorderrändern ihrer Hinterflügel kleine Häkchen, die beim Flug in eine chitinisierte Leiste am Hinterrand des Vorderflügels einrasten. Bei fliegenden Hymenopteren sind also die Vorderflügel mit den Hinterflügeln fest verbunden und bilden eine gemeinsame, große Flügelfläche. Man spricht deshalb bei Hymenopteren auch von einer »physiologischen Zweiflügeligkeit«. Diese Häkchen, die man Hamuli nennt, sind im Gegensatz zur Vierflügeligkeit, die noch bei vielen anderen Insektenordnungen vorkommt, tatsächlich ein Alleinstellungsmerkmal der Hymenopteren. Manche Wissenschaftler vermuten nun, dass der Name Hymenoptera gewählt wurde, um diese »Hochzeit« als Vereinigung der Vorder- mit den Hinterflügeln durch das Einhaken der Hamuli durch den sprachlichen Verweis auf Hymenaios, dem Gott der Hochzeit, zu adeln. Nun können sich zwar die verkuppelten Flügel in Ruhe wieder voneinander lösen, aber da die Griechen keinen mythologischen Gott der Scheidung hatten, blieb nur Hymenaios als Namenspatron.[13] Eine verführerische Sicht, die dadurch besticht, dass sie tatsächlich auf die evolutive Innovation der Hamuli als Verkupplung von Vorder- und Hinterflügel verweist. Andererseits vielleicht aber doch recht weit hergeholt, wenn man bedenkt, dass Linné als Namensschöpfer unmittelbar unter der Nennung des Namens in der *Systema Naturae* explizit auf die häutigen Flügel verweist, nicht aber auf etwaige Flügelhäkchen oder die physiologische Zweiflügeligkeit.

STECHENDE HAUTFLÜGLER

Die Liste mit den Familien der stechenden Hautflügler (aculeate Hymenopteren oder »Stechimmen«) gibt einen Überblick über die Klassifikation in dieser Gruppe. Erschrecken Sie nicht bei dem Anblick der 27 Familien mit ihren merkwürdigen Namen. Es ist nicht allzu schwierig, einen Überblick zu bekommen, und es ist völlig ausreichend, sich über die artenreicheren Familien zu informieren. Die vielen artenarmen Familien mit ihren oft komplizierten Namen sind eher etwas für obsessive Spezialisten.

Nehmen wir als Beispiel für die vielen artenarmen Familien die Scolebythidae innerhalb der Chrysidoidea. Drei Gattungen, sechs Arten, alle auf der Südhalbkugel. Winzig kleine Wespen, die Weibchen bis zu zehn Millimeter lang (aber das ist auch schon eine Riesin unter den Scolebythiden), die Männchen nur rund vier Millimeter. Deutscher Name: Fehlanzeige. Lebendbeobachtungen: so gut wie Fehlanzeige. Einige Tiere in verrottetem Holz auf Madagaskar, die zusammen in einem Hohlraum beobachtet wurden. Man nimmt an, dass Scolebythidae Parasiten von holzbohrenden Käferlarven sind. Das Wissen über ihre Lebensweise entstammt zum überwiegenden Teil den Beobachtungen, die eifrige Sammler auf die Etiketten der Tiere geschrieben hatten, die sich nun mit den Tieren in den Museumssammlungen befinden.

Seien Sie also mutig und kümmern Sie sich erst einmal nur um die großen und Ihnen vielleicht bereits bekannten Gruppen. Und wenn es über weniger bekannte Arten etwas Wichtiges zu erzählen gibt, werde ich das tun. Sollten Sie sich darüber hinaus selbst auf die Suche nach Informationen machen, seien Sie nicht überrascht, dass es selbst über die faszinierendsten und ungewöhnlichsten Wespen, Bienen und Ameisen noch so viel zu entdecken gibt.

Die Vielfalt der evolutiven Anpassungen und trickreichen Erfindungen bei den Hymenopteren ist beeindruckend, und es gibt viele Kriterien, nach denen man versuchen kann, diese Vielfalt zu strukturieren und darzustellen. Sicherlich ist einer der faszinierendsten Aspekte dabei das Verhalten der Tiere und hier besonders die Ernährung und Lebensweise der Larven. Das Nahrungsverhalten ist zumindest bei den geschlechtsreifen einzeln lebenden Hymenopteren bis auf wenige Ausnahmen recht einfach, denn sie sind Blütenbesucher und ernähren sich überwiegend von

Nektar und Pollen. Der larvale Lebenstyp dagegen ist bedeutend vielfältiger und verlangt wiederum bestimmte Verhaltensanpassungen der Adulten, also der geschlechtsreifen Tiere. Wissenschaftler gehen mit Fug und Recht davon aus, dass in der Spezifität der larvalen Lebensweise einer der evolutiven Schlüssel zum Erfolg der Hymenopteren liegt.

Es gibt eine enorme Breite unterschiedlicher larvaler Ernährungstypen: Viele Wespen suchen frei lebende Beute, meist Insekten oder Spinnen, die sie mit dem Stich ihres Stachels lähmen und die sie ihren Larven als Futter bringen. Es gibt Hautflügler, die die Nester anderer Hautflügler stehlen und dort ihre eigenen Larven aufziehen. Manche Ameisen stehlen die Brut anderer Ameisen, um sie im eigenen Nest zu Sklaven aufzuziehen. Die meisten Hymenopterenlarven sind Fleischfresser und ernähren sich von anderen Insekten, aber es gibt auch Vegetarier. Denken Sie nur an die Bienen, die für ihre Brut Pollen und Nektar eintragen, wovon sich die Larven ausschließlich ernähren. Und während bei den Spezialisten die Larven auf nur einen einzigen Beutetyp spezialisiert sind, gibt es Generalisten, die beinahe mit allem zufrieden sind.

Auch im Nestbau, der zumindest bei den solitären Arten vorwiegend dem Schutz des Nachwuchses dient, ist die Vielfalt enorm. Parasiten verzichten naturgemäß ganz auf ein eigenes Nest, aber auch manche jagenden Wespen platzieren nur ein Ei auf der Beute und kümmern sich nicht weiter um den Schutz der schlüpfenden Larve. Eigentlicher Nestbau reicht bei aculeaten Hymenopteren von einfachen Verstecken ohne eigene Bauaktivität bis hin zu den komplexen Staaten sozialer Arten.

Innerhalb dieser Verhaltenstypen wiederum lassen sich ganz unterschiedliche Strategien unterscheiden, und hier kann es sehr komplex werden. Frei lebende Räuber beispielsweise tragen Beutetiere ein, deren Zahl sehr unterschiedlich sein kann. Viele nur ein einziges, das sie mit einem Ei belegen, um dann ihren Nachwuchs seinem Schicksal zu überlassen. Manche aber betreiben komplexe Formen der Brutfürsorge und liefern ihren Larven über deren Entwicklungszeit hinweg immer wieder Frischfleisch nach. Bis hin zu den hochkomplexen Ameisenstaaten, bei denen eine Vielzahl von Arbeiterinnen nichts anderes tut, als sich um die kontinuierlich gelegten Eier ihrer Königin und die aus ihnen schlüpfenden Larven zu kümmern. Und das ist nur der Anfang. Paarungsverhalten, Territorialität, Anpassungen an Blüten, Tag- und Nachtaktivitäten, Anpassungen an extreme Lebensräume, all das sind Aspekte, die

WISSENSCHAFTLICHER NAME	DEUTSCHER NAME	ARTENZAHL WELTWEIT	ARTENZAHL IN DEUTSCHLAND
Überfamilie Chrysidoidea			
Familie Bethylidae	Plattwespen	2340	36
Familie Chrysididae	Goldwespen	2500	96
Familie Dryinidae	Zikadenwespen	1605	36
Familie Embolemidae		39	1
Familie Plumariidae		22	–
Familie Sclerogibbidae		20	–
Familie Scolebythidae		6	–
Überfamilie Vespoidea			
Familie Bradynobaenidae		188	–
Familie Formicidae	Ameisen	12199	111
Familie Mutillidae	Spinnenameisen	4302	10
Familie Pompilidae	Wegwespen	4855	100
Familie Rhopalosomatidae		72	–
Familie Sapygidae		66	5
Familie Scoliidae	Dolchwespen	560	2
Familie Sierolomorphidae		11	–
Familie Tiphiidae		2000	6
Familie Vespidae	Faltenwespen	4932	81
Überfamilie Apoidea			
Anthophila	Bienen	19844	580
Sphecidae im weiteren Sinne	Grabwespen	9697	252
Familie Ampulicidae	*Schabenwespen*	*200*	*3*
Familie Crabronidae		*8773*	*235*
Familie Sphecidae		*724*	*14*

	ERNÄHRUNGSWEISE DER LARVEN	WIRTE
	Überfamilie Chrysidoidea	
	ektoparasitisch, teilweise mit Transport des Wirtes zu einem versteckten Platz	versteckt lebende Schmetterlings- und Käferlarven
	in der Regel ektoparasitisch, manche endo- oder klepto-parasitisch	Larven von solitären Bienen und Wespen; selten Blattwespen und Eier von Stabschrecken
	erst endo-, dann ektoparasitisch	Schnabelkerfe (Hemiptera)
	erst endo-, dann ektoparasitisch	Schnabelkerfe (Hemiptera)
	unbekannt	unbekannt
	ektoparasitisch	Tarsenspinner (Embioptera)
	ektoparasitisch?	holzbohrende Käferlarven?
	Überfamilie Vespoidea	
	Parasiten?	
	überwiegend sozial; einzelne Ameisengruppen sekundär zu (Sozial)parasitismus an anderen Ameisen übergegangen	
	ektoparasitisch	verpuppte Larven vieler Wespen- und Bienenarten, aber auch Schmetterlinge, Fliegen, Käfer und andere
	räuberisch; einzelne Wegwespengruppen sekundär zu Parasitismus an anderen Wegwespen übergegangen	Spinnen
	ektoparasitisch	Nymphen von Grillen
	ektoparasitisch oder eleptoparasitisch	Larven von Eumenidae oder Bienen; Pollen und Nektar der Wirtszelle
	ektoparasitisch	Käferlarven
	unbekannt	unbekannt
	ektoparasitisch	Käferlarven
	überwiegend räuberisch, viele sozial, wenige vegetarisch, einige kleptoparasitisch	viele Insektengruppen, Pollen
	Überfamilie Apoidea	
	vegetarisch; einzelne Bienengruppen sekundär zu Parasitismus an anderen Bienen übergegangen	Pollen und Nektar
	räuberisch	Schaben
	räuberisch; einzelne Grabwespengruppen sekundär zu Parasitismus an anderen Grabwespen übergegangen	*viele Insektengruppen, manche auch Spinnen*
		Schmetterlings- und Blattwespenraupen, Heuschrecken, Zikaden

vielfältig sind und eine enorme Mannigfaltigkeit aufweisen. Und nach denen man einen Überblick über die evolutive Vielfalt der Hymenopteren strukturieren kann.

HYMENOPTEREN IM BAUM DES LEBENS

Mein eigener Weg in diese Mannigfaltigkeit geht über die Systematik der Hymenopteren. Ihre Vielfalt ist, wie die aller Organismen, das Ergebnis eines historischen Evolutionsprozesses. Durch eine über Jahrmillionen verlaufende Kette von Artspaltungsereignissen, die das Resultat eines Wechselspiels von Anpassung, Mutation und Selektion sind, sind all die Arten entstanden, die die Erde früher bevölkerten und noch heute bevölkern. Evolutive Schlüsselinnovationen bilden dabei die Grundlage für neue Entwicklungsrichtungen, die wiederum zu neuen Artbildungen führen. Jede Artspaltung stellt eine Gabel im Verlauf der Evolution dar, und diese aufeinanderfolgenden Gabelungen, zu denen es bei manchen Gruppen schneller und häufiger kommt als bei anderen, lassen sich in Form eines Baumes darstellen. Ausgehend von der Stammart der Hymenopteren, die sich in zwei Tochterarten geteilt hat, die wiederum jeweils zwei neue Arten gebildet haben, verzweigt sich der Hymenopteren-Baum mit zunehmender Komplexität in Äste und Zweige, bis hin zu den allerfeinsten Zweigspitzen.

Und es sind nur diese Zweigspitzen, die für die heute lebenden Arten stehen. Die komplexe Folge aus Stammarten, aus denen neue Arten entstehen, die sich wiederum spalten, steht für längst vergangene Ereignisse. Der »Baum des Lebens« ist also eine grafische Repräsentation eines historischen Prozesses, den die biologische Systematik zu rekonstruieren und nachzuzeichnen versucht. Als Wissenschaft formuliert die Systematik Hypothesen, für die man Belege braucht, die sich allerdings auch durch neue Befunde oder neue Sichtweisen als falsch herausstellen können. In einem solchen Fall wird die alte Hypothese durch eine neue ersetzt, und der bisher für plausibel gehaltene Stammbaum weicht einem anderen. Oder es bleiben beide bestehen und repräsentieren zwei unterschiedliche Sichtweisen auf denselben historischen Tatbestand. Aus diesem Grund existieren für viele Organismengruppen unterschiedliche Stammbaumhypothesen, was manchmal verwirrend sein kann.

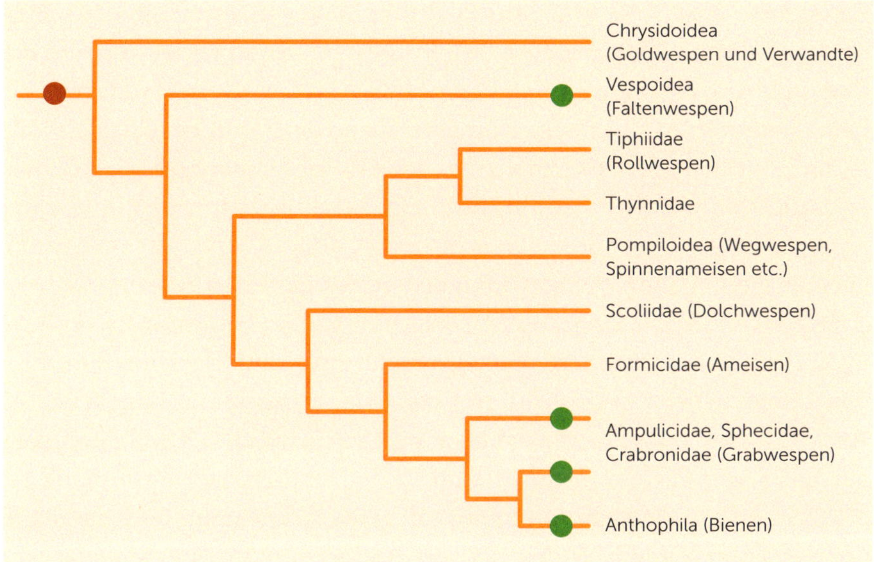

Verwandtschaftsschema der aculeaten Hymenopteren. Der rote Punkt markiert die Entstehung des Stachels, die grünen Punkte jeweils die mindestens einmalige Entstehung von Sozialität.

DAS SYSTEM DER ORGANISMEN

Der Stammbaum als bildliche Metapher des Evolutionsprozesses ist darüber hinaus die Grundlage für eine Klassifikation der Organismen. Eine Klassifikation in der Biologie ist ein ineinander verschachteltes System aus Begriffen, das die natürliche, wenn auch hypothetische, Struktur des organismischen Stammbaums sprachlich wiedergibt. Klingt komplizierter als es ist, und ein vertrautes Beispiel soll das verdeutlichen. Die Nagetiere, oder wissenschaftlich Rodentia, sind eine Gruppe innerhalb der sogenannten Höheren Säugetiere, den Eutheria. Innerhalb der Rodentia wiederum gibt es eine Reihe von Gruppen wie die Hörnchenverwandten, die Biberverwandten, die Mäuseverwandten und noch einige wenige mehr. Diese Aussagen (wer ist Teilgruppe von wem) bringen sprachlich Hypothesen über die Verwandtschaftsbeziehungen innerhalb der Säugetiere zum Ausdruck, und man würde diese Hierarchie aus Begriffen als Klassifikation der Nagetiere bezeichnen.

Traditionell fügt man dem reinen Namen noch die Bezeichnung der

Rangstufe hinzu, was 1758 von Carl von Linné in der zehnten Auflage seiner *Systema Naturae* eingeführt wurde. Zum Beispiel würde man die Rodentia als Ordnung bezeichnen und die Hörnchenverwandten als Unterordnung. Als Nächstes käme die Ebene der Familien, beispielsweise die Sciuridae oder Hörnchen, und dann die der Unterfamilie, zum Beispiel die Xerinae oder Erdhörnchen. Ob diese sogenannten Linné'schen Kategorien sinnvoll oder vielleicht sogar störend sind, ist umstritten, aber sie werden auch heute noch meist verwendet.

Der Stammbaum als grafische Darstellung einer Evolutionshypothese ist aber nicht die einzig denkbare Grundlage für eine Klassifikation. Carl von Linné selbst dachte nicht an Evolution, als er seine Kategorien als Ausdruck von Klassifikationsebenen niederschrieb, und Klassifikationen auf Basis von Formähnlichkeit sind in der biologischen Systematik an der Tagesordnung, nicht selten deshalb, weil sich bislang noch niemand an die stammesgeschichtliche Interpretation von Merkmalen gemacht hat. Denken Sie an die enorme Vielfalt an Muscheln, die Sie vielleicht an einem Strandtag zusammengetragen haben. Diese hübschen Meeresobjekte lassen sich in ganz unterschiedlicher Weise ordnen, sei es nach Farbe, Form, Schalenskulptur oder irgendeinem anderen Merkmal. Unzweifelhaft ist, dass sich diese Formen in einem evolutiven Prozess schrittweise aus Muschelvorfahren entwickelt haben.

Heute erwartet man in der biologischen Systematik, dass ein System der Organismen das Ergebnis dieses real-historischen evolutiven Prozesses widerspiegeln soll. Nur was sich nachweislich aus einer gemeinsamen Stammart entwickelt hat, gehört auch in einem System der Organismen zusammen. Dazu wird versucht, die gemeinsamen Merkmale der untersuchten Organismen danach zu beurteilen, ob sie mit großer Wahrscheinlichkeit gemeinsame evolutive Neuheiten sind. Solche neu erworbenen Merkmale nennt man Apomorphien. So teilen alle Bienen eine ganze Reihe von Apomorphien, die bei ihrer letzten gemeinsamen Stammart entstanden sind. Das sind zum Beispiel der Besitz von gefiederten Haaren und die vegetarische Larvennahrung.

Es ist der Nachweis solcher gemeinsamer Apomorphien, der es rechtfertigt, im System der Insekten überhaupt von Bienen als einer evolutiven Einheit sprechen zu können. Heute ist die phylogenetische Systematik, also die Methode, den hypothetischen Verlauf der Evolution anhand von evolutiven Neuerwerbungen zu rekonstruieren und daraus ein System der Organismen abzuleiten, der Goldstandard in der biologischen Systematik.

Ich erzähle Ihnen so viel über biologische Systematik und das System der Organismen, nicht nur weil sie unsere Hypothesen über die Evolution der Organismen widerspiegeln, sondern weil sie zudem ein wundervolles Ordnungsinstrument sind, um sich in der verwirrenden Vielfalt der Organismen unserer Erde und damit auch der Hautflügler zu orientieren.

DER STAMMBAUM ALS »LANDKARTE DES LEBENS«

Wir kennen heute vielleicht 1,8 Millionen Tier- und Pflanzenarten, jährlich werden etwa 18 000 Arten neu entdeckt,[14] und die Gesamtzahl an Organismen auf der Erde mag bei 10 bis 30 Millionen liegen, ja vielleicht noch darüber. Sie alle sind das Ergebnis eines vielfach gewundenen Evolutionsprozesses, der aus sich heraus zu einer inneren Ordnung der Natur führt. Was läge näher, als sich an dieser von der Natur vorgegebenen Ordnung zu orientieren, von der die Wissenschaftler hoffen, sich ihr mithilfe ihrer Methoden sinnvoll angenähert zu haben?

Stammbäume bringen einerseits Ordnung in das Chaos. Aber da ist noch mehr. Geht man im Geist an den Ästen eines Stammbaums entlang, wie mit dem Finger entlang der Flüsse auf einer Landkarte, so folgt man den evolutiven Veränderungen der vergangenen Jahrmillionen im Eiltempo. Jede der Verzweigungen des Baums des Lebens wird unterfüttert durch eine wissenschaftlich plausible Hypothese über evolutive Änderungen, und so ist die imaginäre Fahrt entlang der Äste zugleich das Drehbuch der Geschichte des Lebens. Irgendwann vor langer Zeit, genauer gesagt vor mehr als 300 Millionen Jahren, sind beispielsweise im Stammbaum der Insekten Flügel entstanden. In einem Stammbaumdiagramm kann man auf diesen Punkt der Entstehung von Flügeln genau zeigen, selbst wenn das genaue Alter strittig sein mag.

Flügel waren eine enorm wichtige Innovation, konnten sich doch die nun fliegenden Insekten in einer ganz anderen Weise in ihrer Umgebung bewegen und neue Lebensräume erschließen. Aber mehr noch, die Flügel dienen auch als Signalfläche zur Anlockung von Geschlechtspartnern und zur Abwehr von Feinden, als Schattenspender in der sengenden Wüstenhitze und zu vielem mehr. Die Erfindung der Flügel war wahrscheinlich eine der bedeutsamsten Innovationen in der Geschichte der Insekten. Danach ging es so richtig rund in der Entwicklung neuer evolutiver Ideen und Lösungen, und der sich von diesem Punkt aus weiter entwickelnde Stammbaum wurde immer astreicher und komplexer. Die Holometabolie, die vollkommene Verwandlung eines Insekts aus einem Ei über ein oder mehrere Larvenstadien sowie ein Puppenstadium, folgte einige Zehnmillionen Jahre später. Sie gab erneut Anlass für eine sogenannte adaptive Radiation, also die vielfältige Aufspaltung einer organismischen Linie nach dem Erwerb einer Schlüsselinnovation, die die Ausbildung immer neuer ökologischer Nischen und immer neuer Lebensmodelle ermöglichte.

Fährt man mit seinem Finger auf der Evolutionslandkarte immer tiefer hinein in das Buschwerk der Insekten, mitten hinein in das Gestrüpp der Hautflüglervielfalt, trifft man bereits bei rund 190 Millionen Jahren auf den Wehrstachel der Aculeata, später auch auf Sozialität, sogar mehrfach an verschiedenen Stellen im Stammbaum, auf Pollensammeln, auf Parasitismus und auf viele neue und innovative Strukturen und Verhaltensweisen. All diese Informationen stecken in einem Stammbaum, und so hilft der Stammbaum als »Landkarte des Lebens« sich im großen Universum der Evolution zurechtzufinden.

LARVENNAHRUNG UND EVOLUTION

Unter all den Eigenschaften und Besonderheiten von solitären Wespen, über die man trefflich erzählen kann, ist nun also eine, die in ihrer Bedeutung für die Evolution der Aculeata wahrscheinlich alle anderen in den Schatten stellt: die Ernährungsweise der Larven. Das ist überraschend. Hautflüglerlarven sind nichts, mit dem der Nichtspezialist öfter in Berührung kommt. Die Schmetterlingsraupen ähnelnden Larven der Pflanzenwespen sieht man manchmal an Blättern fressen, aber meist werden sie mit den Raupen der Schmetterlinge verwechselt. Bei den Larven der aculeaten Hautflügler sieht es noch schlechter aus. Manch einer wird schon einmal bei einem Imker oder in einer Filmdokumentation die madenartigen Larven der Honigbienen gesehen haben, oder die Ameisenarbeiterinnen, die aus ihrem zerstörten Nest unter einer hochgehobenen Steinplatte hektisch ihre Larven in Sicherheit tragen. Aber damit hat es sich auch schon beinahe. Um zu verstehen, warum die Larvennahrung einer der wichtigsten Schlüssel zur Diversität der Wespen, Bienen und Ameisen ist, stelle ich Ihnen kurz die Lebensweise eines gut bekannten Insekts vor.

Der Schwalbenschwanz *Papilio machaon* (Linné, 1758) ist einer der schönsten Schmetterlinge Mitteleuropas, der in seiner gelb-schwarzen Pracht bestimmt schon einmal in Ihrem Garten geflattert ist oder den Sie zumindest auf einer Abbildung gesehen haben. Das Leben eines erwachsenen Schwalbenschwanzes ist recht überschaubar: Er besucht am liebsten violette Blüten wie Sommerflieder, Distel oder Rotklee, aus deren Kelchen er mit seinem langen Rüssel Nektar als Rohstoff für seinen Energiestoffwechsel trinkt. Ansonsten hat er nur noch die Aufgabe, sich zu paaren und zumindest als Weibchen auch noch Eier zu legen. Die Larven des Schwalbenschwanzes ernähren sich von verschiedenen Doldengewächsen, besonders von Wilder Möhre, Dill, Fenchel und verwandten Pflanzenarten, von denen wir manche gerne in unseren Gärten kultivieren. In unserem eigenen Garten bei Berlin finden wir alljährlich die wunderschönen Raupen des Schwalbenschwanzes auf unserem Fenchel.

Naturgemäß liegt es im Interesse einer Schwalbenschwanzmutter, dafür Sorge zu tragen, dass ihr Nachwuchs die besten Chancen hat, groß und letztlich geschlechtsreif zu werden. Um das zu erreichen, muss das Weibchen dafür sorgen, dass die Larven auf der richtigen Futterpflanze ankommen. Dafür macht sich das eiablagebereite Schwalbenschwanzweibchen auf die Suche nach einem Doldengewächs, um an ihm in Bodennähe seine Eier abzulegen. Die schlüpfenden Larven müssen dann nichts weiter tun, als den Stängel emporzukriechen. Um dann ihr weiteres Larvenleben damit zu verbringen, sich den Bauch vollzuschlagen, sich hin und wieder zu häuten, zu wachsen, und sich schließlich zu verpuppen und wiederum zu einem erwachsenen Schwalbenschwanz zu werden. Damit beginnt der ewige Schwalbenschwanzkreislauf erneut.

Nun reicht es nicht, dass die Mutter die Eier an der richtigen Stelle ablegt, die Larven müssen natürlich auch in der Lage sein, ohne weitere elterliche Hilfe die Nahrungsressource zu nutzen. Nicht von ungefähr können sich Schwalbenschwanzraupen gut auf einer Pflanze bewegen, sie besitzen die Fähigkeit, die richtigen Pflanzenabschnitte zu erkennen, sie mit ihren Mundwerkzeugen aufzunehmen und auch die Nährstoffe durch Verdauung für sich nutzbar zu machen. Eine ähnliche Lebensweise zeigen nicht nur viele andere Insekten mit vegetarischen Larven, sondern auch viele Räuber. Ob der blattlausvertilgende Marienkäfer oder generalistische Fleischfresser wie Libellenlarven, sie alle werden von ihren Müttern als Eier an geeignete Stellen deponiert und sich selbst überlassen, voller Vertrauen darauf, dass die Larven dank ihrer spezifischen morphologischen und verhaltensbiologischen Anpassungen in der Lage sind, das Leben zu meistern.

Die Larven von Wespen, Bienen und Ameisen dagegen sitzen völlig hilflos in ihrer Kinderstube und sind davon abhängig, dass ihnen ihre Mutter (der Vater dient nur der Paarung, und auch das nicht notwendigerweise) die Nahrung bringt. Wespen, Bienen und Ameisen verbringen den größten Teil ihres Lebens damit, Futter in geeigneter Form an den erforderlichen Ort zu bringen, damit die Larven sich ordnungsgemäß entwickeln können. Der größte Teil der morphologischen und verhaltensbiologischen Besonderheiten der solitären Wespen dient zwar auch der Paarung mit dem Geschlechtspartner (hier haben die Männchen meist interessantere Anpassungen zu bieten), besonders aber der artspezifischen Versorgung des Nachwuchses. Dazu gehört nicht nur die eigentliche Larvennahrung, sondern auch der Nestbau. Man kann sich leicht vorstellen, dass es für das Leben eines Weibchens einen großen Unterschied macht, ob es wehrlose Pollen für seinen Nachwuchs einträgt oder eine Vogelspinne, die sich wehren kann. Mit einem Wort, nichts beansprucht mehr Zeit und Energie als die Versorgung des eigenen Nachwuchses mit Nahrung und Schutz.

Viele Larven von aculeaten Hautflüglern zeigen eine parasitische Lebensweise. Parasitismus ist bei Tieren weitverbreitet und kommt in vielfältigen Spielarten vor. An dieser Stelle bietet es sich an, einen kurzen Exkurs zum Parasitismus zu unternehmen, genauer, zum Begriff des Parasitismus. In der Tabelle auf Seite 56/57 müsste wissenschaftlich korrekt eigentlich das Wort Parasitoid statt Parasit stehen. Hinter dieser Unterscheidung verbirgt sich ein kleiner, aber schwerwiegender Unterschied. Ein Parasitoid ist im Gegensatz zu einem Parasiten eine Art, deren Parasitierungsaktivitäten zum Tod des Wirtes führen. Ein Parasit stellt dagegen im Rahmen seiner Parasitierung sicher, dass dieser Wirt nur insoweit geschädigt wird, dass er in jedem Fall am Leben bleibt. Dies aus einem einfachen Grund: Stirbt der Wirt, stirbt auch sein Parasit.

Gut bekannte Beispiele sind die am Menschen und vielen anderen Säugetieren parasitierenden Bandwürmer, die als Endoparasiten nur im Darm ihres Wirtes überleben können. Der Tod ihres Wirtes kann daher nicht in ihrem Interesse sein, auch wenn sie manchmal seine Schwächung billigend in Kauf nehmen. Sehr viele Parasiten in der Insektenwelt aber ernähren sich als Larven von ihrem Wirt und seinen inneren Organen und verpuppen sich schließlich in oder außerhalb des Wirtskörpers. In der Regel arbeiten sich die parasitischen Larven dabei gezielt von den weniger wichtigen zu den wichtigeren Organen vor, sodass ihr Wirt möglichst lange am Leben und damit frisch und essbar bleibt. Der Tod des Wirtes tritt in der Regel erst kurz vor oder mit der Verpuppung ein. Um es also noch einmal zusammenzufassen: Ein Parasitoid ist ein Parasit, der seinen Wirt am Ende tötet, ein echter Parasit lässt ihn am Leben. Parasit wir allerdings häufig als ein umfassenderer Begriff verwendet, der Parasitoide und echte Parasiten mit einschließt. Ich verwende daher grundsätzlich den vertrauteren Begriff des Parasiten, obwohl ich immer Parasitoide meine.

Zurück aber zur Vielfalt der solitären Wespen und den unterschiedlichen Nahrungsstrategien der Larven und deren Konsequenzen für das Verhalten der Weibchen. Der US-amerikanische Wespenforscher Kevin O'Neill unterscheidet in diesem Zusammenhang eine ganze Anzahl von Kriterien, nach denen man die Verhaltensstrategien solitärer Wespen beschreiben und unterscheiden kann.[15] Einige sollen hier vorgestellt werden.

DAS VERHALTEN DER SOLITÄREN WESPEN

Pflanzenfresser oder Fleischfresser

Die Larven der weitaus größten Zahl solitärer Wespen ernähren sich karnivor, also von tierischem Fleisch, das meist aus Insekten stammt. Eine Ausnahme sind die Honigwespen (Masarinae), eine Teilgruppe der Faltenwespen (Vespidae), die ihre Larven mit Pollen und Nektar versorgen.

Generalisten oder Spezialisten

Die räuberischen Wespen, die Insekten oder andere Gliedertiere für ihre Nachkommen jagen und paralysieren, haben sehr unterschiedliche Beutespektren. Während viele Arten sich auf nur eine Beuteart spezialisiert haben, jagen andere nach Beute aus unterschiedlichen Familien oder sogar Ordnungen. So fängt der in Deutschland weitverbreitete Bienenwolf *Philanthus triangulum* (Fabricius, 1775) fast ausschließlich Honigbienen, weswegen er von Imkern meist nicht geschätzt wird. Lehmnestbauende Grabwespen der Gattung *Sceliphron* dagegen jagen Spinnen aus zahlreichen Familien, solange die Spinnen einen ähnlichen Lebensraum besiedeln und eine vergleichbare Körpergröße besitzen.

Kleptoparasitismus oder eigene Jagd

Die meisten stechenden Hautflügler kümmern sich aktiv um die Besorgung der für ihre Larven benötigten Nahrung. Sie fliegen suchend umher und attackieren ihre spezifische Beute. Oder aber sie sammeln wie die Honigwespen aktiv ihren eigenen Pollen. In verschiedenen Teilgruppen allerdings sind die Weibchen einen anderen Weg gegangen und zeigen ein Verhalten, wie wir es von unserem heimischen Kuckuck kennen. Genau genommen nicht ganz, denn in der Regel übernimmt die parasitische Art im Grunde einfach einen bereits verproviantierten Bau. Diese Art des Kuckucksverhaltens nennt man Diebesparasitismus, oder wissenschaftlich Kleptoparasitismus, weil das Parasitenweibchen ein fertig befülltes Nest oder eine Nestzelle »klaut«. Oder anders gesagt, einen Parasiten, der zusätzlich oder ausschließlich den von einer anderen Art herbeigeschafften Larvenproviant frisst, nennt man Kleptoparasitoid.

Zugutekommt den Kleptoparasiten die Eigenschaft der meisten solitären Wespen, sich nicht weiter um ein verproviantiertes Nest, in das sie ein Ei gelegt haben, zu kümmern. Einmal verschlossen, muss der Parasit nicht mehr fürchten, auf die verteidigungsbereite Nestbesitzerin zu treffen. Von Nachteil ist bei dieser Strategie allerdings, dass das Nest dann mehr oder minder tief im Boden verborgen und mit Substrat verschlossen ist und der Kleptoparasit es zumindest partiell wieder öffnen muss. Andere Kleptoparasiten dagegen vermeiden das, indem sie doch noch während der Nestkonstruktion der Wirtin versuchen, ihr Ei im Nest zu platzieren. Dies tun sie möglichst dann, wenn das Wirtsweibchen gerade nicht zugegen ist, weil es zum Beispiel weiteren Beutetieren nachspürt. Ganz sicher allerdings kann sich der Parasit nicht sein, ob die Nestbesitzerin nicht vielleicht doch verfrüht heimkehrt und dann auf den frechen Eindringling trifft.

Da solche Kleptoparasiten oft an anderen stechenden Hautflüglern parasitieren, müssen sie damit rechnen, dass die heimkehrende Mutter ihr Nest mit Einsatz des Stachels verteidigt. An anderen aculeaten Hautflüglern schmarotzende Kleptoparasiten sind daher fast immer für den Schutz gegen einen solchen Verteidigungsstich gewappnet. Sie sind meist klein und kompakt und besitzen eine vielfach tief gerunzelte oder eingedrückte Oberfläche. Diese stabilisiert nach dem Prinzip des Wellblechs durch den regelmäßig aufgefalteten Oberflächenquerschnitt das Außenskelett. Der Schutz gegen Wirtsstiche wird noch dadurch verstärkt, dass die Parasiten häufig allerlei zahnartig oder anders geformte Vorsprünge ihres Skeletts besitzen, die die besonders sensiblen Bereiche zusätzlich absichern.

Nun hat aber die Frage, ob ein Nest vor oder nach der Fertigstellung durch die Nestbauerin von einem Kleptoparasiten heimgesucht wird, noch andere interessante Konsequenzen. Bei Arten, die vor dem Abschluss der Bauarbeiten in das Wirtsnest eindringen, hat das Parasitenweibchen Zugang zum Wirtsnachwuchs und kann das Ei oder die Larve töten. Andere Arten dagegen, die das Nest erst nach Fertigstellung attackieren, legen ihr Ei meist durch eine kleine Öffnung im Nestverschluss in die Brutkammer, sodass hier unweigerlich die Kuckuckslarve auf die Wirtslarve oder das Wirtsei trifft. Da der Proviant aber nur auf eine Larve ausgerichtet ist, stehen beide in einer unmittelbaren Konkurrenzsituation. Bei solchen Arten sehen die Larven ganz anders aus als die madenartigen, beinahe beinlosen, unbeweglichen Larven der anderen Hymenopteren. Sie besitzen einen großen und stabilen Kopf, der eine starke Oberkiefermuskulatur zur Bewegung der kräftigen und spitzen Oberkiefer beherbergt. Zudem haben sie beinartige Auswüchse an mehreren ihrer Körpersegmente, um sich auf der Nahrung effektiv fortzubewegen. Mit einem Wort, kleine, effektive, gefährliche Killer im Nest ihres Wirtes. Der Nachwuchs der Wirtin ist völlig chancenlos. Bemerkenswerterweise ist das nächste Larvenstadium solcher wehrhaften Kleptoparasiten wieder eine ganz normale madenartige Wespenmade, die sich nur noch dem Fressen widmet.

Nestbau oder kein Nestbau

Die Weibchen zahlreicher solitärer Arten bauen mehr oder weniger komplexe Nestanlagen, um ihren Nachwuchs und die mühsam herbeitransportierte Larvennahrung vor Witterungseinflüssen, Fressfeinden und Parasiten zu schützen. In besonderes beeindruckender Weise tun dies die sozialen Arten, und die Wabennester der Honigbienen oder die Papiernester der sozialen Wespen können riesig und sehr komplex werden. Von den komplizierten Nestern von Blattschneiderameisen und anderen Ameisenarten ganz zu schweigen. Dennoch gibt es viele Arten, die überhaupt keine Nester bauen. Echte Parasiten verzichten ganz auf Nestbau, Kleptoparasiten übernehmen eine fremde Nestanlage. Manche Arten, die man als Räuber bezeichnet, legen ihre Eier auf die vorübergehend durch einen Stich gelähmte Beute, die dann wieder erwacht und mit dem an sie befestigten Ei weiterlebt, aus dem schließlich die Parasitenlarve schlüpft. Andere Arten wiederum ziehen die gelähmte Beute zu einem bereits existierenden Unterschlupf, der nicht von ihnen errichtet wurde.

Anzahl der Beutetiere pro Larve

Viele parasitische Arten zum Beispiel der Plattwespen (Bethylidae) und einige andere Familien legen mehrere Eier pro Beutetier ab. Einige Grabwespen und alle Pompilidae, Tiphiidae, Scoliidae und manche Arten anderer Gruppen stellen für jede ihrer Larven genau ein Beutetier zur Verfügung. Die meisten anderen Grabwespen aber und auch die meisten solitären Faltenwespen (Eumeninae innerhalb der Vespidae) verschaffen ihrem Nachwuchs mehr als ein Beutetier pro Ei. Hinter einer solchen Strategie, die bei einigen Arten sogar progressiv ist, bei der also die Weibchen im Lauf der Entwicklung ihrer Larven immer wieder Proviant nachlegen, stecken komplexe Entscheidungsprozesse. Das Weibchen muss in der Lage sein, zu entscheiden, wie viele Beutetiere es benötigt, um einerseits sicherzustellen, dass ihr Nachwuchs überlebt, andererseits aber um zu vermeiden, zu viele Beutetiere herbeizuschaffen und damit wertvolle eigene Energie zu verbrauchen.

Beutetransport

Die meisten Parasiten lassen ihre Beute an der Stelle, an der sie sie gefunden und attackiert haben. Manche parasitische Arten allerdings transportieren ihre Beute wie alle räuberischen Arten zu einem anderen, sicheren Ort. Sie tun dies entweder mit spezialisierten Organen, wie den Pollensammelapparaten an den Hinterbeinen oder der Unterseite des Abdomens mancher Bienen, oder mit besonderen zangenartigen Ausbildungen der Hinterleibsspitze, wie bei manchen ameisensammelnden Grabwespen der Gattung *Clypeadon*. Bemerkenswert sind die sogenannten Fliegenspießwespen der Grabwespengattung *Oxybelus*, die ihre Fliegenbeute auf ihrem Stachel aufgespießt zum Nest schafft. Die meisten räuberischen Arten aber transportieren ihre Beute einfach mithilfe ihrer Oberkiefer oder Beine.

Ernährung der Erwachsenen

Üblicherweise besitzen Wespen und Bienen zum Zeitpunkt des Schlüpfens aus ihrem Kokon einen Fettspeicher, der es ihnen ermöglicht, sofort mit ihren charakteristischen Aktivitäten zu beginnen und als Weibchen Eier zu legen. Allerdings befriedigen die Tiere ihren Energiebedarf durch die zusätzliche Aufnahme von Nektar und Honigtau, also den zuckerhaltigen Ausscheidungen von Blattläusen und kohlenhydratreichen Pflanzensäften. Besonders nach der Überwinterung ist eine baldige Nahrungsaufnahme wichtig. Manche Wespenweibchen nehmen zusätzlich noch Körpersäfte ihrer Beute auf, indem sie die Hämolymphe, also die Blutflüssigkeit, ihrer Beute durch die Stichwunde oder eine extra in die Beute hineingebissene Öffnung auflecken. Blütenbesuch zur Aufnahme von Nektar ist aber die übliche Ernährungsweise erwachsener Wespen und Bienen. Bei Ameisen gibt es wie so häufig kaum etwas, das es nicht gibt. Ursprünglich waren Ameisen sicherlich räuberisch und haben besonders an Insekten und anderen Kleintieren alles erbeutet, was sie überwältigen konnten. Todfunde und Aas standen aber von jeher auch auf dem Speisezettel. Zusätzlich nehmen Ameisen gerne zuckerhaltige Substanzen auf, wie zum Beispiel Honigtau und süße Früchte. Daneben hat eine ganze Reihe von Arten hochspezialisierte Ernährungsstrategien entwickelt. Blattschneiderameisen kultivieren in ihren Bauten auf den eingetragenen Blattstücken spezielle Pilze, die der eigenen Ernährung dienen. Manche Arten haben sich auf Pflanzensamen als Nahrung spezialisiert.

Kevin O'Neill unterscheidet noch eine ganze Reihe anderer ähnlicher Kriterien, wie die Position des Eis auf dem Wirt oder spezifische Behandlungen der Beute durch die Wespe durch pharmazeutisch wirksame Substanzen im Wespengift und Ähnliches, aber das würde hier zu weit gehen. Es sollte bereits erkennbar sein, wie vielfältig das Verhalten der solitären Wespen ist.

KÖRPERBAU

Entsprechend vielfältig ist auch die äußere Gestalt der Wespen, weil sie eine strukturelle Entsprechung zum Verhalten darstellt. Grundsätzlich sind Wespen, Bienen und Ameisen aber zunächst einmal wie die meisten Insekten aufgebaut. Der Körper ist dreigeteilt in den Kopf (mit Augen, Antennen und Mundwerkzeugen), die dreiteilige Brust (der Thorax) und den Hinterleib (das Abdomen). Alles gut geschützt durch einen Panzer aus Chitin, ein Exoskelett. Die Verbindung zwischen den die Wespentaille bildenden Körperabschnitten wird durch ein flexibles Gelenk gebildet, das ansonsten nicht von einem stabilen Chitinpanzer, sondern nur von einem dünnen Häutchen bedeckt ist. Mithin eine gefährdete Stelle, und jede Wespe, Biene und Ameise tut gut daran, sicherzustellen, dass sie nicht ausgerechnet dort von einem Feind gestochen wird. Am Thorax kommen dazu zwei Flügelpaare am zweiten und dritten Brustabschnitt, die mit kleinen Häkchen zu einer geschlossenen Flügelmembran verbunden werden können. Und auch Ameisen haben Flügel, denken Sie nur an die Hochzeitsflüge der Geschlechtstiere, die in teils horrenden Individuenzahlen ihre Nester verlassen. Und wie alle Insekten haben sie drei Laufbeinpaare, die sich an den drei Brustabschnitten befinden.

Der Gesamteindruck wird zudem stark von der Farbigkeit der Tiere geprägt. So ist es zum Beispiel ein Irrglaube anzunehmen, die meisten Wespen seien gelb-schwarz. In Wirklichkeit ist die vorherrschende Farbkombination rot-schwarz oder ganz schwarz, und in den heißen Klimaten häufig sogar unter Einbeziehung der Flügel, die teilweise oder ganz schwarz sein können. Manche Arten sind zudem teilweise oder ganz metallisch, meist grün oder blau oder beides. Nachtaktive Wespen be-

Eine Zeichnung der Grabwespe *Dryudella bella* (Cresson) aus der »Blauen Bibel« der Grabwespenforschung, den »Sphecid Wasps of the World« von Richard M. Bohart und Arnold S. Menke, 1976.

sitzen eine typische blassbraune Färbung, manche in Wüsten lebende Arten sind gelblich und kaum vom Sand ihres typischen Lebensraums zu unterscheiden. Viele Arten bilden Muster aus diversen Punkten und Streifen auf einem andersfarbigen Untergrund, wie dies auch unsere heimischen Faltenwespen tun.

Das gesamte Außenskelett eines Insekts ist in zahlreiche kleinere und größere Chitinplatten, sogenannte Sklerite, unterteilt, die einerseits dem Schutz des weichen und empfindlichen Innenkörpers dienen, andererseits durch die Unterteilung in zueinander bewegliche Abschnitte gewährleisten, dass der Körper flexibel ist. Im Inneren des Körpers dienen die Sklerite als Ansatzstellen für Muskeln, Sehnen und verschiedene innere Skelettelemente, und sehr häufig sind von außen solche Ansatzstellen innerer Strukturen durch Grate, Einsenkungen oder andere Versteifungen erkennbar.

All diese Sklerite, Grate, Furchen, Erhebungen und Einsenkungen tragen Fachbezeichnungen, und nicht selten sogar bei verschiedenen Wespenfamilien unterschiedliche, historisch gebildete Begriffe für dieselbe Struktur. Hier einen Überblick zu geben, ohne sich im Dschungel der Fachterminologie zu verlieren, ist nicht leicht und würde hier zu weit führen.

Neben diesen Skleriten und ihren Besonderheiten spielt bei der Beschreibung des Außenskeletts die Textur, also die Beschaffenheit der Oberfläche, eine große Rolle. Sie kann hochglänzend oder matt sein, gerunzelt, geriffelt, gegratet oder punktiert oder eine Kombination aus mehreren dieser Eigenschaften. Sie kann haarlos, dicht behaart oder beborstet sein. Und das alles noch in unterschiedlicher Weise auf den einzelnen Körperabschnitten.

Besonders häufig in der Taxonomie der aculeaten Hymenopteren verwendete Merkmalssysteme sind die Flügel und die männlichen Geschlechtsorgane. Abgesehen von der Farbigkeit der Flügel – sie können ganz durchsichtig oder ganz in verschiedenen Farben oder teilweise mit Flecken oder Bändern gefärbt sein – interessiert die Taxonomen besonders die Flügeladerung.

Der Insektenflügel wird mithilfe sogenannter Adern, linearer, hart chitinisierter Strukturen, versteift. Diese Flügeladern kommen als Längsadern, die im Inneren hohl sind, weil sie Verlängerungen der Atmungssystems sind, und als Queradern ohne Hohlräume vor. Die überwiegend quer zueinander verlaufenden Längs- und Queradern lassen ein netzartiges Muster entstehen, dessen von Adern begrenzte Zellen als Flügelzellen bezeichnet werden. Die prototypische Wespe besitzt zwölf Zellen im Vorderflügel und drei Zellen im Hinterflügel. Alle Muster von Flügeladern und -zellen leiten sich von diesem überschaubaren Grundtyp ab. Die Zellen können dabei lang oder schmal, rund oder eckig sein, oder sonst eine Form annehmen, insbesondere aber können sie auch offen sein (dann sind sie zwar erkennbar, es fehlen aber ein oder zwei Seiten) oder ganz fehlen. Besonders stark reduziert ist die Flügeladerung bei den allerkleinsten Arten. So haben manche Arten der Grabwespengattung *Timberlakena*, mit rund zwei Millimeter Körperlänge eine der kleinsten Grabwespenarten, nur vier oder fünf geschlossene Vorderflügelzellen.

Die männlichen Geschlechtsorgane sind bei Insekten und vielen anderen Wirbellosen komplex geformte Gebilde, die in die Geschlechtsöffnung des Weibchens eingeführt werden. Bei Wespen besteht ein solches Organ aus einem Set aus paarigen und unpaarigen Strukturen, und besonders die paarigen Fortsätze besitzen häufig diverse Haken, Zähne und andere Gebilde. Und in der Regel sind sie artspezifisch und werden deshalb zur Arterkennung herangezogen.

Im Grunde sind dies die Bausteine, die in unendlichen Kombinationen von Farben, Formen und Strukturen die enorme Vielfalt der mehr als 60 000 stechenden Arten bilden. Viele Arten kann man ihren Familien mit ein bisschen Übung sofort zuordnen, und man darf sich nicht scheuen, ein wenig in Stereotypen zu denken, auch wenn es in jeder der vielen Gruppen ungewöhnliche und exotische Vertreter gibt, mit denen auch der Spezialist Schwierigkeiten bekommt. Meinen Studenten versuche ich ein Wahrnehmungsphänomen zu vermitteln, das unter Taxonomen als »Habitusblick« bezeichnet wird. In den allermeisten Fällen kann ein erfahrener Wespologe mit einem Blick sagen, zu welcher Familie ein Tier gehört, in manchen Fällen sogar sehr viel mehr, besonders bei der eigenen Spezialgruppe.

Der viel beschworene Habitusblick bedeutet dabei, dass man die Gesamtgestalt des Organismus, den Habitus, in seiner Kombination aus einer Reihe von Teilmerkmalen erfasst. Der geografische Ort spielt natürlich eine entscheidende Rolle, denn es macht bei der Beurteilung einen enormen Unterschied, ob das Tier aus Brandenburg oder Brasilien kommt. Im Geiste setzt man dann blitzschnell die jeweilige Form von Kopf, Thorax und Abdomen und ihren Gesamteindruck sowie die Farbe und besonders die Körpergröße des Tieres zu einem Muster zusammen, das es in der Regel erlaubt, entweder positiv zu entscheiden, was man da hat, oder nach dem Ausschlussprinzip zu entscheiden, was man nicht hat. Dieses intuitive Verfahren des Habitusblicks funktioniert erstaunlich gut, und es passiert mir nur sehr selten, dass ich bei einer Sammelreise auf Wespen stoße, zu denen mir gar nichts einfällt. Anfänglich verblüfft das mitreisende Anfänger, spätestens aber, nachdem sie sich durch die Vielfalt der selbst gefangenen Tiere sorgfältig hindurchgearbeitet haben, merken sie, wie sich langsam, aber stetig der Habitusblick entwickelt.

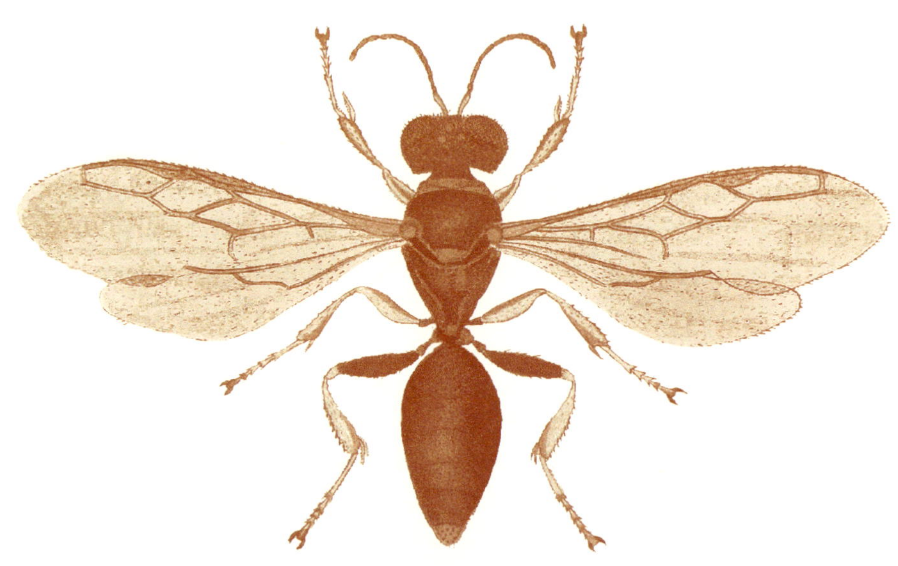

KAPITEL 3

ENTDECKUNG

Von Wespenbeschreibern und Bienenbeobachtern

Das Wissen, das wir heute über die Vielfalt der stechenden Hautflügler besitzen, ist in vielen Büchern und Zeitschriftenartikeln über die letzten etwa 250 Jahre zusammengetragen worden. Begibt man sich auf die Suche nach schon veröffentlichten Artnamen, muss man die relevante Literatur zumindest zurück bis Mitte des 18. Jahrhunderts durchsehen. Oder wenn man ein weitergehendes Interesse an der Entdeckungsgeschichte der Tiere hat, auch darüber hinaus. Mich faszinieren die alten naturkundlichen Bücher seit dem 16. Jahrhundert, und wenn ich es mir finanziell erlauben könnte, sähe es bei uns zu Hause wahrscheinlich aus wie in der Klosterbibliothek im österreichischen Admont. Andererseits stehen sie mir an meinem Arbeitsplatz im Museum fast alle zur Verfügung, sei es gleich in meinem mit einer beeindruckenden Hymenopteren-Bibliothek ausgestatteten Arbeitszimmer oder in unserer recht gut sortierten Museumsbibliothek. Es erfüllt mich mit kindlicher Begeisterung, die naturkundlichen Monografien vergangener Zeiten in die Hand zu nehmen und zu erkunden. Und sie auch zu erfühlen, die altertümliche Papiertextur, den in der trockenen Museumsluft schon mürben Ledereinband, die Prägemale der Holzstiche. Wie viel Herzblut in ein solches Buch geflossen ist, dessen vollständiger Entstehungsprozess, von den ersten Notizen des Autors bis zu den handgefertigten Einbänden, sich so vollkommen von der Herstellung eines Buches im 21. Jahrhundert unterscheidet. Welches Leben hat ein solch historischer Autor geführt, der sich dem Schreiben eines solchen Buches gewidmet hat? Und was hat er beigetragen zu unserem heutigen Wissensgebäude?

PFARRER CHRIST UND SEINE WESPEN

Ein solches Buch voller Herzblut ist die »Naturgeschichte, Klassification und Nomenclatur der Insekten vom Bienen, Wespen und Ameisengeschlecht« von Johann Ludwig Christ (1739–1813). Das Buch erschien 1791, also beinahe vier Jahrzehnte nach Linnés »Systema Naturae«. Christ war ein lutherischer Pfarrer im hessischen Kronberg im Taunus. Neben seiner kirchlichen Tätigkeit war er insbesondere ein weit über seinen Heimatort bekannter Obstfachmann und Imker. Seine Bücher zur Obstbaumzucht und Imkerei waren über viele Jahre Standardwerke in der Landwirtschaft, so die »Anweisung zur nützlichsten und angenehmsten Bienenzucht für alle Gegenden« von 1783 und das »Handbuch der Obstbaumzucht und Obstlehre« von 1794.

Unter seinen zahlreichen Büchern fällt die »Naturgeschichte« schon deshalb aus dem Rahmen, weil sie das einzige seiner Bücher ist, das sich nicht an den Praktiker wendet. Es enthält keine Anweisungen zur besseren Honigernte oder Obstbaumbestäubung, und es enthält auch keine Kalender zur Planung des bäuerlichen Jahres. Die »Naturgeschichte« dient einzig dem Zweck, tropische oder zumindest ausländische Arten von Hymenopteren zu beschreiben und zu benennen. Zugleich aber verstand Christ das Studium der Natur als praktische Lobpreisung von Gottes Weisheit und Erhabenheit. »Welche große und wunderbare Werke thut hier nicht die Natur, die den Schöpfungswundern so nahe kommen. … Wie groß ist der Schöpfer hier in diesem kleinen Geschöpf!«, so Christ im Vorwort zur »Naturgeschichte«. Christ stand damit in der Tradition der Physikotheologie, die besonders in den Naturwissenschaften einen direkten Zugang zur Gotteserkenntnis sah.

So hatte mehr als ein halbes Jahrhundert zuvor der deutsche Theologe Friedrich Christian Lesser (1692–1754) seine »Insecto-Theologia«

Kupfertitel von Johann Ludwig Christs »Naturgeschichte, Klassification und Nomenclatur der Insekten vom Bienen, Wespen und Ameisengeschlecht« von 1791.

veröffentlicht, die den bedeutungsvollen Untertitel »Vernunfft- und Schrifftmäßiger Versuch, wie ein Mensch durch aufmercksame Betrachtung derer sonst wenig geachteten Insecten zu lebendiger Erkänntniß und Bewunderung der Allmacht, Weißheit, der Güte und Gerechtigkeit des grossen Gottes gelangen könne«. Insekten waren dazu mehr als alles andere geeignet. Im 16. Jahrhundert brachten Reisende und Sammler aus aller Welt neue und überraschende Tiere und Pflanzen mit. Die ersten zusammengesetzten Lichtmikroskope öffneten das Tor zum Mikrokosmos der Kleinlebewesen und zur Detailfülle der Insektenorgane.

Christ stand ganz in der Tradition von Lessers »Insecto-Theologia«, und er war damit nicht alleine. Zahlreiche Geistliche waren neben ihrer theologischen Tätigkeit Naturforscher, und viele von ihnen sammelten Insekten und legten teilweise bedeutende Insektensammlungen an. Das Naturobjekt wurde so zur religiösen Reliquie.[1]

Der Blütenstand einer *Heliconia* mit verschiedenen Insekten. Links befindet sich eine Töpferwespe (Eumeninae), die Maria Sibylla Merian in ihrem »Studienbuch« als »Maribonse« bezeichnet. Sie beschreibt, wie die Wespen beim Malen um sie herumschwirren und in der Nähe Lehmnester bauen, in die sie Raupen tragen.[4]

Christ beschreibt in seinem Buch eine Art nach der anderen. Neben einer recht übersichtlichen Beschreibung von nur wenigen Zeilen nennt er den wissenschaftlichen Artnamen und ergänzt ihn durch einen sinnreichen deutschen Namen, der meist eine direkte Übersetzung des altsprachlichen Artnamens ist. *Sphex apifalco* – der Bienenfalk. *Sphex quatuorpunctata* – der Vierpunkt. Die handkolorierten Kupferstiche sind beeindruckend in ihrem Detailreichtum und in ihrer Farbigkeit. Leider ist der Verbleib der Originaltiere, die Christ als Grundlage seiner Beschreibungen dienten, unklar. Das stellt für die zahlreichen taxonomischen Neubeschreibungen ein gravierendes Problem dar, denn trotz der beeindruckenden Stiche sind viele der von Christ beschriebenen Arten anhand der Beschreibungstexte und Abbildungen kaum wiedererkennbar.

Für mich stellte sich immer die Frage, wie ein Stadtpfarrer und Imker in der Kleinstadt Kronberg im Taunus eigentlich an all diese tropischen Arten herankam. Viele Amateursammler beschränkten sich auf die Tierwelt vor ihrer Haustür, denn die war im Gegensatz zu tropischen Tieren leicht verfügbar. Christ erklärt dazu in seinem Vorwort: »Verschiedene Originale und zum Teil sehr seltene Stücke habe ich aus der unvergleichlichen und zalreichen Insektensammlung Herrn Gernings in Frankfurt bekommen, welcher edelgesinnte Beförderer der Naturgeschichte mich rümlichst unterstüzzet«.[2] Bei Herrn Gerning handelt es sich um Johann Isaak von Gerning (1767–1837), einen deutschen Schriftsteller und Sammler, der eine umfangreiche Sammlung von Büchern, Karten, zoologischen Präparaten, Kunstobjekten, Münzen und archäologischen Objekten besaß.[3] Unter den zahlreichen Insekten befanden sich auch Objekte von Maria Sibylla Merian (1647–1717), die als Naturforscherin und Künstlerin unter anderem die damalige niederländische Kolonie Surinam bereiste.

Und bei der Erwähnung von Merians Namen im Kontext der Gerningschen Sammlung fiel mir etwas auf. Christ hatte in seiner »Naturgeschichte« unter anderem *Vespa nasuta* beschrieben, die Nasenwespe. Die Kupferstichabbildung zeigt das unverwechselbare Farbmuster einer gut bekannten südamerikanischen Grabwespenart. Bereits Anton Handlirsch (1865–1935), den Sie später noch kennenlernen werden, hatte 1890, also hundert Jahre später, erkannt, dass Christs *Vespa nasuta* von 1791 dieselbe Art ist, die als *Apis surinamensis* mehr als zehn Jahre zuvor,

Tafel mit verschiedenen Wespen aus Christs »Naturgeschichte«, 1791. Nummer 5 ist *Rubrica nasuta*.

nämlich 1778, von De Geer beschrieben worden war. Heute gehört diese Art in die Sandwespengattung *Rubrica.*

Der Gedankenweg von *surinamensis* über Surinam zu Maria Sibylla Merian war naheliegend, besonders, weil Insekten aus Surinam im 18. Jahrhundert noch nicht allzu häufig in den naturkundlichen Kabinetten vorhanden waren. Handlirsch hatte wohl das Originalmaterial von Christ auch nicht untersucht, aber die Abbildung von Christ ist recht eindeutig. Letztlich sicher kann man sich allerdings bei einer unzureichenden Originalbeschreibung über die Identität einer historischen Art nur dann sein, wenn man sich den Typus anschaut. Nur mit seiner Hilfe ist Gewissheit möglich, zumindest in den allermeisten Fällen. Um also zu klären, ob die Nasenwespe aus Surinam tatsächlich das ist, wofür sie seit Ende des 18. Jahrhunderts gehalten wird, musste ich den Christ'schen Nasenwespen-Typus einmal zu Gesicht zu bekommen. Und da nach Literaturlage die Sammlung von Gerning im Landesmuseum Wiesbaden verblieben ist, musste ich dort zuerst nachschauen.

Ich machte mich also auf den Weg nach Wiesbaden, um im dortigen Landesmuseum nach historischen Grabwespen zu suchen. Und tatsächlich fand ich unter den nicht allzu zahlreichen Grabwespen, die einzeln in gläsernen Kästchen aus Gernings Zeiten aufbewahrt werden, ein einzelnes Exemplar von *Rubrica nasuta.* Diese wunderschöne Art kommt tatsächlich nur in Südamerika vor, unter anderem in Surinam. Es gibt zwar keine direkte Evidenz dafür, dass es sich um das gesuchte Tier handelt, aber Indizien gibt es doch einige: Eine südamerikanische *Rubrica nasuta* in der Gerning'schen Sammlung, von der bekannt ist, dass sie auch Material von Merian enthält und die zudem Christ als Grundlage für seine »Naturgeschichte« verwendet hat, um unter anderem *Rubrica nasuta* zu beschreiben. Das konnte kein Zufall sein.

Ich muss zugeben, dass mich dieser Fund im Landesmuseum Wiesbaden bewegt hat. Maria Sibylla Merian ist eine der bekanntesten Insektenforscherinnen und Künstlerinnen ihrer Zeit, die heute, da sich ihr Tod zum 300. Mal jährt, immer noch geschätzt und bewundert wird. Eine Wespe in der Hand zu halten, die diese Frau in der Tropenhitze Surinams gefangen, genadelt und getrocknet hat, die sie vor Feuchtigkeit und Ameisen schützte, mit nach Europa nahm und die über verschlungene Wege in der Sammlung Gernings landete, um dann vom Kronberger Pfarrer Christ untersucht und als *Vespa nasuta,* die Nasenwespe, beschrieben zu werden, das ist schon eine besondere und bewegende Geschichte. Und nun lag sie vor mir, die Merian'sche Nasenwespe.

WAS IST EINE ART?

Was aber bedeutet es, wenn man behauptet, das von Merian gefangene Tier gehöre zu der Art *Rubrica nasuta?* Oder anders gefragt, was muss man sich eigentlich unter einer Art in der Biologie vorstellen? Die Vielfalt der uns umgebenden Natur ist kein Kontinuum aus ineinander übergehenden Formen und Farben, sondern ist durch voneinander mehr oder weniger deutlich unterscheidbare Elemente gekennzeichnet. Dies stimmt mit unserer Alltagsbeobachtung überein. So können die meisten Menschen in Mitteleuropa sicherlich einen Igel erkennen, und wir gehen unausgesprochen davon aus, dass Igel wieder kleine Igel zur Welt bringen und nicht ein ganz anderes Tier. Zumindest getrenntgeschlechtliche Organismen, die sich mittels sexueller Reproduktion fortpflanzen, benötigen zudem einen Partner des anderen Geschlechts, und erst durch ihr gemeinsames Tun vereinigen sich Ei- und Samenzelle, um daraus erneut einen grundsätzlich gleichen Organismus zu schaffen. Zugleich aber steht es für uns außer Frage, dass selbst uns unbekannte Insekten, die wir zuvor noch nie gesehen haben, nicht nur als besondere Einzelindividuen existieren, sondern dass auch sie durch einen verwandtschaftlichen Zusammenhang Teil einer überordneten, konstanten Einheit sind. Diese Einheiten oder Gruppen lassen sich voneinander unterscheiden oder zumindest unterscheiden die ihnen angehörenden Tiere sie ohne Probleme. Die beobachtbaren Lücken zwischen diesen Gruppen wiederum scheinen genau wie die Gruppen selbst konstant zu sein und von Generation zu Generation weitervererbt zu werden.

Diese Einheiten werden üblicherweise als Art bezeichnet. Die Art spielt in der Biologie eine zentrale Rolle, und nicht von ungefähr trägt Darwins Hauptwerk von 1859 den Titel »On the Origin of Species«. Die Frage nach dem Wesen der biologischen Art ist eine der schwierigsten und dabei grundsätzlichsten Fragen in der Biologie überhaupt. Eine Unmenge an Literatur ist über die Art veröffentlicht worden, und es ist kein Ende der Diskussion und schon gar kein Konsens unter den Wissen-

Die wohl von Maria Sibylla Merian gefangene *Rubrica nasuta* aus der Sammlung Gerning.

schaftlern absehbar. Nicht selten wird die Antwort auf die Frage nach dem Wesen und dem philosophischen Status der Art von Unterschieden in den Interessen und auch von Nützlichkeitserwägungen einzelner Fachdisziplinen bestimmt. Dem Museumsspezialisten, der vorwiegend oder ausschließlich mit nicht mehr lebenden, präparierten Tieren arbeitet, stehen ganz andere Merkmale und Perspektiven auf die lebendige Vielfalt zur Verfügung als beispielsweise einem Ökologen oder einem Verhaltensbiologen. Ganz zu schweigen von den nicht-empirisch arbeitenden Philosophen, die versuchen, sich der biologischen Art aus einer philosophisch-theoretischen Perspektive anzunähern.

Eine ausführliche Diskussion dieses für die Biologie so zentralen Konzepts würde den Rahmen des Buches sprengen. Wer sich vertiefen möchte, wird im Internet und in einschlägigen Büchern zur Biologie und Biophilosophie leicht fündig. Ganz im Unklaren lassen möchte ich Sie an dieser Stelle aber auch nicht, nachdem ich Sie neugierig gemacht habe. Exemplarisch beschränke ich mich aber auf das wohl populärste Artkonzept, das als Biospezies-Konzept oder als das Konzept der biologischen Art bezeichnet wird. Es stellt einen bestimmten Aspekt von Lebewesen in den Mittelpunkt des Artverständnisses, nämlich den der Fortpflanzung.

Das Biospezies-Konzept gründet auf der Beobachtung von Naturforschern wie Bates, Müller, Darwin und anderen, dass Lebewesen üblicherweise zu einer Population, also einer geografisch definierten Gruppe von Individuen gehören, mit deren Mitgliedern sie sich grundsätzlich frei fortpflanzen und eigenen Nachwuchs produzieren können. Zugleich aber scheint es so zu sein, dass im selben Lebensraum viele Populationen koexistieren, deren Individuen sich nicht miteinander paaren. Ein einfaches Beispiel mag das veranschaulichen: In der Umgebung meines Wohnortes nördlich von Berlin kommen drei Sandwespen-Arten vor, und zwar die Gemeine Sandwespe *Ammophila sabulosa,* die Feld-Sandwespe *Ammophila campestris* und die Kleine Sandwespe *Ammophila pubescens*. Auf den ersten Blick sehen sich alle drei Arten sehr ähnlich. Recht groß, schlank, rot-schwarz. Wenn man nicht genau hinschaut und weiß, worauf man achten muss, kann man die aktiv herumfliegenden Wespen nicht ohne Weiteres unterscheiden. Hin und wieder sieht man mal ein kopulierendes Paar besonders der häufigen Gemeinen Sandwespe auf dem sandigen Boden oder auf einer Blüte, und es ist klar, was dabei herauskommt: immer neue Gemeine Sandwespen. Diese Art ist in Europa enorm weit verbreitet, und jedes Individuum kann sich theoretisch mit jeder anderen Sandwespe des anderen Geschlechts fortpflanzen. Im gleichen Lebensraum kommen die anderen zwei uns sehr ähnlich vorkommenden Sandwespen-Arten auch vor. Auch sie können sich in ihrem Verbreitungsgebiet frei mit allen anderen Mitgliedern ihrer Art fortpflanzen, und auch sie produzieren immer wieder neue Sandwespen ihrer eigenen Art. Auch wenn diese drei auffälligen Sandwespenarten hier und auch noch an anderen Stellen ihres Verbreitungsgebietes koexistieren, vermischen sie sich genetisch doch in keiner Weise. Jede der Sandwespenarten bleibt fein unter sich.

Solche und ähnliche Beobachtungen haben Naturbeobachter bereits seit langer Zeit gemacht, und das intuitiv leicht zu verstehende Prinzip dahinter kommt in der Definition des Biospezies-Konzepts zum Ausdruck: »Arten sind Gruppen von sich real oder potenziell miteinander fortpflanzenden natürlichen Populationen, die reproduktiv von anderen solchen Gruppen isoliert sind.«[5] Das Biospezies-Konzept ist in dieser Formulierung von dem deutschstämmigen US-Evolutionsbiologen Ernst Mayr (1904–2005) geprägt und bekannt gemacht worden. Nach Mayr stimmt das Biospezies-Konzept nicht nur mit zahlreichen empirischen Beobachtungen überein, sondern ist eine unmittelbare Konsequenz aus der Annahme einer organismischen Evolution. Wenn sich alles Leben auf naturgesetzliche Weise durch Evolution entwickelt hat, muss man schlussfolgern, dass auch Arten Produkte dieses Prozesses sind und durch einen Selektionsprozess im Sinne der Darwin'schen Evolutionstheorie entstanden sind. Man muss deshalb davon ausgehen, dass Arten infolge des Artbildungsprozesses von anderen Arten reproduktiv isoliert sind. Das ist wiederum eine Grundvoraussetzung dafür, dass eine jede Art ihren Genotyp, also ihre genetische Ausstattung, stabil halten und durch die eigenen Nachkommen in die Zukunft bringen kann. Um es ganz einfach zusammenzufassen: »Was sich schart und paart, gehört zu einer Art.«

DIE ERFORSCHUNG DER ARTENVIELFALT

Die Erforschung der Artenvielfalt unserer Erde beginnt mit einer ganz einfachen, aber zentralen Frage: Was gibt es auf der Erde? Diese Frage ist deshalb so zentral, weil sie nach den Elementen fragt, die die Figuren im großen Spiel der Evolution darstellen. Die Arten, die heute die Erde bevölkern, sind die Astspitzen des über Hunderte von Millionen Jahren gewachsenen und sich immer weiter verzweigenden Baum des Lebens. Je mehr wir von diesen Astspitzen kennen, desto eher wird es uns gelingen, fundierte Aussagen über das in den Tiefen der Zeit verborgene Astgewirr der Evolution zu treffen. Es gibt aber noch andere, sehr gute Gründe, warum wir wissen möchten, mit welchen Arten wir die Erde teilen. Arten sind die seltsamsten Wege gegangen, um die Probleme zu lösen, die sich aus dem Wechselspiel mit der Natur ergeben. Sie nutzen dabei die eigenen Fähigkeiten und die Eigenschaften der belebten und unbelebten Umwelt in für uns oft überraschender Weise. Viele unerwartete Entdeckungen haben fundamentale Erkenntnisse hervorgebracht, über uns und über die Natur.

Wer kann wissen, was noch alles unentdeckt, welche überraschenden Anpassungen noch gefunden werden können? Und welche Strategien die Natur schon lange entwickelt hat, die uns helfen könnten, unsere eigenen kleinen und großen Probleme zu lösen? Und schließlich ist es einfach unsere eigene Neugierde, die einer der stärksten Motoren in der Wissenschaft ist. Es liegt in unserer Natur als Menschen, neugierig zu sein und unsere Umwelt entdecken zu wollen. Es ist das Unbekannte, das viele Wissenschaftler lockt und antreibt.

Es ist nicht überraschend, dass die Zahl der durch einzelne Taxonomen beschriebenen Arten sehr unterschiedlich ist. Für die stechenden Hautflügler hat noch niemand diese Zahlen genau erhoben, aber für Dipteren, also Fliegen und Mücken, hat sie der US-Dipterologe Neal Evenhuis mit seinem Kollegen Christian Thompson zusammengetragen.[6] Im Jahr 2004, als ihre Veröffentlichung erschien, gab es bei den Dipteren 173 843 Artnamen, die 145 239 Arten entsprachen. Die Differenz geht auf Synonymie zurück, also auf die Mehrfachbeschreibung und -benennung von Arten. Mehr als 4300 Einzelpersonen haben über die Zeit seit 1758 Dipteren benannt. 1500 von ihnen haben jeweils nur eine einzige Art beschrieben, 3500 zehn oder weniger, und auf das Konto von nur 329 Taxonomen gehen jeweils mehr als 100 Arten. Allein die 13 produktivsten Dipterologen haben zusammen beinahe 44 000 Arten, also rund ein Drittel aller Arten, beschrieben.

Bei den aculeaten Hymenopteren wird das Gesamtbild nicht viel anders als bei den Dipteren sein. Die Mehrzahl der Taxonomen leistet einzelne Beiträge zur Entdeckung ihrer Spezialgruppe, und es ist einigen wenigen besonders produktiven Enthusiasten vorbehalten, den größten Teil der Arten zu beschreiben. Mich persönlich haben diese aus dem Rahmen fallenden Massenbeschreiber immer fasziniert. Ich beschreibe Arten, aber auf mehr als ein paar Dutzend habe ich es in meiner bisherigen Karriere nicht gebracht. Nun gut, ich beschreibe auch nicht nur Arten, und heutzutage wird auch von einem Taxonomen aus guten Gründen erwartet, dass er die Ergebnisse seiner taxonomischen Arbeit in einen breiteren Zusammenhang mit evolutiven und anderen Fragestellungen bringt. Abgesehen davon, dass an einem Museum eine ganze Menge anderer Aufgaben zu erledigen sind, und so kann meine taxonomische Arbeit immer nur einen kleinen Teil meines Alltags darstellen. Dennoch kann ich sagen, dass eine gut gemachte Artbeschreibung eine anspruchsvolle und zeitintensive Form wissenschaftlichen Arbeitens darstellt. Die relevante Literatur muss recherchiert, gefunden, besorgt und schließlich gelesen werden. Vergleichsmaterial schon beschriebener Arten, bevorzugt die Typusexemplare, müssen ausgeliehen und untersucht werden, die eigentliche Beschreibung muss in Publikationsform gebracht werden, Abbildungen müssen angefertigt und schließlich muss das Manuskript geschrieben, eingereicht und müssen die Druckfahnen Korrektur gelesen werden. Erst nach diesem vielschrittigen Prozess gilt die Art als getauft und der Name offiziell und für alle verbindlich als verfügbar.

Wie aber schafft man es dann, Tausende oder sogar mehr als zehntausend Arten zu beschreiben? Nicht von ungefähr sind beinahe alle Entomologen, die derart viele Arten beschrieben haben, historische Figuren. Nicht alle, aber doch die meisten. Das hat sicherlich mehrere Gründe. Zum einen war im 18. und auch noch im 19. Jahrhundert das allermeiste Material neu. So klagte der Wiener Wespenforscher Franz Friedrich Kohl im Vorwort seiner Arbeit über die Schabenwespen der Gattung *Ampulex* von 1893: »… das Materiale [hat sich] infolge der Seltenheit dieser vorzüglich in den Tropenländern lebenden Thiere als viel zu klein erwiesen. Fast jede noch so kleine Sendung, die eingelangt war, enthielt neue Arten.« Zudem war die Zahl der bereits bekannten Arten damals viel geringer als heute, und es war leichter, einen Überblick besonders über exotische Gruppen zu bekommen. Schließlich haben sich seit dem 18. Jahrhundert die Beschreibungspraxis und besonders die Beschreibungstandards verändert. Während man sich in früheren Zeiten oft auf eine Diagnose, also die Nennung der zur Unterscheidung der neuen Art relevanten Merkmale beschränkte, ist es heute üblich, neben der Diagnose noch lang und ausführlich die für die Art relevanten Merkmale zu beschreiben. Auch an die bildliche Darstellung werden heute andere Ansprüche gestellt. Und schließlich gibt es zwar heute mehr Wissenschaftler, die Arten beschreiben, als je zuvor, aber die Anzahl der Vollzeittaxonomen, die rund um die Uhr und bezahlt Arten beschreiben, geht kontinuierlich zurück.

Wer sind sie nun, die Helden der Wespen-, Bienen- und Ameisentaxonomie? Wer ist verantwortlich für die vielen Zehntausend Artbeschreibungen bei den Hymenopteren?

CARL VON LINNÉ: DER VATER DER ARTBESCHREIBUNG

Eine Erforschungsgeschichte der Artenvielfalt der Tiere und auch der Pflanzen beginnt im Grunde immer bei Carl von Linné. Sie muss dort beginnen, zumindest wenn man anerkennt, dass erst mit der standardisierten wissenschaftlichen Benennung die Grundlage für ein nachhaltiges Erfassungssystem gelegt wurde. Das bedeutet nicht, dass es nicht vor Linné bereits Wissenschaftler gegeben hat, die die Vielfalt der Insekten gewürdigt und erforscht haben. Die Etablierung eines einheitlichen Benennungssystems allerdings schuf erst die Grundlage für ein universelles Kommunikationswerkzeug, sodass alleine durch schriftliche Dokumentation ein Wissenschaftler verstehen konnte, was ein anderer gemeint hat. Linnés Einfluss auf die Entwicklung der Naturkunde und besonders der biologischen Systematik kann kaum überschätzt werden, und bereits zu Lebzeiten war Linné als Forscher und akademischer Lehrer berühmt und geschätzt. Neben Charles Darwin ist Carl von Linné sicherlich der heute bekannteste Naturforscher.

Carl von Linné wurde als Carl Nilsson Linnaeus am 23. Mai 1707 in Råshult im südschwedischen Småland geboren. Er war das erste Kind des Pfarrers Nils Ingemarsson Linnaeus und dessen Frau Christina Brodersonia. Linnés Vater, der wie viele Pfarrer der Zeit in Naturstudien eine besondere Form der Lobpreisung der göttlichen Schöpfung und Allmacht sah, war Gärtner und Pflanzenzüchter und hatte nach Linnés eigenen Worten »einen der schönsten Gärten in der ganzen Landshauptmannschaft … mit auserlesensten Bäumen und den seltensten Blumen«[7] angelegt. Hier entdeckte Linné seine Faszination für Pflanzennamen und die Naturkunde. Er studierte schließlich Medizin in Lund und Uppsala. Insbesondere die Pflanzen hatten es ihm angetan, und seine umfangreichen botanischen Kenntnisse wurden von Mitstudenten und später von anderen Wissenschaftlern sehr geschätzt. Wohl aus dieser Situation heraus begann Linné, auf der Basis seiner Literatur- und Pflanzenkenntnisse den botanischen Lehrstoff zu systematisieren. Zu diesem Zweck konzipierte er eine Methode, um Pflanzenarten erkennen und klassifizieren zu können, und es war diese neue Bestimmungsmethode, die ihn über den Kreis seiner Studenten hinaus berühmt machte.[8]

In den Jahren ab 1732 unternahm Linné verschiedene Reisen, unter

Carl von Linné, Ölgemälde von Alexander Roslin, 1775.

anderem nach Lappland, Hamburg und Amsterdam. Bereits 1735 erschien die erste Auflage seiner »Systema Naturae« im Großfolio-Format, in der er insbesondere eine allgemeine »theoretischen Eintheilung« der drei Naturreiche Minerale, Pflanzen und Tiere in Klassen, Ordnungen und Gattungen vornahm. Auf dieser Basis gründeten sich seine zahlreichen weiteren Bücher, in denen er sein System der Natur immer weiterentwickelte. Linné wurde 1762 geadelt und nannte sich rückwirkend ab 1757 Carl von Linné. Er starb am 10. Januar 1778 in Uppsala.

Auch wenn die Botanik Linné zweifellos viel näher stand als die Zoologie, hat Linné auch für die Zoologie die entscheidenden methodischen

Standards für Artbeschreibungen gesetzt. Der Meilenstein für die zoologische Taxonomie ist die zehnte Auflage seiner »Systema Naturae«, weil er hier erstmals konsequent die binominale, also zweiteilige Benennung bei Tieren anwendete. Und deshalb gilt das Jahr 1758 als Beginn der offiziellen zoologischen Nomenklatur. Alle Namen, die seit dem 1. Januar 1758 veröffentlicht wurden, müssen in der zoologischen Taxonomie berücksichtigt werden, alle vorher erschienenen nicht, bis auf einige wenige Sonderfälle.

In der »Systema Naturae« von 1758 katalogisierte Linné 4326 Tierarten. Viele Artnamen waren zwar bereits vor Linné im Umlauf, wurden aber erst durch seine Veröffentlichung offiziell verfügbar. Das ist auch der Grund, warum so viele Tierarten heute Linné als Autorennamen tragen, wie beispielsweise der Weißstorch *Ciconia ciconia* und die Honigbiene *Apis mellifera*. Von unserem eigenen Namen, *Homo sapiens*, ganz zu schweigen. Auch er geht auf Linné zurück.

Bei Wespen führte Linné zahlreiche Gattungsnamen ein, die seitdem allerdings ihre Bedeutung und ihren Umfang teilweise gravierend geändert haben. Linné hatte bereits erkannt, dass es zwischen den echten parasitischen Wespen mit einem äußerlich sichtbaren Legebohrer und den stechenden Wespen mit verborgenem Stachel einen massiven Unterschied gibt. Die echten Parasiten fasste er in der Gattung *Ichneumon* zusammen, was den heutigen Ichneumonidae, den Schlupfwespen entspricht. Für die Wespen, Bienen und Ameisen verwendete er nur fünf Gattungen: *Sphex* für die meisten nicht-sozialen Wespen, *Vespa* für die sozialen Wespenarten. Alle Bienen gehören in *Apis*, alle Ameisen in *Formica*. Und als vierte Gattung noch *Mutilla* für die flügellosen Wespen. Linné konnte Mitte des 18. Jahrhunderts nur verhältnismäßig wenige Arten kennen, und so umfassen seine fünf Gattungen stechender Hautflügler eine entsprechend überschaubare Zahl von Arten: *Sphex* 25, *Vespa* 17, *Apis* 39, *Formica* 17 und *Mutilla* 8. Insgesamt also gerade einmal knapp über 100 Arten. Die 25 Arten, die Linné in *Sphex* platzierte, verteilen sich heute auf zahlreiche später beschriebene Gattungen, gehören aber bis auf zwei Ausnahmen alle in die heutigen Grabwespen. Dadurch bewies Linné nach Meinung des Wiener Entomologen Franz Friedrich Kohl »seinen genialen Scharfblick«. Der allerdings an anderen Stellen weniger genial war, da er zwei Grabwespen mit in die Gattung *Vespa* steckte. Für *Vespa* hatte Linné unter anderem das Erkennungsmerkmal

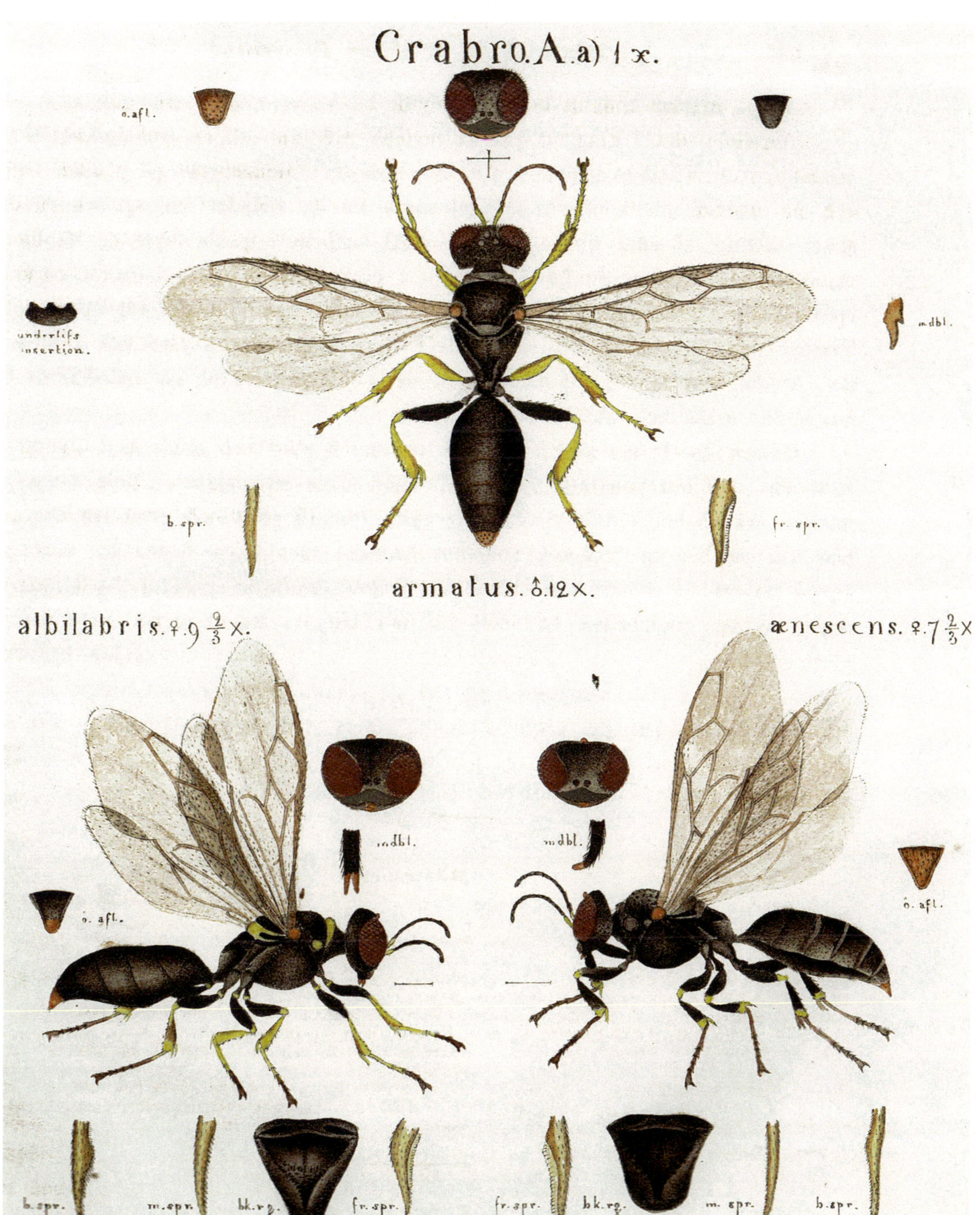

Handkolorierter Kupferstich von Grabwespen aus einem Werk des dänischen Entomologen Anders Gustaf Dahlbom, 1839–1840.

»Alae superiores plicatae« angegeben, also Vorderflügel gefaltet. Das trifft sicherlich auf die drei Grabwespen, die er in *Vespa* steckte, nicht zu. In Linnés Folgepublikationen der nächsten Jahre kamen immer mehr *Sphex*-Arten hinzu, die nach heutigem Verständnis in ganz unterschiedliche Gattungen und sogar Familien gehören.

Seit Linnés »Systema Naturae« von 1758 sind Tausende von Publikationen mehr oder minder taxonomischen Inhalts zu den aculeaten Hymenopteren erschienen. Viele sind mir sehr vertraut, weil sie einfach viele neue Arten enthalten, und über kurz oder lang habe ich sie in die Hand nehmen müssen. Johannes Christian Fabricius (1745–1808) zum Beispiel, einer der zahlreichen Schüler Linnés, hat dessen Methode konsequent bei Insekten angewendet. Zahlreiche Monografien über Insekten gehen auf sein Konto. Die Deutsche Wespe *Paravespula germanica* wurde beispielsweise 1793 in einem von Fabricius' umfangreichen Büchern, die im Grunde Artkataloge mit kurzen Diagnosen einer jeden Art darstellen, beschrieben[9]. Hunderte von neuen Wespenarten stammen von Fabricius.

LONDONER KATALOGE

Besonders viele Wespenarten wurden im 19. Jahrhundert von Frederick Smith (1805–1879) entdeckt und beschrieben. Smith war ein englischer Entomologe, der eigentlich den Beruf des Kupferstechers erlernt hatte. Ab 1841 arbeitete Smith am British Museum of Natural History, heute schlicht das Natural History Museum London, und ab 1849 konnte er sich voll und ganz den Hymenopteren widmen. Er blieb trotz seiner wissenschaftlichen Tätigkeit ein begeisterter Kupferstecher und stellte die seine Veröffentlichungen begleitenden Strichzeichnungen selbst her. Eine seiner Hauptaufgaben war die Neuaufstellung und Katalogisierung der Hymenopteren-Sammlung des British Museum. Viele seiner mehr als 100 Veröffentlichungen trugen Titel wie »Catalogue of hymenopterous insects ...«, gefolgt von einer Präzisierung, um welche Hautflügler es sich handelte. In einer seiner umfangreichsten Arbeiten katalogisierte er 1856 den kompletten damaligen Hymenopterenbestand des British Museum, und immer dann, wenn er auf eine unbekannte Art stieß, beschrieb und benannte er diese gleich. Seine »Catalogues« entsprachen alle dieser Struktur: lange Listen von Artnamen, gefolgt von Herkunftsdaten und manchmal Kommentaren zu Besonderheiten. Und immer wieder eingestreut Beschreibungen neuer Arten.

Als Hymenopteren-Spezialist war er auch zuständig für die Bearbeitung der Wespen, Bienen und Ameisen, die von Expeditionen und Sammelreise mitgebracht und nach England geschickt wurden. So bearbeitete Smith alle Hymenopteren, die Alfred Russell Wallace auf seiner Reise durch den Malayischen Archipel gesammelt hatte. Smith war enorm produktiv: Zwischen 1851 und 1879 beschrieb er bei Ameisen 25 neue Gattungen und 702 Arten und Unterarten. Von diesen 702 Arten und Unterarten sind heute noch 489 gültig, während der Rest zum überwiegenden Teil jüngere Synonyme darstellen, also Fälle, in denen Smith Arten als vermeintlich neu entdeckt zu haben glaubte und sie auch formal benannte, die sich dann aber als früher schon beschrieben herausstellten.[10] Die sogenannte Synonymierate, also der Anteil der Synonyme an der Gesamtzahl der beschriebenen Arten, beträgt bei Smiths Ameisen 30,3 Prozent. Etwa ein Drittel seiner Arten sind also letztlich taxonomische Fehlentscheidungen. Klingt viel, ist es aber eigentlich nicht, denn damit liegt er in etwa in einem Bereich, der typisch ist für die meisten entomologischen Taxonomen seiner Zeit.[11]

DIE WIENER WESPENSCHULE

Bei den Grabwespen erreichte im 19. Jahrhundert die Taxonomie mit den Wiener Entomologen Franz Friedrich Kohl (1851–1924) und Anton Handlirsch (1865–1935) ein neues Qualitätsniveau. Kohl arbeitete ursprünglich als Lehrer für Naturwissenschaften in Bozen und Innsbruck, gab aber 1880 den Lehrerberuf auf, um unter anderem mit dem bekannten schweizerischen Entomologen Henri de Saussure (1829–1905) in Genf an Hymenopteren zu arbeiten. Ab 1885 hatte Kohl eine Anstellung am Naturhistorischen Museum in Wien, wo er insbesondere die Hautflüglersammlung aufbaute. Eine Anekdote am Rande: Besonders in späteren Jahren setzte sich Kohl für das österreichische Volksliedgut ein und gründete mit dem österreichischen Musiker Josef Reiter den Deutschen Volkslied-Verein Wien. Er veröffentlichte verschiedene Schriften über österreichische Volkslieder und trug so zu ihrer Überlieferung bei.

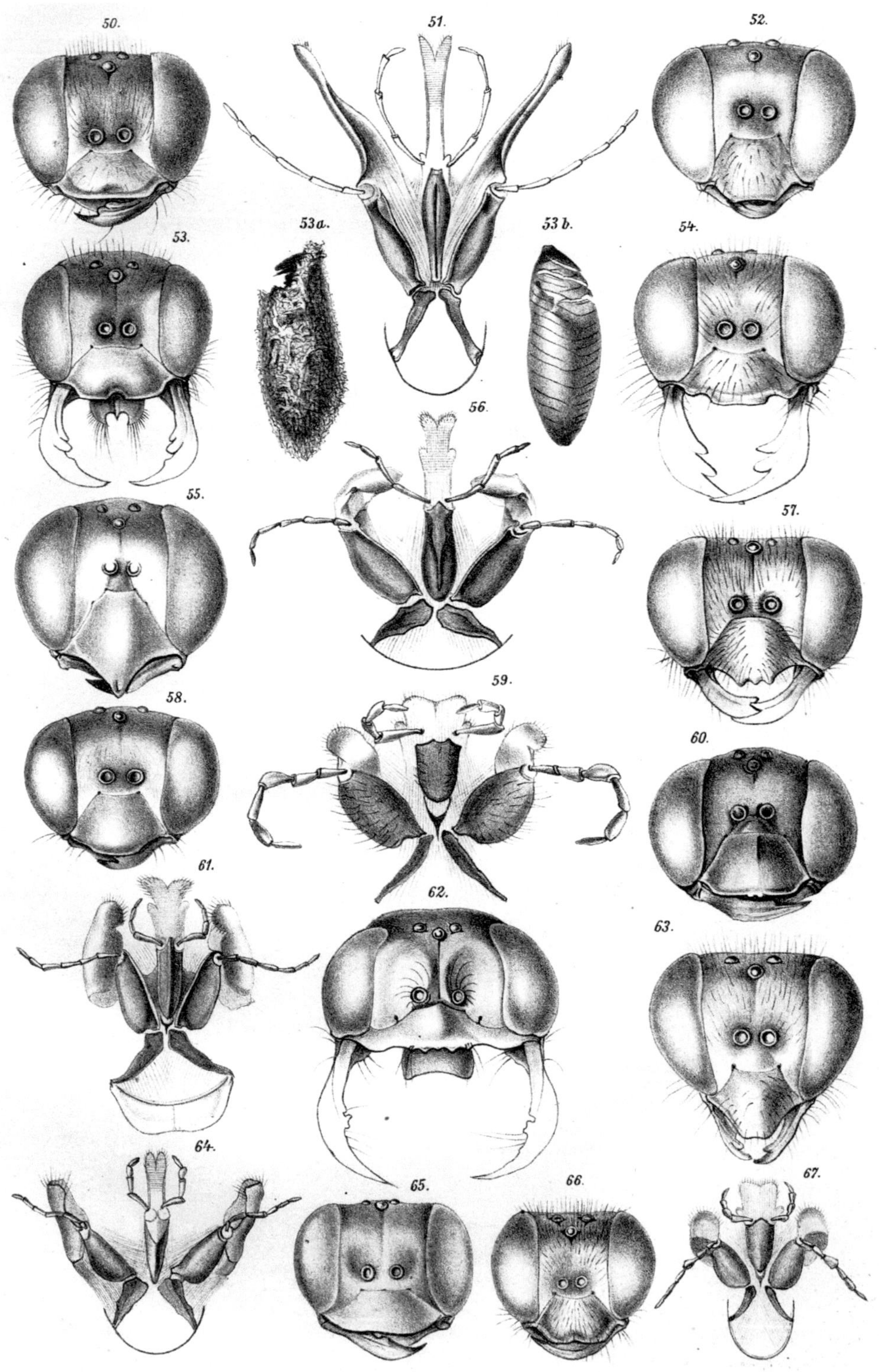

Galerie von Köpfen und Mundwerkzeugen von Grabwespen. Franz Friedrich Kohl, 1890.

Das bekannteste Beispiel ist »Heidschi Bumbeidschi«, das sich in den 1960er-Jahren in einer von Heintje gesungenen hochdeutschen Fassung über Wochen unter den Top 10 der deutschen Charts hielt.

Kohls entomologisches Spezialgebiet waren Grabwespen. Hier veröffentlichte er umfangreiche monografische Bearbeitungen einzelner Gattungen, wie zum Beispiel der Linné'schen Gattung *Sphex*, und beschrieb Hunderte von neuen Arten. Das Besondere an seinen Arbeiten war der offenkundige Anspruch Kohls, die Taxonomie der jeweils bearbeiteten Gattung so weit wie möglich vollständig zu klären und alle verfügbaren Informationen zusammenzubringen. Insbesondere verfasste er ungewöhnlich ausführliche Artbeschreibungen, die alle Merkmale enthalten, die überhaupt zwischen den verschiedenen Arten der jeweiligen Gattung verschieden sind. Durch diese Vollständigkeit versuchte Kohl eine Grundlage zu schaffen, die es anderen Hymenopterologen erlauben würde, neue Funde mit den schon bekannten Arten zu vergleichen und zu begründen, warum es sich um eine neue Art oder eine schon bekannte handeln sollte. Man könnte sagen, seine Artbeschreibungen waren auf Nachhaltigkeit und Zukunftsfähigkeit ausgerichtet und nicht darauf, mit minimalem Worteinsatz die jeweiligen Arten wiedererkennen zu können. Mit Fug und Recht kann man sagen, dass Kohls monografische Bearbeitungen des 19. Jahrhunderts trotz einiger altertümlicher Formulierungen ausführlicher und letztlich besser sind als viele der Artbeschreibungen, die noch im 20. Jahrhundert veröffentlicht wurden. Einer seiner österreichischen Kollegen sah in Kohl den »Begründer der modernen Artbeschreibung«.[12]

Der 14 Jahre jüngere Anton Handlirsch kam mit Kohl wahrscheinlich in Kontakt, als Handlirsch begann, sich um 1885 aufgrund einer Zufallsbeobachtung in einem Wiener Garten mit Gallwespen zu beschäftigen. Das Naturhistorische Museum war der Ort der Wahl, wollte man in Wien mehr über Insekten wissen, und die glückliche Fügung wollte es, dass seit 1885 Kohl dort für die Hymenopteren zuständig war. Handlirsch veröffentlichte die Ergebnisse seiner Gallwespenbeobachtung 1886 und nur zwei Jahre später eine umfangreiche taxonomische Arbeit über die im Naturhistorischen Museum vorhandenen Hummeln. Die überwiegende Zahl seiner Publikationen zu rezenten, also heute lebenden Hymenopteren aber galt den Grabwespen. Neben einigen kürzeren Veröffentlichungen stellt die »Monographie der mit *Nysson* und *Bembex* verwandten Grabwespen« sein Hauptwerk dar. Diese Arbeit erschien in acht Teilen zwischen 1887 und 1895 mit einem Gesamtumfang von 1425 Seiten. Er beschrieb und benannte dabei 296 neue Arten, von denen heute noch 230 gültig sind. Mit einer Synonymierate von 22,3 Prozent liegt Handlirsch damit im Vergleich zu anderen Vielbeschreibern der Zeit eher im unteren Bereich.

Handlirsch, der beim Erscheinen des ersten Teils der »Monographie« erst 22 Jahre alt war, folgte in seinen Qualitätsansprüchen Kohl. Handlirschs Beschreibungen sind wie die seines Mentors für die Zeit außerordentlich exakt und stehen modernen morphologischen Artbeschreibungen in nichts nach. Was die Arbeiten von Kohl und Handlirsch besonders wertvoll macht, sind nicht nur die umfangreichen Beschreibungen, sondern auch die ausführlichen Bestimmungsschlüssel. Bestimmungsschlüssel sind ein wichtiges Werkzeug, um taxonomische Information so aufzuarbeiten, dass ein Leser einer Publikation in strukturierter Weise ermitteln kann, zu welcher der erwähnten Arten ein Tier gehört. Üblicherweise sind solche Schlüssel »dichotom«. Das bedeutet, dass dem Leser immer zwei Merkmalsmöglichkeiten angeboten werden, zwischen denen er sich entscheiden muss. Die Antwort führt dann automatisch zur nächsten Doppelfrage oder bereits zu einem Artnamen.

Ausführliche Artbeschreibungen und Diagnosen haben es in sich, sie sind nicht leicht zu lesen und zu verstehen. Ein Bestimmungsschlüssel bringt die relevanten Erkennungsmerkmale in eine sinnvolle Reihenfolge, die es dem Leser erlaubt, sich nach und nach durch die Vielzahl der möglichen Arten hindurchzuarbeiten. Heutzutage werden zumindest in monografischen Arbeiten in der Entomologie Bestimmungsschlüssel erwartet, aber viele der umfangreichen Arbeiten des 19. Jahrhunderts und erst recht des 18. Jahrhunderts bestanden aus aneinandergereihten Artbeschreibungen, und die relevante Information war nur mit Mühe zugänglich. Kohls und Handlirschs Schlüssel stellten eine enorme Erleichterung dar. Wobei ich nicht verhehlen möchte, dass der jüngere Handlirsch überraschenderweise auf Latein verfasst hat, während Kohls Schlüssel auf Deutsch geschrieben sind.

Für mich gehört Handlirschs »Monografie« zu den beeindruckendsten taxonomischen Arbeiten. Bereits als Student habe ich alle Arbeiten von Handlirsch kopiert und meine Kopie der »Monografie« sorgfältig binden lassen. Sehr viel lieber hätte ich mir ein Original gekauft, was durchaus möglich gewesen wäre, weil die Beiträge, die in den »Sitzungsberichten der Kaiserlichen Akademie der Wissenschaften. Mathematisch-Naturwissenschaftliche Classe« erschienen sind, hin und wieder in Antiquariaten auftauchen. Als Student fehlte mir dazu das Geld. Jahre später erwarb ich ein schön gebundenes Exemplar mit allen acht Beiträgen aus dem Nachlass eines Entomologen, und ich nehme es bis heute gerne in die Hand. Abgesehen davon, dass Handlirschs »Monografie« für manche Grabwespengattungen immer noch die einzige Bearbeitung darstellt.

DIE BLAUE BIBEL

Der definitive Meilenstein für alle Grabwespen ist nach den Meisterwerken aus der Wiener Schule ein Buch, das auch gerne als die »Blaue Bibel« bezeichnet wird. Die US-Entomologen Richard M. Bohart (1913–2007) und Arnold S. Menke hatten 1976 die »Sphecid wasps of the world« veröffentlicht, die »Grabwespen der Welt«. Ein 700-Seiten-Opus über alle Grabwespengattungen der Welt, mit Bestimmungsschlüsseln, Artenliste, Erklärung aller relevanten Fachbegriffe und besonders einer Zusammenfassung der bis dahin veröffentlichten Literatur zu Biologie, Verbreitung und Systematik der Grabwespen. Es gibt nicht viele Insektengruppen, die sich rühmen können, derart umfassend in einem einzigen Werk behandelt zu werden. Die »Blaue Bibel«, die ihren Namen nach dem leuchtend blauen Leineneinband trägt, ist schon lange vergriffen, aber ich hatte das Glück, ein Exemplar geschenkt zu bekommen. Der bedeutende Grabwespentaxonom Wojciech J. Pulawski von der California Academy of Sciences in San Francisco hatte eine »Blaue Bibel« über viele Jahre aufbewahrt, um sie einmal jemandem zu geben, der sie auch zu würdigen weiß. Für mich war es eine unverhoffte Ehre, als Wojciech mir kurz nach meiner Promotion anlässlich eines Besuches in San Francisco feierlich das Buch überreichte. Ich besitze es natürlich heute noch, aber meine Studenten und ich haben es so intensiv genutzt, dass es langsam auseinanderfällt. Aber auch mehr als vier Jahrzehnte nach seinem Erscheinen ist und bleibt »Sphecid wasps of the world« das Standardwerk für alle Grabwespen.

BIENEN ÜBER ALLES

Die unbestrittenen Helden der Bienentaxonomie, denen niemand sonst das Wasser reichen kann, sind Theodore Dru Alison Cockerell (1866–1948) und Heinrich Friedrich August Karl Ludwig Friese (1860–1948), die beinahe zur selben Zeit, aber auf verschiedenen Kontinenten, die Melittologie, die Bienenkunde, dominierten. Cockerell[13] wuchs in England auf, wo er schon als Kind eine große Begeisterung für Naturkunde entwickelte. Bereits als Teenager begann er, sich mit Schnecken und später mit Wanzen und Zikaden zu beschäftigen. Seine erste wissenschaftliche Entdeckung, eine bis dahin unbekannte Raupe eines auf Madeira endemischen Schmetterlings, machte er bereits mit zwölf Jahren auf Madeira, und im Alter von 20 erschienen Cockerells erste Publikationen. 1887 verließ er wegen einer leichten Tuberkulose England und zog wegen des gesünderen Klimas nach Colorado in die Rocky Mountains. Nachdem sich seine Gesundheit gebessert hatte, kehrte er nach England zurück, um für ein Jahr im British Museum of Natural History in London zu arbeiten. 1891 übernahm Cockerell den Posten als Kurator am Public Museum of Kingston auf Jamaika, aber schon bald führten ihn erneute gesundheitliche Probleme in die USA. Dafür tauschte er die Arbeitsstelle mit Charles Henry Tyler Townsend (1863–1944), einem bekannten, auf Raupenfliegen spezialisierten Entomologen. Townsend war Kurator am New Mexico College of Agriculture in Las Cruces, und diese Position nahm nun Cockerell ein, während Townsend Kurator in Kingston wurde. In New Mexico begann Cockerell, sich unter anderem mit Bienen zu befassen. 1903 wechselte Cockerell erneut nach Colorado und blieb dort bis zu seiner Emeritierung.

Cockerell gilt als einer der produktivsten Zoologen seiner Zeit und als einer der legendärsten Vielbeschreiber seiner Zunft. Sein gedrucktes Œuvre ist enorm unübersichtlich und umfasst neben wissenschaftlichen Arbeiten in renommierten Zeitschriften zahlreiche Zeitungsartikel, Bücher zu unterschiedlichen Themen und privat verlegte Veröffentlichungen. Die einzige veröffentlichte Liste von Cockerells Publikationen umfasst 3904 Einzelposten, und es ist wahrscheinlich, dass einige seiner Schriften noch nicht enthalten sind.[14] Die Zahl der von ihm entdeckten, beschriebenen und benannten Arten allerdings ist womöglich noch beeindruckender. Der kalifornische Entomologe Robert Zuparko hat die mühevolle Aufgabe übernommen, nach Cockerells Artnamen zu fahnden und sie aus all seinen Publikationen zusammenzutragen. Die Ergebnisse seiner jahrelangen Recherche finden sich im Internet und werden kontinuierlich aktualisiert, sobald Zuparko neue Puzzlestücke dem komplexen Gesamtbild von Cockerell hinzufügen kann.[15]

Insgesamt hat Zuparko 9051 Namen finden können, die auf allen kategorialen Ebenen zwischen Überfamilie und Unterart angesiedelt sind. Alleine 8441 davon sind Arten und Unterarten. Bei Hymenopteren hat Cockerell 6556 Artnamen veröffentlicht, wovon heute nur 6,8 Prozent, nämlich 448, als Synonyme gelten. Der weitaus größte Teil dieser Hymenopterennamen findet sich bei den Bienen mit allein 6539 Artgruppennamen. Daneben hat er 99 Grabwespenarten beschrieben und noch einige Arten in anderen Wespenfamilien. Viele seiner Artbeschreibungen umfassen nur wenige Zeilen und würden dem heutigen Standard der Bienentaxonomie wohl nicht genügen.

Es gibt zahlreiche Legenden über Cockerell und seinen Arbeitsstil. So fanden zu Cockerells Zeiten die Bahnreisen mit Dampflokomotiven statt, die an bestimmten Stationen Wasser für den Heizkessel aufnehmen mussten. Es soll vorgekommen sein, dass Cockerell die Wartezeit an einer dieser Versorgungsstationen nutzte, um Bienen zu fangen. Während der Bahnfahrt bis zur nächsten Wasseraufnahme hatte er bereits ein Manuskript über die neuen Fänge geschrieben, das er von dort gleich an einen Verlag telegrafierte.[16] Ob diese Anekdote wahr ist oder von einem von Cockerells Kritikern erfunden wurde, um seinen Arbeitsstil übertrieben darzustellen, kann ich nicht mit Bestimmtheit sagen. Aber ganz abwegig scheint mir die Geschichte nicht zu sein. Schon zu seinen Lebzeiten galten Cockerells Beschreibungen als unzureichend, aber angeblich wollte niemand Cockerell darauf hinweisen, weil er menschlich so beliebt war.[17]

Auf Platz 2 der Hitliste der produktivsten Bienenentdecker steht Heinrich Friedrich August Karl Ludwig Friese.[18] Ihm verdanken die Bienentaxonomen 2553 neue Namen, die er in 270 Publikationen veröffentlichte. 1989 davon sind neue Arten, 564 neue Unterarten beziehungsweise neue Varietäten, wie sie damals häufig beschrieben wurden.

Friese wurde 1860 in Schwerin geboren.[19] Sein Vater war ein bekannter und wohlhabender Orgelbauer und entstammte einer Dynastie von über mehreren Generationen erfolgreichen Orgelbauern. Bereits während seiner Schulzeit interessierte sich Friese für naturkundliche Fragen und wurde, vermittelt durch seinen Klassenlehrer, von einem Schweriner Lehrer in dieser Neigung sehr gefördert. Aufgrund gesundheitlicher Probleme musste Friese allerdings das Gymnasium frühzeitig beenden und trat in den väterlichen Orgelbaubetrieb ein. Bereits während seiner Tätigkeit als Orgelbauer lernt er Ernst Ludwig Taschenberg (1818–1898) und Otto Schmiedeknecht (1847–1936) kennen, zwei bekannte Entomologen und Hymenopterologen. Schmiedeknecht, selbst ein prominenter Bienenexperte, lud ihn 1883 auf eine längere Sammelreise nach Südfrankreich, Spanien und auf die Balearen ein. In den Folgejahren bereiste Friese Paris, um im dortigen Muséum national d'Histoire naturelle wichtige historische Bienentypen zu untersuchen. Weitere Reisen in Europa machten ihn mehr und mehr auch mit der Lebensweise der Bienen vertraut. Nachdem Friese seine Anteile an der wirtschaftlich erfolgreichen Orgelbaufirma seines Vaters verkauft hatte, zog er nach Innsbruck. Dort entstand eines seiner wichtigsten Werke, das sechsbändige »Die Bienen Europas«, das von 1895 bis 1901 erschien. Nach einem mehrjährigen Aufenthalt in Jena zog Friese schließlich zurück nach Schwerin, wo er bis zu seinem Tod blieb.

Unermüdlich beschrieb er Bienenart nach Bienenart, und auch wenn Friese weniger als die Hälfte der neuen Arten und Unterarten beschrieben hat, die Cockerell zustande brachte, liegt seine Bedeutung besonders in der Synthese von taxonomischen Artbeschreibungen und den verfügbaren biologischen und ökologischen Informationen. In vielen populärwissenschaftlichen Publikationen hat Friese zudem die Lebensweise und Vielfalt der Bienen einem breiten Publikum vermittelt. Sein mit zahlreichen Illustrationen versehenes Buch »Die europäischen Bienen« von 1923 hatte eine enorm weite Verbreitung. Es machte ihn in weiten Kreisen berühmt und führte dazu, dass er von Reisenden, Missionaren, Kolonialisten und Wissenschaftlern Bienen aus aller Welt erhielt, die er anschließend beschrieb. Teile seines Materials erhielten die Sammler zurück. Auf diesem Wege und durch Tausch und Verkauf von Material gelangten die von Friese bearbeiteten Bienen in die ganze Welt, und die Suche nach den Typen der von ihm beschriebenen Arten ist für heutige Bienentaxonomen ein unangenehmes Problem. Ausgangspunkt für diese Suche ist meist das Museum für Naturkunde in Berlin, dem Friese 1916 seine private Hauptsammlung schenkte.

Interessanterweise erschien Frieses letzte Publikation posthum im Jahr 1949, und genau in diesem Jahr erschien auch Cockerells letzte Publikation, ebenfalls posthum. Man kann wohl mit Fug und Recht sagen, dass 1949 eine Ära der Bienentaxonomie endete.[20]

AMEISEN UND PSYCHOANALYSE

Kommen wir schließlich zu den Ameisen. Deren Held unter den Artenbeschreibern ist sicherlich eine der schillerndsten Persönlichkeiten in der Taxonomie überhaupt. Der Schweizer Auguste-Henri Forel (1848–1931)[21] hat mehr Ameisenarten beschrieben als jeder andere Ameisenspezialist jemals, aber er war zugleich auch ein bekannter Psychiater, Sozialreformer und Begründer der Abstinenzbewegung. Er wuchs in der französischsprachigen Schweiz in Morges nahe Lausanne auf, studierte von 1866 bis 1871 Medizin in Zürich und promovierte dort über ein neuroanatomisches Thema. Nachdem er sich einige Jahre der Hirnforschung gewidmet hatte, wurde Forel Professor für Psychiatrie an der Universität Zürich und Direktor der erst 1870 eröffneten Psychiatrischen Universitätsklinik Zürich, die im Volksmund auch Burghölzli genannt wird. Bereits 1898 im Alter von nur 50 Jahren beendete Forel seine akademische Laufbahn und widmete sich als Privatgelehrter seinen Interessen, der Abstinenzbewegung, der Gründung von Regionallogen des sogenannten »neutralen Guttemplerordens« überall in Europa, und eben auch der Ameisenkunde.

Forel war von ungewöhnlich vielseitigen Interessen geprägt, von denen er viele mit Nachdruck und starken Überzeugungen verfolgte. So war er unter anderem auch Gründungsmitglied des Deutschen Monistenbundes. Dieser war eine freidenkerische Organisation, die 1906 von dem Biologen und Darwinisten Ernst Haeckel (1834–1919) gegründet wurde und das Ziel verfolgte, eine monistische Weltanschauung zu verbreiten und zu propagieren. Der Monismus nimmt an, dass alle Phänomene der Welt auf nur ein einziges Grundprinzip zurückzuführen sind. Der Deutsche Monistenbund erfreute sich großer Beliebtheit. Seine Gründung hatte Haeckel bereits 1904 auf dem Internationalen Freidenker-Kongress in Rom vorgeschlagen, auf dem Haeckel schließlich zum »Gegenpapst« ausgerufen worden war. Besonders in den ersten

Jahrzehnten nach seiner Gründung traten dem Deutschen Monistenbund einige prominente Personen des öffentlichen Interesses bei, so der Chemiker Wilhelm Ostwald, der Schriftsteller Wilhelm Bölsche und der Maler Karl Hauptmann. Forel war zudem aktiver Sozialist, Internationalist und Pazifist. 1920 trat der 72-jährige Forel der aus dem Iran stammenden Bahai-Religion bei, die nach Forel »die wahre Religion des Wohls der menschlichen Gesellschaft [ist]… und alle Menschen miteinander [verbindet], die auf dieser kleinen Erdkugel leben.«[22] Forel, der sich als Agnostiker bezeichnete, wandte sich im Jahr seines Eintritts in die Bahai-Bewegung an dessen damaligen geistlichen Führer, ʿAbdul-Baha', und fragte ihn nach dem Wesen der menschlichen Seele und den Möglichkeiten des Menschen, Aussagen über Gott machen zu können. Die Antwort ʿAbdul-Baha's ist als »Brief an Forel« bekannt geworden und gilt als dessen wichtigste Schrift.

Forel hat in beinahe all den Bereichen, in denen er aktiv war, herausragende und bleibende Leistungen erbracht. Als Hirnforscher entdeckte er mithilfe von Schnittserien des menschlichen Gehirns das Neuron. Durch ihn wurde Psychiatrie zum Pflichtfach im Medizinstudium, und er entwickelte neue Behandlungsmethoden für psychisch kranke Menschen. Zur Prävention von Alkoholismus gründete er einen »neutralen Guttemplerorden«, der sich besonders für die Enthaltsamkeit vom Alkohol einsetzte. 1905 veröffentlichte er ein Buch mit dem Titel »Die sexuelle Frage«, in dem er die menschliche Sexualität ganzheitlich betrachtete und sich für ihre Enttabuisierung und die Gleichberechtigung der Frau engagierte. Als sei das noch nicht genug, war Forel als Sozialist auch politisch aktiv und setzte sich für Frieden in der Welt insbesondere durch Veröffentlichungen ein. Er begeisterte sich auch für die internationale Kunstsprache Esperanto und veröffentlichte aus Spaß 1907 die Beschreibung einer neuen Ameisenart, *Myrmicocrypta emeryi*, und einer neuen Ameisengattung, *Wheeleriella*, auf Esperanto.

Auch wenn es den Eindruck machen kann, als sei dies alles ausreichend, um ein Leben zu füllen, fand Forel noch die Zeit, beinahe sein ganze Leben lang an Ameisen zu forschen und zu einem der produktivsten und angesehensten Ameisenforscher der Welt zu werden. Bereits mit sieben Jahren begann er in seiner schweizerischen Heimat am Genfer See, systematisch Ameisen zu beobachten. In späteren Jahren stellte er unverblümt fest, dass er darin eine willkommene Gelegenheit sah, den erdrückenden religiösen Neurosen seiner Mutter zu entkommen. Forels Großonkel, Alexis Forel, unterstützte ihn in diesen Neigungen auch gegen die um Forels Sicherheit besorgte Mutter. Bereits mit 25 Jahren und trotz seines Medizinstudiums und seiner sich anschließenden Hirnforschung veröffentlichte er mit der Monografie »Les fourmis de la Suisse« (Die Ameisen der Schweiz) einen Meilenstein der mitteleuropäischen Ameisenforschung. Dies war nur der Ausgangspunkt für eine konstante Forschungs- und Publikationstätigkeit zu den Ameisen, die er parallel zu seinen sonstigen Aktivitäten betrieb. Immer blieben dabei die Ameisen eher im Hintergrund seines Schaffens, und selbst in seiner Autobiografie, die er 1920, also elf Jahre vor seinem Tod schrieb, ist von Ameisen nur selten die Rede. Es gelang ihm nur »in kurzen, gestohlenen Momenten«[23], sich den Ameisen zu widmen. Während sein sonstiges Schaffen ganz auf das Verständnis des menschlichen Miteinanders und der sich daraus ableitenden Veränderungen gesellschaftlicher Missstände gerichtet war, ist die Ameisenforschung für ihn immer auch Rückzug und Introspektion, ja Ichbezogenheit gewesen. »Diese Studien [an Ameisen] bildeten für mich fast den einzigen erlaubten Leckerbissen meines reinen Egoismus.«[24]

So exotisch uns dies auch anmuten mag, Forel sah in jeder Ameisenbeobachtung eine potenzielle Lektion für das menschliche Leben. Insbesondere die komplexen Sozialsysteme der Ameisen dienten ihm als Modelle für die menschliche Gesellschaft und selbst für moralische Fragen. So definierte er den Begriff »fourmilière« für »Kolonie« neu und schloss dabei neben den verschiedenen Individuen der verschiedenen Kasten einer Ameisenart auch die von den Ameisen »gemolkenen« Blattläuse und selbst die verschiedenen Parasiten und Gäste in einem Ameisennest ein. Würde man eine Nation wie die Schweiz so verstehen, als würde sie strukturell einer »fourmilière« entsprechen, würde die ganze Welt einem »Super-Formicarium« entsprechen, also einem aus zahlreichen Einzelnestern bestehenden, über die ganze Erde verbreiteten Super-Nest.

Was nun aber hat Forel in der Ameisentaxonomie geleistet? Nach dem aktuellen, internetbasierten Ameisenkatalog AntCat[25] gehen auf Forels Konto 1933 heute noch gültige Artnamen und 617 Unterartnamen, insgesamt also 2550 Artgruppennamen! In seiner Autobiografie schreibt Forel, dass er 1914 die größte Ameisensammlung der Welt besaß, die

»über 6000 Arten, Rassen und Varietäten« umfasste, »von welchen etwa 3000 von mir selbst beschrieben waren«.[26] Zum Vergleich: Nach AntCat gibt es zurzeit 15212 valide Artengruppennamen bei den Ameisen, die sich auf 13266 Arten und 1946 Unterarten verteilen. Selbst wenn wir nur die validen Namen von Forel zugrunde legen, hat er offenkundig beinahe 20 Prozent der uns bekannten Ameisendiversität beschrieben. Eine ungewöhnliche Leistung, besonders, wenn man bedenkt, dass ihm dafür nur seine kurzen, gestohlenen Momente blieben.

Sosehr mich als Taxonom die taxonomische Entdeckungsgeschichte fasziniert, also die Frage nach der Artenvielfalt unserer Erde, so sehr bin ich natürlich willens, einzugestehen, dass diese Art der Entdeckungen eher im Stillen vonstattengeht. Selbst ein Auguste Forel, eine weit über die Hymenopterologie hinaus bekannte Persönlichkeit, ist weder durch die Vielzahl der Einzelentdeckungen noch durch sein taxonomisches Gesamtwerk zu Lebzeiten in Erscheinung getreten. Aber immerhin kennt man Forel heute noch, wenn auch eher als Psychiater. Die meisten der Super-Taxonomen der letzten 250 Jahre, die ihr Leben der Erforschung ihrer Lieblingstiergruppe widmeten, sind heute weitgehend vergessen. Zumindest außerhalb des engen Zirkels der Fachkollegen.

TANZENDE BIENEN

Auf dem Gebiet der Erforschung von Wespen, Bienen und Ameisen sind allerdings noch ganz andere und überraschende Entdeckungen gemacht worden, die unseren Blick auf die belebte Welt nachhaltig geändert haben. Denken Sie nur an die Tanzsprache der Honigbienen, die heute jedes Kind kennt. Zum Zeitpunkt ihrer tatsächlichen Entdeckung in den 1940er-Jahren durch Karl von Frisch (1886–1982) war es sensationell und überraschend, dass ein Insekt in der Lage sein soll, derart komplexe Informationen mithilfe einer »Sprache« mit Nestkolleginnen austauschen zu können. Besonders deutlich wird die überragende und weitreichende Bedeutung dieser Entdeckung daran, dass von Frisch zusammen mit den Verhaltensbiologen Konrad Lorenz und Nikolaas Tinbergen 1973 mit dem Nobelpreis für Physiologie oder Medizin geehrt wurde. In seiner Begründung würdigte das Nobelkomitee »ihre Entdeckungen zur Organisation und Auslösung von individuellen und sozialen Verhaltensmustern«, aber für Karl von Frisch stand die Tanzsprache der Honigbiene ganz im Zentrum seines Lebenswerks.

Karl von Frisch entstammte einer bekannten Wiener Akademikerfamilie.[27] Er war der jüngste von vier Söhnen des Mediziners Anton Ritter von Frisch und seiner Frau Marie. Karl von Frischs Mutter, eine geborene Exner, wurde unter anderem wegen ihrer langjährigen Briefbeziehung mit dem Schriftsteller Gottfried Keller (1819–1890) bekannt. Karl von Frisch studierte anfänglich Medizin, wechselte dann aber zur Zoologie. Nach Forschungsarbeiten in München, Wien, Rostock und Breslau übernahm er 1925 die Leitung des Zoologischen Instituts der Universität München. Ab 1931 gelang es ihm mit finanzieller Unterstützung durch die Rockefeller Foundation, ein seinen Wünschen entsprechendes Forschungsinstitut zu errichten. Nach einigen Jahren an der Universität Graz kehrte von Frisch 1950 zurück nach München, wo er bis zu seiner Emeritierung im Jahr 1958 blieb. Lange bevor er durch die Verleihung des Nobelpreises 1973 Weltruhm erlangte, war er national und international angesehen und bekannt. Er schrieb zahlreiche Bücher und populärwissenschaftliche Schriften. Unter anderem gab er eine Reihe kleiner, populärer Bücher unter dem Serientitel »Verständliche Wissenschaft« heraus, in der 1927 als Band 1 eines seiner bekanntesten Bücher erschien, »Aus dem Leben der Bienen«,[28] das in vielen Auflagen bis heute erhältlich ist.

Bereits um 1920 herum hatte von Frisch begonnen, den von ihm beobachteten Bienentanz experimentell zu untersuchen. 1923 erschien seine erste große Arbeit zu diesem Thema, ein Buch mit dem Titel »Über die ›Sprache‹ der Bienen«. Man kann dem Text leicht entnehmen, wie begeistert von Frisch von seiner eigenen Entdeckung war. In der Einleitung berichtet er ausführlich von den Anfängen seines Interesses am »Bienentanz«, den er schnell zu entschlüsseln hoffte. Er schreibt dazu: »Ich wollte sehen, wie dies zugeht und ließ mir zu diesem Zwecke einen Bienenkasten anfertigen, an welchem man die Vorgänge im Inneren beobachten konnte. Ich hoffte in wenigen Tagen oder Wochen im Klaren zu sein. Nun habe ich mich 3 Jahre mit der Sache beschäftigt. … Auch jetzt bin ich nur imstande, eine Teilfrage des Problems der Verständigung im Bienenvolke … einigermaßen zu klären. Man mag daraus entnehmen, … daß in der Erforschung der ›Bienensprache‹ das meiste noch zu tun bleibt.«[29] Damals konnte von Frisch noch nicht ahnen, dass er sich mit der Entschlüsselung der Bienentanzsprache rund ein halbes Jahrhundert beschäftigen würde. Und noch viel weniger konnte ihm klar sein, dass bis heute noch nicht alle Fragen zu den Kommunikationswegen im Bienenstock geklärt sind.

Von Frisch wies darauf hin, dass der Bienentanz bereits vor ihm in der historischen Imkereiliteratur erwähnt, seine Bedeutung aber nicht erkannt wurde. So zitiert er einen mir unbekannten Autor namens »N. Unhoch«, der 1823 ein Imkerhandbuch mit dem Titel »Anleitung zur wahren Kenntniß und zweckmäßigen Behandlung der Bienen, nach 33jähriger genauer Beobachtung und Erfahrung«[30] veröffentlicht hatte: »Es wird Manchem lächerlich, ja wohl unglaublich scheinen, wenn ich behaupte, dass auch die Bienen, wenn anders der Stock in gutem Stand ist, gewisse Lustbarkeiten und Freuden unter sich haben, dass sie sogar auch nach ihrer Art zuweilen einen gewissen Tanz anstellen. Ich habe dieses schon sehr oft beobachtet, und jeder, der einen Bienenkasten mit Gläsern hat, kann diesen Scherz der Bienen öfters mit Augen ansehen, und sich davon überzeugen. Eine einzelne Biene drängt sich unvermuthet zwischen andere 3 bis 4 ruhigstehende Bienen hinein, steckt den Kopf auf den Boden, streckt die Flügel auseinander, und zittert mit ihrem aufgerichteten Hinterleibe eine kleine Weile, die nächststehenden Bienen thun auch ein Gleiches, stecken ihren Kopf auf den Boden, endlich drehen sie sich miteinander in etwas mehr als einem Halbzirkel bald rechts bald links fünf bis sechs Mal hin und her, machen einen förmlichen Rundtanz. … Die Tanzmeisterin wiederholt ihren Tanz öfters vier bis fünf Mal nacheinander an verschiedenen Seiten. Ich habe dieses öfters mehreren Bienenfreunden gezeigt, die sich sehr verwunderten, und herzlich darüber lachen mussten. … Ich beobachtete diesen Tanz meistens nur an schönen heiteren Tagen, und bey guten Stöcken. … Was eigentlich dieser Tanz bedeuten soll, kann ich mir noch nicht erklären; ob es vielleicht eine muthige Freude und Aufmunterung unter ihnen selbst ist, oder ob es aus einem andern noch unbekannten Zweck geschieht, das muss die Zukunft lehren, und mit diesem Bienenballett schliesse ich nun mein erstes Heft.«[31]

Um 1920 herum, also beinahe 100 Jahre nach Unhoch, nahm sich von Frisch des Bienenballetts an. Er hatte beobachtet, dass eine ertragreiche Nektarquelle, sobald sie einmal von einer Bienenarbeiterin gefunden wurde, schnell von vielen anderen Arbeiterinnen desselben Stocks be-

Karl von Frischs Farbmarkierungssystem für die individuelle Kennzeichnung von Honigbienen bei seinen Beobachtungen, 1923. Unten rechts die Bienen mit der höchstmöglichen Nummer 599.

sucht wurde. Es war offensichtlich, dass die Kundschafterin die frohe Botschaft in irgendeiner Weise an ihre Nestgenossinnen weitergab und sie dazu veranlasste, ebenfalls die gefundenen Blüten anzufliegen. Es grenze »bisweilen ans Wunderbare«, so von Frisch, »wie es jene Entdeckerin einer Trachtquelle trotzdem fertig bringt, in kurzer Zeit eine Schar von Helferinnen am rechten Ort um sich zu versammeln.«[32] Was nun tut eine von einer interessanten Nektarquelle heimkehrende Biene? Sie beginnt sofort, in der charakteristischen Weise das Unhoch'sche Bienenballett aufzuführen. Sie läuft dabei in gerader Richtung auf der senkrechten Oberfläche der Wabe entlang und schwänzelt in einer typischen Weise mit dem Körper nach rechts und links. Danach wendet sie sich entweder nach rechts oder links und kehrt zum Startpunkt ihrer Schwänzelbewegung zurück, um gleich noch einmal von vorne mit einem erneuten Kreistanz zu beginnen. Dabei wird die tanzende Kundschafterin von anderen Bienen verfolgt, die nach mehreren Verfolgungsumläufen den Bienenstock verlassen und die von der Kundschafterin gefundene Nahrungsquelle anfliegen. Von Frisch machte zudem eine weitere Beobachtung. Je nach Lage der Futterquelle beziehungsweise ja nach Sonnenstand änderten sich die Tanzbewegungen der heimkehrenden Biene im Stock.

Um die Flugbewegungen der einzelnen Bienen verfolgen zu können, hatte sich von Frisch »für eine gedeihliche Arbeit« ein Nummerierungssystem für die Bienen ausgedacht. Dazu tupfte er den Bienen an drei verschiedenen Stellen farbige Punkte auf den Körper, und zwar am Vorder- und am Hinterrand des Thorax und auf dem Abdomen.

Von Frisch kodierte die Bienen mithilfe der folgenden Anordnung von Punkten:[33]

Farbfleck am Vorderrand des Thorax:

Weiß = 1	Gelb = 4
Rot = 2	Grün = 5
Orange = 3	

Farbfleck am Hinterrand des Thorax:

Weiß = 6	Gelb = 9
Rot = 7	Grün = 0
Orange = 8	

Farbfleck auf dem Abdomen:

Weiß = 100	Gelb = 400
Rot = 200	Grün = 500
Orange = 300	

Ein Fleck am Thorax bedeutete also eine einstellige Zahl, zwei Flecken eine zweistellige, ein Fleck am Abdomen machte die Zahl dreistellig. Da von Frisch am Abdomen nur die Farben für die ersten fünf Ziffern verwendete, konnte er so bis zu 599 Bienen individuell kennzeichnen. Und das war offenkundig ein effektives Farbsystem, wie von Frisch feststellte: »Man liest diese Farbflecken nach kurzer Übung so rasch und sicher wie geschriebene Ziffern ab und sie haften meist wochenlang, ohne undeutlich zu werden.«[34]

Ab den 1940er-Jahren verfolgte von Frisch die Frage nach der Rolle der Tanzsprache der Bienen erneut mit Nachdruck. In zahlreichen kreativen Experimenten gelang ihm der Nachweis, dass Spur- oder Sammelbienen, die eine Nektarquelle gefunden hatten, mithilfe des Schwänzeltanzes die Information über Richtung und Entfernung der Quelle an ihre Nestgenossinnen weitergeben. Im Gegensatz zu früheren Annahmen werden also die Neulinge nicht an die Trachtquelle eskortiert, sondern sie werden tatsächlich geschickt. Eine sensationelle Entdeckung, deren Bedeutung von Frisch unzweifelhaft klar war.

Bereits von Frisch wusste allerdings, dass die Genauigkeit der Richtungsinformation nicht allzu groß war und dass sie zudem drastisch abnahm, je weiter die Nektarressource entfernt war. Wissenschaftler konnten inzwischen zeigen, dass der Bienentanz nur eine ungefähre Richtung vorgibt, in die die unkundigen Bienen geschickt werden.[35] Das eigentliche Ziel aber erreichen sie auf andere Weise. Bereits von Frisch war aufgefallen, dass Bienen am Ort der Entdeckung einer Nektarquelle »Brauseflüge« durchführen. Honigbienen besitzen eine sogenannte Nasanov-Drüse, ein Duftorgan, mit dem die Bienen den selbst gebildeten Duftstoff Geraniol in der Luft verteilen. Die noch unwissenden Bienen folgen dabei den erfahrenen Sammelbienen und werden von dem im Brauseflug abgegebenen Duft oder aber, wenn sie nahe genug herangekommen sind, von dem Duft der Blüten selbst angelockt. Nur im nahtlosen Zusammenspiel zwischen dem Schicken durch den Bienentanz und dem Locken durch Düfte können rekrutierte Bienen ihr Ziel auch tatsächlich erreichen.[36]

Neue Beobachtungen ergänzen also die klassische Sicht auf die Tanzsprache, wie sie von Frisch propagiert und popularisiert hat, aber die Bedeutung ihrer Entdeckung geht weit über die Frage der Kommunikation der Honigbienen hinaus. Am Modell der Bienen hatte von Frisch systematisch die Sinnesleistungen eines Insekts untersucht und Details zutage gefördert, die zuvor niemand erwartet hatte. Ähnliche Untersuchungen machten Konrad Lorenz am Verhalten insbesondere von Vögeln und Nikolaas Tinbergen am Verhalten von Vögeln und vom Dreistacheligen Stichling. Eine von Tinbergens weiteren Modellarten, an denen er forschte, war der Bienenwolf *Philanthus triangulum*. Über diese Grabwespenart veröffentlichte er ab 1932 mehrere Publikationen, die das komplexe und überraschend dynamische Verhalten des Bienenwolfs analysierte. Mit ihren Arbeiten begründeten von Frisch, Tinbergen und Lorenz die klassische vergleichende Verhaltensforschung oder Ethologie, die unser Bild von den Sinnesleistungen der Tiere vollkommen veränderte. Der Nobelpreis war dafür eine angemessene Würdigung.

MENSCH UND HONIGBIENE

Aber schon lange vor von Frisch, Tinbergen und Lorenz, und vor Linné und Fabricius, waren den Menschen Wespen, Bienen und Ameisen bekannt. Gut bekannt sogar, besonders wenn es um die Ausbeutung der Honigbienen für den eigenen Nutzen ging. So gibt es in den spanischen Höhlen der Cuevas de la Araña bei Bicorp in der Nähe von Valencia Felszeichnungen, die Menschen zeigen, die Bienennester in einer Felshöhlung ausbeuten. Diese Zeichnungen dürften rund 12 000 Jahre alt sein und sind damit einer der ältesten Nachweise der Bienennutzung durch den Menschen.[37] Bereits im Neolithikum im 7. Jahrtausend v. Chr. sind Honigbienen von Bauern gezielt gehalten worden, was mithilfe des archäologischen Nachweises von Bienenwachs in Europa, Nordafrika und dem Nahen Osten rekonstruiert wurde.[38] Zahlreiche altägyptische Hieroglyphen zeugen von einer intensiven Nutzung von Honigbienen in Ägypten seit etwa 2400 v. Chr.[39]

Seit Beginn schriftlicher Überlieferungen können in fast allen Kulturkreisen Europas, Nordafrikas und des Nahen Ostens Honigbienen in landwirtschaftlicher Nutzung nachgewiesen werden. Andere stechende Hautflügler tauchen dagegen sehr viel seltener in Schriftzeugnissen auf. Die vermutlich ältesten bildlichen Darstellungen stammen von dem obermesopotamischen Siedlungshügel Körtik Tepe im oberen Tigris-Tal in der heutigen Südosttürkei.[40] Die archäologischen Ausgrabungen förderten eine dauerhafte Siedlung zutage, die auf den Übergang vom Pleistozän zum Holozän und damit auf ein Alter von 11 700 bis 11 300 Jahre v. Chr. datiert wurde. In Körtik Tepe wurden mehrere Knochenplaketten und Steintäfelchen mit Tierdarstellungen gefunden, die kontrovers diskutiert werden. Der Berliner Archäologe Sebastian Walter argumentiert, dass es sich vermutlich um stechende Hautflügler handelt. Auch wenn die Darstellungen manche Fragen offenlassen, kann ich der Interpretation Walters folgen und einige typische Merkmale wie eine Wespentaille und einen Stachel durchaus erkennen. Im Gegensatz zu den spanischen Höhlendarstellungen handelt es sich allerdings wahrscheinlich nicht um Bienen. Es scheint so zu sein, dass in der Phase des sogenannten »präkeramischen Neolithikums«, in das Körtik Tepe eingeordnet wird, bevorzugt starke und gefährliche Tiere dargestellt wurden. Dies könnte erklären, warum statt der für die Ernährung nutzbaren

Die ersten farbigen Illustrationen zweier Grabwespen: eine Lehmwespe der Gattung *Sceliphron* (unten links) und eine Sandwespe der Gattung *Ammophila* (zweite oben rechts) in einem Stillleben von Jan van Kessel dem Älteren von ca. 1650.

Honigbienen hier Wespen als Grundmotiv abgebildet wurden. Daneben gibt es dort auch Motive, die möglicherweise den Prozess der Insektenmetamorphose in Form einer Puppe und von Imagines neben und in der Brutzelle darstellen. Nach Walter könnten diese Figuren Symbole des Todes und der postmortalen Existenz sein.[41]

Bienen als Symbole kommen darüber hinaus in verschiedenen kulturellen Kontexten vor.[42] Im Grab von Childerich I. (440–481 oder 482), auch Childerich von Tournai genannt, dem ersten historisch nachweisbaren fränkischen Kleinkönig aus dem Geschlecht der Merowinger, fand man rund 300 meisterhaft gefertigte goldene Bienen. Napoleon Bonaparte, der sich als Nachfolger dieses alten Frankenkönigs sah, fühlte sich inspiriert von dessen Grabbeigaben und ließ seinen und Josephines Krönungsmantel mit Bienen schmücken. Damit erhob er die Biene zum Symbol für sein Land, und sie verdrängte die goldene Lilie der ungeliebten Bourbonen aus dem französischen Wappen.[43] Napoleon hatte zudem

Drei Honigbienen mit anatomischen Details als die älteste gedruckte Darstellung, die mithilfe eines Mikroskops angefertigt wurde. Die Anordnung der Bienen erinnert an das Familienwappen von Urban VIII. Francesco Stelluti, 1630.

mit der Verfassung des Ersten Französischen Kaiserreiches von 1804 36 ausgewählten Städten den Ehrentitel »Bonne ville de l'Empire français« verliehen, zu deutsch »Gute Stadt des französischen Kaiserreichs«. 1811 wurden weitere 16 Städte zu »bonne ville« erhoben, unter anderem Bremen, Hamburg und Lübeck. Allen derart ausgezeichneten Städten wurden Wappen verliehen, die als gemeinsames Element ein rotes Schildhaupt mit drei goldenen kaiserlichen Bienen enthielten.[44]

Drei Bienen im Wappen hat auch das italienische Familiengeschlecht der Barberini. Eingeführt in das Familienwappen wurden die Bienen von Maffeo Barberini, der als Papst Urban VIII. die katholische Kirche von 1623 bis zu seinem Tod 1644 führte. Urban VIII. hatte freundschaftliche Kontakte mit Galileo Galilei, wobei der Inquisitionsprozess gegen Galileo ebenfalls in seine Amtszeit fiel. In dieser Zeit wurde auch die erste Abbildung eines naturwissenschaftlichen Objekts, das mit einem Mikroskop untersucht wurde, in einem Buch veröffentlicht. Es handelt sich um drei Honigbienen, die wie die drei Bienen im Wappen Urbans VIII. angeordnet sind. Neben den Bienen gibt es Detailansichten der Beine, Mundwerkzeuge und sogar des Stachels. Bei dem Buch handelt es sich um eine kommentierte Übersetzung der Satiren des Persius von Francesco Stelluti, einem italienischen Universalgelehrten. Das Mikroskop, mit dem die Bienen untersucht wurden, stammte dabei von Galileo Galilei.[45]

Seit dem 16. Jahrhundert tauchen Wespen in verschiedenen Tierbüchern immer häufiger auf, allerdings meist eher beiläufig oder als biblische Plagen. Eine der ersten umfangreichen und systematischen Darstellungen von Wespen findet sich in dem ersten, ausschließlich den Insekten gewidmeten Buch überhaupt, »De Animalibus Insectis libri VII« von Ulisse Aldrovandi (1522–1605), das 1602 erschien. Aldrovandi war ein italienischer Arzt und Naturforscher, der umfangreiche naturkundliche Sammlungen und eine reichhaltige Bibliothek anlegte. Über Jahrzehnte stellte er selbst Naturbeobachtungen an und versuchte, alles ihm zugängliche Wissen in einem umfassenden Kompendium der gesamten Naturkunde zusammenzufassen. Bis zu seinem Tod schaffte es Aldrovandi, drei Ornithologie-Bände und den Insekten-Band herauszugeben. Weitere Manuskripte erschienen posthum, und schließlich umfasste sein gesamtes Zoologiewerk elf Folianten, einen Band Museum Metallicum und zwei Bände Botanik.[46] Bemerkenswerterweise ist der Honigbiene das erste Kapitel seiner systematischen Insektendarstellung nach dem

Eine der ältesten Detaildarstellungen der Europäischen Hornisse *Vespa crabro.* Thomas Moffett, 1634.

Vorwort und dem allgemeinen Teil gewidmet. Für Aldrovandi stand der Nutzen der Bienen für den Menschen ganz im Vordergrund. Auf 170 Folio-Seiten stellte er das gesamte der ihm bekannten Literatur entnommene Wissen über die Honigbienen zusammen, was immerhin rund 21 Prozent seines Insektenbuches darstellt. In den folgenden Kapiteln bearbeitete er einige solitäre Bienen, Hummeln, danach die Wasserbiene *Apis amphibia*, die in Wirklichkeit der Rückenschwimmer, eine stechende Wasserwanze, ist, und schließlich die sozialen Wespen. Aldrovandi unterschied die normalen Wespen von der Hornisse und illustriert einige Wespennester. Solitäre Wespen erwähnte Aldrovandi nicht.

Mit »De Animalibus Insectis libri VII« begann für die systematische Insektenforschung eine neue Zeit. Insekten und andere »niedere« Tiere rückten in den Blickpunkt der Naturforschung. Aber es sollte noch 150 Jahre dauern, bis durch Linnés *Systema Naturae* die formale Basis für die taxonomische Erforschung des Lebens auf der Erde geschaffen war. Abgesehen von der Honigbiene, der wahrscheinlich mehr Literatur gewidmet ist als jeder anderen Insektenart, blieben die aculeaten Hymenopteren aber noch lange im Schatten der Käfer, Schmetterlinge und anderer populärerer Insektengruppen verborgen.

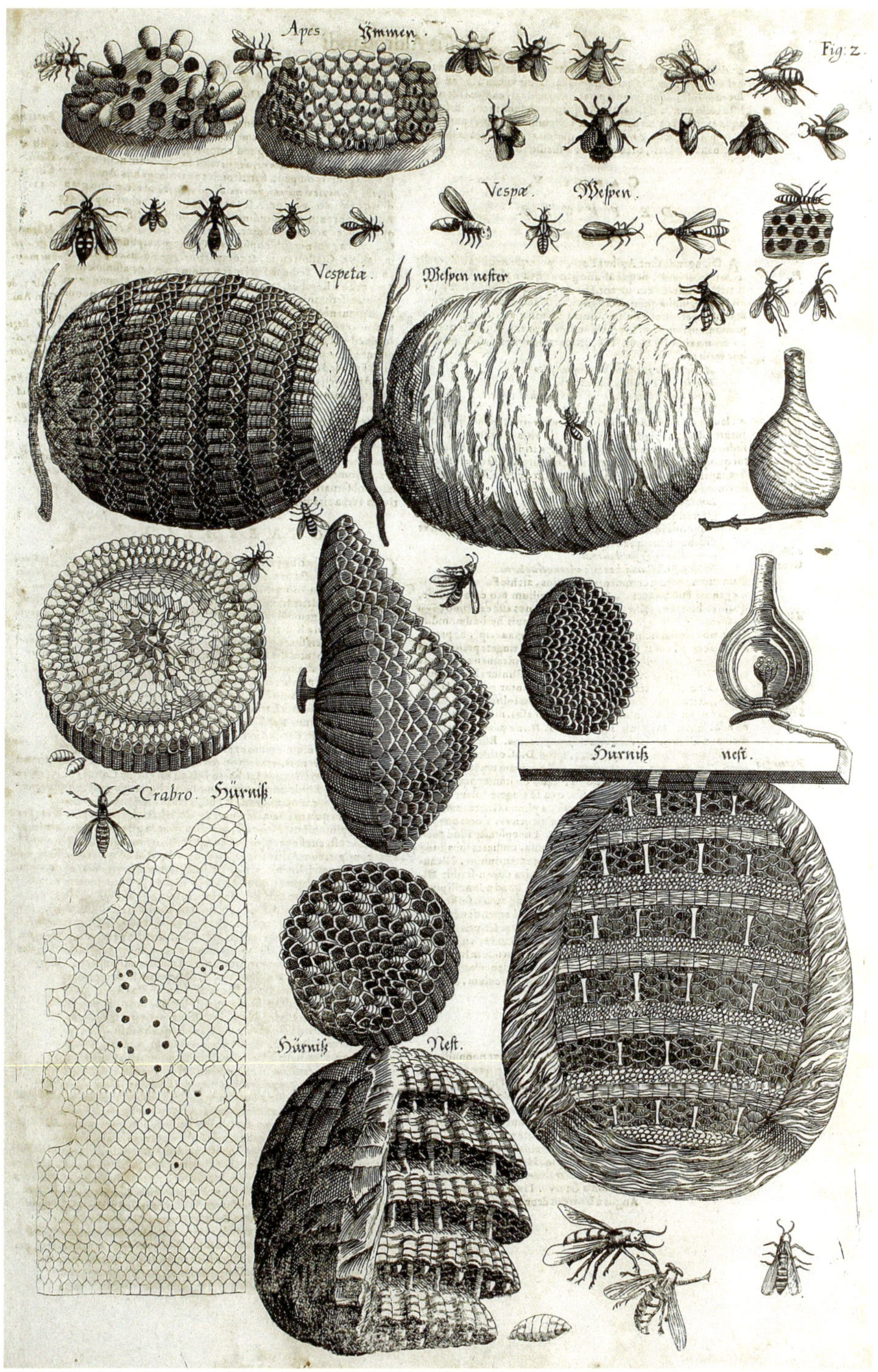

Hummeln, Wespen, Hornissen und ihre Nester auf einem Holzstich aus Ulisse Aldrovandis »De animalibus insectis libri septem« von 1602, das als erstes nur den Insekten gewidmetes Werk der Weltliteratur gilt.[47]

KAPITEL 4

VERWECHSLUNG

Vom Warnen, Täuschen und Nachahmen

Der Saal im Oxford University Museum of Natural History, in dem sich die Hymenopteren-Sammlung befindet, ist die ehemalige Radcliffe Science Library. Die eigentliche Bibliothek befindet sich bereits seit dem frühen 20. Jahrhundert in einem eigenen Gebäude, aber ursprünglich befand sie sich im Gebäude des Oxford University Museum. Diese Bibliothek war der Ort der Huxley-Wilberforce-Debatte, einem legendären Schlagabtausch zwischen Thomas Henry Huxley (1825–1895), der als glühender Anhänger Charles Darwins (1809–1882) auch Darwins Bulldogge genannt wurde, und Samuel Wilberforce (1805–1873), einem anglikanischen Bischof, bekannt als »Soapy Sam«. Es wird kolportiert, dass Bischof Wilberforce am 30. Juni 1860 in einem öffentlichen Disput über die darwinistische Evolutionstheorie Huxley gefragt habe, ob er lieber von väterlicher oder mütterlicher Seite von Affen abstamme. Huxley habe darauf sinngemäß geantwortet, dass er lieber von einem Affen abstamme als von einem Mann, der seine Intelligenz dafür einsetze, die Wahrheit zu verschleiern. Es ist unklar, ob die Geschehnisse sich tatsächlich im Detail so zugetragen haben oder ob sie von Biografen, besonders von Huxleys Sohn Leonard (1860–1933), zur Ausschmückung von Huxleys Image als Darwins Bulldogge dramatisch aufgebauscht wurden. Aber die Geschichte ist einfach zu schön, um sie anders zu erzählen.

Stattgefunden hat die Debatte im Rahmen einer Sitzung der »British Association for the Advancement of Science«, die anlässlich der Eröffnung des Oxford University Museum im Lesesaal der Radcliffe Science Library des noch nicht ganz fertiggestellten Museumsneubaus abgehalten wurde. Heute ist der Bibliotheksraum durch eine eingezogene Zwischendecke und Wände in mehrere Räume unterteilt, aber eine Tafel an der Eingangstür erinnert an die Ereignisse. Trotz der veränderten Raumaufteilung der Radcliffe Science Library hatte mich bei meinem ersten Besuch die Aura des Ortes sofort gepackt. Die Vorstellung, dass durch diese Tür einst Thomas Henry Huxley schritt, um in einem heroischen Kampf für die gute Sache den seifigen Bischof argumentativ zu bekämpfen, berührte mich.

Was aber führte mich nun nach Oxford an diesen geschichtsträchtigen Ort? Zu dieser Zeit war ich mit meiner Doktorarbeit beschäftigt, in der es um die Taxonomie und Evolution einer Grabwespengattung namens *Stizoides* ging. *Stizoides* ist eine besondere Gattung, weil die Weibchen keine eigenen Nester bauen, wie man es von einer ordentlichen Grabwespe erwartet. Stattdessen legen sie als Kleptoparasiten ihre Eier in die Nester anderer Grabwespen. Ein solches Verhalten ist alles andere als trivial, denn das Wirtsweibchen hat kein Interesse daran, die Larve einer anderen Wespe aufzuziehen. So haben die Wirtsarten allerlei Verhaltensweisen entwickelt, um Parasitierung zu verhindern, während zugleich die Parasiten Strategien erfunden haben, die Verteidigungsmaßnahmen der Wirte zu umgehen. Durch ein solches evolutives Wettrüsten sind komplexe Wirts-Parasiten-Beziehungen entstanden.

Besonders faszinierend ist dabei, dass die Parasiten häufig die nächsten Verwandten ihrer Wirte sind. Dieses Phänomen, das nach dem italienischen Ameisenforscher Carlo Emery als »Emerys Regel« bezeichnet wird, kommt bei vielen Hautflüglern vor. Es ist anzunehmen, dass sich Parasitismus des Öfteren zwischen Schwesterarten entwickeln konnte, die ein ähnliches Nestbauverhalten und eine identische Beutespezifität zeigen. Um diese Hypothese auch bei Grabwespen prüfen zu können, muss man erst einmal wissen, wer bei den Grabwespen mit wem verwandt ist. Dafür wiederum muss man wissen, welche Arten von Diebesparasiten es überhaupt gibt. Auf diese Fragen zielte meine Doktorarbeit ab, in der ich den ganzen Bogen von der Taxonomie (Was gibt es?) bis hin zur Evolution (Wie ist es entstanden?) geschlagen habe. Und wenn man taxonomisch arbeitet, also Arten erkennen und beschreiben möchte, muss man sich tunlichst die Originaltiere anschauen, die ihren Entdeckern bei der Artbeschreibung vorlagen. Und einige dieser Tiere befanden sich in Oxford.

NEUE ARTEN IN ALTEN SAMMLUNGEN

Mich interessierten dabei besonders die historischen Exemplare, die von zwei der wichtigsten britischen Entomologen des 19. Jahrhunderts beschrieben wurden, nämlich die von Frederick Smith, den Sie als Wespenvielbeschreiber bereits kennengelernt haben, und von John Obadiah Westwood (1805–1893). Smith und Westwood haben beide Hunderte, wenn nicht Tausende Hymenopterenarten aus aller Welt beschrieben, und die Tiere, anhand derer sie ihre Arten entdeckt, beschrieben und benannt haben, befinden sich in den Naturkundemuseen in London und Oxford.

Neben diesen historischen Belegexemplaren schlummern dort aber noch andere Schätze. In jeder größeren entomologischen Sammlung gibt es unentdeckte Arten, die bereits vor Jahren, Jahrzehnten, manchmal Jahrhunderten gesammelt wurden und seitdem dort ihrer Entdeckung harren. Nun gut, oft wissen die Spezialisten bereits, dass sich neue Arten in ihren Sammlungen befinden, aber aus verschiedenen Gründen kommen sie nicht dazu, sie zu beschreiben. Oft fehlt für eine fundierte Artbeschreibung noch weiteres Vergleichsmaterial, und häufig müssen historische Belegexemplare vorheriger Artbeschreibungen untersucht werden, bis das Bild vollständig ist. Und manchmal fehlt bei der enormen Menge zu beschreibender Arten die Zeit. Oft aber fehlt es auch einfach an Spezialisten, die sich die Sammlung einmal zur Brust genommen haben. Wissenschaftler gehen davon aus, dass sich ein erheblicher Teil der globalen Biodiversität bereits in den Museumssammlungen der Welt befinden. Ein guter Grund, sich intensiv mit den Sammlungen zu beschäftigen.

Für viele Menschen ist es eine überraschende Erkenntnis, dass auch heute noch ständig neue Tier- und Pflanzenarten entdeckt werden. Schon seit einigen Jahren hat sich die jährliche Entdeckungs- und Beschreibungsrate auf ungefähr 18 000 Arten eingependelt.[1] Diese Zahl wirkt auf den ersten Blick beeindruckend groß. Wenn man sie allerdings mit den Schätzungen in Beziehung setzt, wie viele Arten noch unentdeckt sind, stellt sich das Bild ganz anders dar. In der Taxonomie, der Wissenschaft der Entdeckung, Beschreibung und Benennung biologischer Arten, geht man davon aus, dass heute bereits rund 1,5 Millionen Tier- und Pflanzenarten entdeckt sind. Entdeckt heißt in diesem Zusammenhang, dass sie nicht nur von einer fachkompetenten Person als neu erkannt wurden, sondern dass sie auch wissenschaftlich beschrieben wurden und einen wissenschaftlichen Namen erhalten haben. Vorher mag eine Art bereits im Kopf eines Wissenschaftlers herumgespukt sein, weil sie schon in einer Museumssammlung vertreten ist oder weil er sie bei seinen Forschungsarbeiten gesehen hat. Das ist dann vielleicht der Ausgangspunkt für weitere Forschungsaktivitäten, um dieser Art auf die Spur zu kommen, aber in der Wissenschaft gilt sie weiterhin als unbekannt.

Die notwendige formale Beschreibung geschieht in Form einer allgemein verfügbaren Veröffentlichung, üblicherweise in einer wissenschaftlichen Zeitschrift oder aber auch in Büchern oder anderen Formaten, die als Publikation gelten. Durch die offizielle Vergabe eines wissenschaftlichen Artnamens, also durch eine Art von verschriftlichter »Taufe«, tritt sie für die Wissenschaftler aus dem Dunkel der verborgenen Vielfalt in das Licht der wissenschaftlichen Aufmerksamkeit.

Die Beschreibung und Benennung biologischer Arten, die Taxonomie, ist ein empirischer Prozess, der auf dem Vergleich von einzelnen Individuen beruht. Allgemein gesagt, sucht man dabei Merkmale, die charakteristisch für die zu beschreibende Art sind und die andere, ähnliche oder nahe verwandte Arten nicht besitzen. Besonders begehrt bei Taxonomen sind morphologische, also körperliche Merkmale. Aber nicht alle Arten haben solche physischen, leicht zugängigen und erkennbaren Unterschiede zu anderen Arten evolviert. Unterschiede an sich muss man zwischen den Arten erwarten, da jede Art Mechanismen benötigt, die eigene Integrität aufrechtzuerhalten und sich von anderen Arten, besonders den nächstverwandten, abzugrenzen. Diese Mechanismen allerdings können Unterschiede im Verhalten, in der chemischen Kommunikation und vieles mehr sein, was der menschliche Beobachter an einem präparierten

Tier in einer Museumssammlung nicht ohne Weiteres erkennen kann, wenn dieses Verhalten nicht zugleich auch mit körperlichen Anpassungen einhergeht.

Eine mögliche Lösung dieses Dilemmas bieten die Gene. Gene in ihrer physischen Form als DNA-Makromoleküle sind in jedem Organismus vorhanden. Die DNA eines Organismus ist eine einzigartige Sequenz aus nur vier Elementen, den Standard-Nukleotidbasen Adenin, Thymin, Cytosin und Guanin, und ist so etwas wie die Anleitung zur Konstruktion des Organismus. Nahe verwandte Arten haben sehr ähnliche Gensequenzen, und dennoch gibt es immer Unterschiede, die den Grad der Verwandtschaft widerspiegeln können. Heute kann man mit Hightech-Laborgeräten hochgradig automatisiert DNA-Sequenzen von biologischen Proben bestimmen und mit der geeigneten Software analysieren. Derartige DNA-Analysen sind längst zu einer Standardmethode in der Taxonomie geworden. Mit etwas mehr Aufwand lässt sich die DNA auch bei Tieren extrahieren und lesen, die sich als Präparate in den Sammlungen eines Naturkundemuseums befinden.

So einfach und preiswert DNA-Untersuchungen inzwischen auch geworden sind, ist die DNA-Taxonomie immer noch eine Labormethode, die sich nicht dazu eignet, bei Freilanduntersuchungen Arten voneinander zu unterscheiden. Naturforscher möchten in der Lage sein, ihre Untersuchungsarten, zumindest die meisten, mit relativ geringem Aufwand und möglichst schnell voneinander zu unterscheiden, ohne erst eine Gewebeprobe in ein Labor schicken zu müssen. Taxonomen wie ich träumen im stillen Kämmerlein von einem Tricorder, einem Handscanner, mit dem in den »Star Trek«-Filmen die Sternenflottenoffiziere unterwegs auch molekulare Analysen der zu untersuchenden Organismen schnell und verlässlich durchführen können. Ein schöner Traum, der sicherlich nicht vollkommen unrealistisch ist, von dem wir aber technologisch noch ziemlich weit entfernt sind.

Vor diesem Hintergrund wird verständlich, warum die Taxonomen sich so sehr auf die Morphologie, die äußere Gestalt der Tiere kaprizieren. Wenn uns auch die Evolutionstheorie sagt, dass Artbildungen ganz ohne morphologische und für den menschlichen Beobachter erkennbare Änderungen passieren können, sind die morphologischen Merkmale doch ein wichtiges Hilfsmittel zur Erkennung von Arten. Das auch deshalb, weil die Mehrzahl der Artbildungen eben doch auch mit Änderungen in der äußeren Gestalt, dem Phänotyp, einhergeht. Diese Änderungen spielen nicht selten eine bedeutende Rolle in der Partnerfindung und tragen so zur Aufrechterhaltung der Artintegrität bei, zum Beispiel mithilfe artspezifischer Farbmuster, die im Kontext der Partnerfindung eine Rolle spielen. Darüber hinaus aber besitzen die meisten Arten morphologische Eigenheiten, deren Funktion sich dem Taxonomen nicht ohne Weiteres erschließt oder über die wir nur mutmaßen können, aber als Erkennungsmerkmal, oder wie die Taxonomen sagen, als diagnostisches Merkmal, sind sie von großer Wichtigkeit.

ZUFALL UND VIELFALT

Eine der größten Herausforderungen bei der Suche nach morphologischen Unterschieden ist dabei die innerartliche Variabilität jeder Art. Vererbung ist ein Prozess der Weitergabe von genetischer Information in die nächste Generation, und diese Weitergabe läuft nicht deterministisch und starr ab, sondern wird durch verschiedene zufallsgesteuerte Faktoren gestört. Zum einen sind dies zufällig auftretende Mutationen, zum anderen kombinieren sich die mütterlichen und väterlichen Gene bei sich geschlechtlich fortpflanzenden Arten in ihren Nachkommen immer wieder neu, was als Rekombination bezeichnet wird. Zusammen mit verschiedenen Umwelteinflüssen, wie zum Beispiel dem Einfluss der Umgebungstemperatur und der Nahrung auf die Entwicklung, führen Mutation und Rekombination dazu, dass keiner der Nachkommen eines Elternpaares seinen Geschwistern hundertprozentig gleicht, von eineiigen Zwillingen vielleicht abgesehen. Diese innerartliche Variabilität kann manchmal erstaunliche Ausmaße annehmen, während sich die Individuen mancher Arten einander überraschend ähneln.

Eine besondere Form der Vielgestaltigkeit innerhalb einer Art ist der Polymorphismus. Darunter versteht man eine konstante, genetisch fixierte gestaltliche Formenvielfalt einer Art, die nicht auf Variabilität durch Mutation und Rekombination zurückgeht, sondern Teil des genetischen Programms der Art ist. Ein bekanntes Beispiel ist der Sexualdimorphismus, bei dem Weibchen und Männchen verschiedene Merkmale zeigen, die Anpassungen an die unterschiedlichen Verhaltensstrategien der Geschlechtspartner darstellen. So sind die Weibchen vieler

Rollwespen (Tiphiidae) und anderer Hymenopteren flügellos, während die Männchen gut ausgebildete Flügel besitzen und gute Flieger sind. Durch den Wegfall der Flugfähigkeit sind auch die für das Fliegen zuständigen Muskeln zurückgebildet, was wiederum Konsequenzen für die gesamte Form des Brustbereichs hat. Die flügellosen Weibchen und die geflügelten Männchen derselben Wespenart können so unterschiedlich sein, dass sie einander nur dann zugeordnet werden können, wenn sie während der Kopulation beobachtet wurden. Oder mithilfe von DNA-Daten.

Eine bei Hymenopteren besonders wichtige Form des Polymorphismus ist die Kastenbildung besonders bei Ameisen. Neben den Geschlechtstieren, also den Weibchen und Männchen, treten bei vielen Ameisenarten Arbeiterinnen als dritte Kaste auf. Bei manchen Arten wiederum können die Arbeiterinnen in unterschiedlichen Unterkasten auftreten, die sich in ihrer Größe und anderen Merkmalen oft erheblich unterscheiden.

Aber zurück zur eigentlichen Variabilität, die durch Zufallsprozesse zu unvorhersehbaren Abweichungen führt. Vergleicht man zwei Wespen miteinander, wird man in jedem Fall Unterschiede im Phänotyp feststellen, so klein sie auch sein mögen. Ein Taxonom interessiert sich nun in erster Linie dafür, ob diese beiden Tiere zur selben Art gehören oder nicht. Er stellt sich also die Aufgabe, anhand der verfügbaren Tiere herauszufinden, ob die Variabilität innerhalb der Art so groß ist, dass beide Tiere zu dieser Art gehören, oder aber ob es sich in Wirklichkeit um zwei Arten handelt, deren innerartliche Variabilität geringer ist als die Unterschiede zwischen den beiden Individuen. Egal, zu welchem Schluss man letztlich kommt, in der Taxonomie müssen solche Hypothesen mit empirischen Befunden belegt werden. Aus diesem Grund strebt man an, möglichst viele Individuen der fraglichen Arten zu untersuchen.

Zu wissen, welche Arten es gibt und wie sich diese Arten voneinander unterscheiden, ist die eine zentrale Frage in der Taxonomie. Die andere, sich daran anschließende Frage ist die nach dem wissenschaftlichen Namen dieser Arten. Dieser Teil der taxonomischen Wissenschaft wird als Nomenklatur bezeichnet. Die Namensgebung ist deshalb wichtig, weil wir nur mittels Namen, die als sprachliche Etiketten von Dingen wirken, miteinander über diese Dinge sprechen können. Wissenschaftliche Namen sind universell und unterliegen keinen Veränderungen, es sei denn,

Ein Insektenkasten aus dem Museum für Naturkunde Berlin mit Serien der Grabwespe *Chlorion maxillosum ciliatum* aus verschiedenen afrikanischen Ländern.

Synonyme, also Mehrfachbenennungen derselben Art, werden entdeckt, oder der Name ist falsch gebildet worden. Das passiert schon mal, aber es sind Ausnahmen, und generell stellen wissenschaftliche Namen eine verlässliche und international akzeptierte Basis der Kommunikation über Arten dar.

Ihre Namen bekommen Arten, wie gesagt, durch einen Taufakt in Form einer wissenschaftlichen Publikation. Es sind bei der Bildung taxonomischer Namen allerlei Regeln zu beachten, die akribisch in den sogenannten »Internationalen Regeln für die Zoologische Nomenklatur« notiert wurden. Das ist ein umfangreiches Regelwerk, das in 90 Artikeln und zahlreichen Unterartikeln penibel festlegt, unter welchen Bedingungen ein Name gültig ist. Die Artikel reichen von der Klärung, was als Publikation gilt, bis zur Frage, wie mit Synonymen, also mehrfach beschriebenen und benannten Arten verfahren werden muss. Hat der Taxonom sich schlussendlich für einen Namen entschieden, muss er sich nun aus allen Tieren, die ihm vorliegen, eines auswählen, an das er den neuen Namen »anheftet«. Dieses Individuum nennt man den Typus, genauer den Holotypus, oder auch populär den Namensträger. Holotypus und wissenschaftlicher Name sind miteinander unlösbar verbunden. Diese Verknüpfung mit einem Einzelorganismus hat eine wichtige Funktion. Solange alle untersuchten Tiere derselben Art angehören, hat man keine Probleme. Stellt sich aber heraus, dass zwei untersuchte Individuen nicht zu einer, sondern zu zwei Arten gehören, muss man entscheiden, welche Art wie heißt. Hier kommt das Typusexemplar ins Spiel. Der als Namensträger fungierende Holotypus legt fest, wie die Art heißt, zu der er gehört. Er nimmt sozusagen den Namen zu »seiner« Art mit. Die andere Art muss dann einen anderen Namen bekommen.

Typusexemplare werden manchmal als »Urmeter« eines Artnamens bezeichnet. Sie sind die materielle Basis, die physischen Referenzobjekte, die die sprachliche Ebene des Namens mit der biologischen Ebene der Art verbinden. Wenn man also verstehen möchte, was genau sich hinter einem Artnamen verbirgt, wird man um die Untersuchung der Typen nicht umhinkommen. Sie sind das Maß aller Dinge. Aus diesem Grund empfehlen die zoologischen Nomenklaturregeln auch, Typusexemplare in einer öffentlichen Sammlung wie der eines Naturkundemuseums zu verwahren. Dies gewährleistet die dauerhafte und nachhaltige Pflege und Aufbewahrung dieser wertvollen Objekte, um sie in der Gegenwart, aber auch in Zukunft untersuchen zu können.

Typen sind so etwas wie der Goldstaub einer jeden Sammlung, und jedes Museum ist stolz, wenn es die Typen besonders bekannter und charismatischer Arten besitzt. Große, internationale Forschungsmuseen mit einer langen Geschichte besitzen Tausende und Abertausende von Typusexemplaren, die jedem Taxonomen auf der Welt zur Verfügung stehen. Museen verleihen ihre Objekte regelmäßig an interessierte Forscher und verschicken sie in die ganze Welt. Im Fall von Typen geschieht dies nur unter Beachtung strenger Regeln, wie zum Beispiel einer verkürzten Leihdauer. Manche Museen stellen sich sogar auf den Standpunkt, dass sie gar keine Typen auf Reisen schicken oder aber nur eine geringe Zahl von Typusexemplaren zur gleichen Zeit an einen Wissenschaftler.

Sehr viel lieber aber sehen es die Museen, wenn sie die Typen gar nicht erst verschicken müssen. Die Digitalisierung in Form von hochauflösenden Fotos kann hier hilfreich sein, und tatsächlich werden derzeit die naturkundlichen Sammlungen der Welt konsequent digitalisiert. Bei manchen Tiergruppen kann ein solches zwei- oder sogar dreidimensionales Bild die Untersuchung des physischen Exemplars überflüssig machen. Oft aber ist es unumgänglich, sich die für das eigene Projekt relevanten Typen persönlich anzuschauen. Das ist besonders dann der Fall, wenn sich bestimmte Merkmale in einem routinemäßigen Digitalbild nicht darstellen lassen, oder wenn noch präparative Arbeiten an dem Typus erforderlich sind. Bei vielen Insekten sind beispielsweise die männlichen Genitalien sehr merkmalsreich und artspezifisch ausgebildet. Sie befinden sich aber meist im Inneren des Körpers und müssen in einer kleinen Routineoperation nach dem Aufweichen aus dem männlichen Hinterleib herausgezogen werden. Kein sehr schwieriger Eingriff, den die Museen in der Regel gestatten.

Recht häufig sind selbst die Museumskuratoren nicht sicher, ob ein bestimmtes Individuum in der Sammlung tatsächlich der Typus einer bestimmten Art ist. Manche historische Objekte aus dem 18. oder 19. Jahrhundert sind nicht so sorgfältig etikettiert, wie man sich das wünschte, und gar nicht so selten kann nur der Spezialist für eine bestimmte Tiergruppe vor dem Hintergrund seiner Kenntnisse der historischen Literatur und der taxonomischen Erforschungsgeschichte seiner Spezialgruppe herausbekommen, welches die Typen in einer Sammlung sind. Schließlich gibt es, wie schon gesagt, in vielen Sammlungen sehr umfangreiche Bestände an noch unbearbeitetem Material, das noch viele zu bergende Schätze enthält. Es lohnt sich daher meist für Wissenschaftler, sich auf die Reise zu begeben. Es waren diese Gründe, die mich also nach Oxford gebracht hatten.

Chris O'Toole ist ein besonders in England bekannter Entomologe, sein Fachgebiet sind Bienen. Er hat einige unter Entomologen ziemlich bekannte Bücher geschrieben, etwa über Hummeln oder eine Naturgeschichte der Bienen. Sein Buch »Alien Empire – An exploration of the lives of insects« wurde unter dem Titel »Alien Empire – Das Reich der Insekten« auch ins Deutsche übersetzt. 1999 schließlich veröffentlichte Chris zusammen mit Anthony Raw, einem anderen bekannten Bienenforscher, ein Buch mit dem Titel »Bees of the World«. Es ist eine recht kurzweilige Zusammenstellung der wichtigsten Informationen über die Bienenarten der Welt, ihre Biologie und ihr Verhalten. Die Honigbiene und andere soziale Bienenarten werden natürlich auch behandelt, der Schwerpunkt seines Buches aber liegt bei den einzeln lebenden Bienen. Mir gefällt das Buch auch in seinem breiten Ansatz sehr, auch wenn ein Rezensent dazu schrieb, es sei ein »Nerd-Buch, geschrieben von einem Enthusiasten für andere Enthusiasten«.

BIENE ODER FLIEGE?

Als ich 2005 in Oxford war, nahm Chris O'Toole mich freundlicherweise im Gästezimmer seines Privathauses auf. Viel Zeit, um über Biene und Wespe und die geschätzten Kollegen zu sprechen. Ich entdeckte bei ihm auch die neueste Auflage seines »Bees of the World« – auf dem Titelbild des berühmten Bienenbuches thronte eine Fliege inmitten eines gelben Korbblütlers. Und das auf einem Bienenbuch, von einem der führenden Bienenspezialisten!

Chris nahm es überraschend gelassen. Die Kommunikation mit dem Verlag und dem für die Umschlaggestaltung zuständigen Bildredakteur war offenbar sehr unbefriedigend. Chris und sein Co-Autor wurden nicht darüber informiert, dass eine zweite Auflage geplant war, und von dem Wechsel des Coverfotos wussten sie ebenfalls nichts. Nun denn, die Fliege – und eine solche ist es, wie ich versichern kann – ist nun also auf dem Cover, und hat dem Erfolg der »Bees of the World« keinen Abbruch getan.

Auch wenn sich einem Entomologen hier die Haare sträuben, scheint es ein weitverbreitetes Phänomen zu sein, Bienen und Wespen und die sie imitierenden Schwebfliegen zu verwechseln. Das ist mir, ehrlich gesagt, immer schon ein Rätsel gewesen, auch wenn ich vielleicht nicht allzu repräsentativ bin, da ich schon als Kind lernte, hinter dieses Kostümspiel zu schauen. Hier neigen wir als Menschen sicherlich zu einer Übergeneralisierung des gelb-schwarzen Farbmusters. Viele Schwebfliegenarten, die vollkommen harmlos und wehrlos sind, imitieren stechende Hymenopteren, um sich, so die allgemeine Interpretation, Fressfeinde vom Leib zu halten. Damit die gelb-schwarze Färbung tatsächlich als Warnfärbung fungieren kann, muss sie gesehen werden, und das wiederum bedeutet, dass sich dieses Signal an sich optisch orientierende Jäger richtet. Im Grunde kommen da fast nur Vögel und Säugetiere infrage. Wenn nun ein Vogel erfolgreich von der Wespenfärbung abgeschreckt wird, warum sollte es nicht auch bei Menschen funktionieren? Anscheinend funktioniert es tatsächlich auch bei uns, allerdings hilft diese Erklärung im Fall von Chris' »Bees of the World« auch nicht weiter. Denn die abgebildete Fliege ist einfarbig schwarz, sitzt allerdings mitten in einer zitronengelben Blüte. Es wäre denkbar, dass der verantwortliche Bildredakteur tatsächlich wusste, dass eine Honigbiene nicht gelb-schwarz ist, und sie deshalb mit dieser schwarzen Fliege verwechselte. Immerhin. Vielleicht ist es aber die bloße Tatsache, dass es sich um ein geflügeltes Insekt in einer Blüte handelt, das auch noch mit Pollen bestäubt ist, was die übergeneralisierte Assoziation einer Biene auslöste.

»MORE THAN HONEY«

Ein ähnlicher, aber beinahe noch absurderer Fehler ist bei der Produktion einer der erfolgreichsten Dokumentarfilme der letzten Jahre passiert. »More than Honey« ist ein Film des Schweizer Regisseurs Markus Imhoof, der 2012 in die Kinos kam.

Der Filmemacher versucht, dem weltweiten Honigbienensterben auf die Spur zu kommen, und zeigt von Kleinimkern bis zu industriellen Bestäuberbetrieben die unterschiedlichen Nutzungsformen der Honigbiene und ihre Rolle in der Agrarwirtschaft. Der Film gilt als der erfolgreichste Schweizer Dokumentarfilm aller Zeiten und wurde mit verschiedenen Preisen ausgezeichnet. Er versteht sich als Warnung vor einer Überindustrialisierung der Honigbienen durch die Landwirtschaft und den möglichen Folgen, die das für unsere Ernährung hat. Zahlreiche kompetente Wissenschaftler, Landwirte und Imker wirkten selbst mit oder wurden interviewt. Ein Film, der sicherlich zu Recht das Prädikat »besonders wertvoll« erhielt und sachlich fundierte Informationen liefert, auf deren Fundament die eigentliche, politische Botschaft steht. Zu seiner Premiere hingen überall riesige gelbe Plakate, die in Nahaufnahme das Innere eines Korbblütlers zeigten, auf dem ein wundersamer Wolpertinger sitzt.

Zwar besitzt das Tier den Körper einer Honigbiene, doch wurden ihm zwei Flügel einer Schwebfliege anmontiert.[2] Zwei Flügel wohlgemerkt, keine vier, wie es sich für eine Biene gehört. Die Flügel sind symmetrisch ausgebreitet und lassen einen freien Blick auf die Flügeladerung und auf die Hinterleibszeichnung. Unten links das »Prädikat besonders wertvoll«, rechts neben dem Tier das Gütesiegel »Empfohlen von: BUND«, neben dem Filmtitel ein Albert Einstein zugeschriebenes Zitat: »Wenn die Bienen aussterben, sterben vier Jahre später die Menschen aus«.

Dass Einstein diese Worte nie gesprochen oder geschrieben hat, steht inzwischen außer Frage. Er starb 1955, als an ein globales Bienensterben noch nicht zu denken war, und das erste Mal tauchte das angebliche Einstein-Zitat 1994 in einem Pamphlet französischer Imker auf.[3] Auch ist dieser Satz biologisch unsinnig. Selbst wenn man einmal die willkürlich gewählten vier Jahre ignoriert, wird hier die Abhängigkeit der Lebensmittelproduktion von der Honigbiene überstrapaziert. Wenngleich beinahe 100 Obst- und Gemüsesorten von Honigbienen bestäubt werden und die Honigbiene wie kein anderes Tier für die agrarindustrielle Nutzung geeignet scheint, sind doch viele für den Menschen wichtige Pflanzen nicht von den Bienen abhängig. Bevor die Honigbiene mit der Kolonialisierung der Welt durch die Europäer als Haustier überall eingeschleppt wurde, gab es bereits in vielen Regionen signifikante Agrarproduktion. Ganz sicher bedeutet das Verschwinden der Honigbiene nicht das Ende der Menschheit.

Der Bienen-Wolpertinger von »More than Honey« muss irgendwann den Filmemachern auch aufgefallen sein, denn auf der Webseite des Films steht heute das korrigierte Motiv mit echten Honigbienenflügeln.

Dass bei einem fundiert recherchierten Dokumentarfilm wie »More than Honey« eine solche Grafik-Chimäre zu einem Symboltier der gesamten Pressekampagne werden kann, hat mich überrascht. Nun handelt es sich zwar nicht um eine tatsächliche Verwechslung wie im Fall von Chris O'Tooles »Bees of the World«, und doch steht der »More than Honey«-Lapsus für das Phänomen der Übergeneralisierung des Bienenschemas. Dass der zuständige Bildredakteur nicht genügend entomologische Fachkenntnisse besitzt, um der Biene ihre vier Flügel zu lassen oder um den für Entomologen gravierenden Unterschied in der Flügeladerung von Fliege und Biene zu kennen, kann man ihm fachlich leicht verzeihen. Und auch manche meiner nicht-biologischen Freunde fanden es amüsant, dass mir sofort ausgefallen war, dass der Bienenkörper die falschen Flügel trägt. Gut, als Hymenopterologe sollte man über so viel Fachwissen verfügen, um einen Fliegenflügel von einem Bienenflügel unterscheiden zu können, und zwar sofort und ohne zu zögern. Habitusblick. Dass man dieses Fachwissen nicht voraussetzen kann, ist mir klar. Unverständlich ist mir bei der »More than Honey«-Chimäre viel mehr, dass hier wohl intuitiv etwas ignoriert wurde, was aus biologischer Sicht die Essenz der Natur darstellt, nämlich die Idee der Vielfalt. Wenn Flügel und Körper zwischen Insekten beliebig austauschbar erscheinen, wenn ein beliebiges Flügel tragendes Insekt in einer Blüte als Prototyp der Honigbiene gilt, negiert man die Artenvielfalt. Es ist keineswegs der Mangel an Fachkenntnissen, sondern die Ignoranz der wirklichen Artenvielfalt gegenüber, die mich verwundert. Der Film ist ein großes Plädoyer für nur eine einzige Bienenart, die wir seit geraumer Zeit als Haustier an unserer Seite halten. Dass diese eine Biene trotz ihrer gewaltigen ökonomischen Bedeutung doch nur eine Bienenart von rund 20 000 ist und dass es viele Tausend andere Insektenarten gibt, Fliegen, Käfer und manche mehr, die Blüten bestäuben, gerät bei dem derzeitigen Hype um die Honigbiene oft ins Hintertreffen.

HONIGBIENEN UND MEHR

Bereits seit 2011 gibt es die Initiative »Deutschland summt!«, in deren Rahmen an vielen privaten und öffentlichen Standorten Bienenkörbe aufgestellt und mit Unterstützung durch erfahrene Imker betreut werden. Sie sind »ein öffentlich sichtbares Signal der Hausherren: ›Wir wertschätzen und anerkennen die große Bedeutung der Bienen für unsere Stadt und die gesamte Gesellschaft.‹«[4] Obwohl diese Aktion auf ihrer Webseite explizit über Wildbienen und biologische Vielfalt informiert, wird sie doch vorwiegend als engagierter Einsatz für die Honigbiene gesehen. Zumindest ist dies mein Eindruck, nachdem ich mich unter meinen Freunden und Kollegen danach erkundigt hatte, wofür aus ihrer Sicht die Berliner Bienen-Initiative »Berlin summt!« steht. Dieser Eindruck ist natürlich insofern gerechtfertigt, als dass die an vielen Orten in Berlin aufgestellten Bienenstöcke mehr als alles andere ein offenkundiger Ausdruck von »Berlin summt!« sind.

Vor einiger Zeit war eine befreundete Familie bei uns zu Hause zu Gast. Wir kannten einander aus der Schule unserer Kinder, wussten aber nicht sehr viel über unser Privatleben. Der Vater berichtete mir stolz, er sei Hobby-Imker in Berlin, und fragte mich, warum ich als Bienen- und Wespeninteressierter keine Honigbienen halten würde. Eine Frage, die mir übrigens sehr häufig gestellt wird.

Meine Antwort fällt, je nach Ausmaß des Leuchtens in den Augen meines Gesprächspartners, wenn er über seine Honigbienen berichtet, unterschiedlich aus. Klar mache ich aber in jedem Fall, dass ich ein ambivalentes Verhältnis zu Honigbienen habe: Sie stechen fies, ich möchte nicht, dass sie in meinem Garten mit Grabwespen und anderen Bienen in Konkurrenz um Blüten stehen, und ich möchte keine weiteren Haustiere haben, um die ich mich kümmern muss. Das klappt schon mit den zehn in Außenhaltung lebenden Meerschweinchen meiner Kinder nicht immer wunschgemäß. Die rund 30 insektenbestäubten Obstbäume in unserem Garten werden offenbar durch andere Bienenvölker in unserem Dorf und durch die vielen anderen Insekten im Garten ausreichend versorgt. Nötig scheinen sie mir daher nicht zu sein. Stattdessen versuchen wir, für Wildbienen und andere Insekten attraktive Blumen anzusäen und durch künstliche Nester die Zahl an Nistmöglichkeiten für solitäre Arten zu erhöhen.

Unser Bekannter hörte sich das alles geduldig an, aber seine spontane Erwiderung war überraschend: Das sei ja alles verständlich, aber gibt es denn bei uns noch andere Bienenarten als die Honigbiene? Ich machte große Augen. Bemerkenswert, dass ein Naturliebhaber wie mein Bekannter, der mit seinen Bienen und ihren Futterblumen sensibel umgeht und sicherlich davon überzeugt ist, für seine Familie und die Natur Gutes zu tun, die artenreiche andere Seite der biologischen Vielfalt so gänzlich ausblendet. Am Ende des Tages, hoffe ich, sah auch er die Bienen mit neuen Augen.

Ich denke, dass die »More than Honey«-Chimäre und die Überraschung meines Hobby-Imkerfreunds über die Existenz von mehr als einer Bienenart stellvertretend dafür sind, dass viele Menschen die Natur aus der Perspektive des menschlichen Nutzens sehen. Das medial so prominente Bienensterben hat sicherlich dazu beigetragen, Gefahren für die Natur und die menschliche Lebensmittelproduktion in den Mittelpunkt der allgemeinen Diskussion zu stellen, die sich bei kritischer

Auseinandersetzung als komplexes Gefüge aus vielen Faktoren darstellen.

Interessanterweise, und damit komme ich zurück zu der Fliege auf Chris O'Tooles Bienenbuch und der gängigen Verwechslung von Bienen, Wespen und Schwebfliegen, wird auch von Organisationen und Initiativen mit einem fachspezifischen Hintergrund ein Bild von einer Biene vermittelt, das recht wenig mit der Realität zu tun hat. »Deutschland summt!« verwendet beispielsweise ein Logo, wie es einfacher kaum geht. Ein gelbes eiförmiges Tier mit zwei dunklen Querstreifen, sechs Stummelbeinen, einem größeren und einem kleineren Flügelchen und einem Paar kleiner Fühler, fertig ist die Honigbiene. Das freundlich grinsende Smiley-Gesicht ist weniger der entomologischen Genauigkeit als vielmehr der emotionalen Einstimmung geschuldet. Und es funktioniert. Im Grunde reicht tatsächlich die Kombination aus gelb-schwarzer Ringelung mit einigen angedeuteten Körperanhängen aus, um das Bild einer Biene heraufzubeschwören. Warum aber gelb-schwarz?

Schauen wir uns doch eine Honigbiene einmal genau an. Sie ist vorwiegend grau-schwarz, oft mit drei bis vier grauen Querstreifen auf dem Hinterleib, die aber bei vielen Tieren nicht sehr auffallen. Der Brustbereich ist sehr behaart, und diese Behaarung kann manchmal hellbraun wirken. Insgesamt aber ist eine Honigbiene farblich ein unauffällig dunkles Geschöpf, das weit davon entfernt ist, gelb-schwarz zu sein.

DAS SPIEL MIT DEN GELB-SCHWARZEN STREIFEN

Eine große Rolle für unsere Gelb-Schwarz-Prägung scheinen dabei die Biene Maja und andere kulturelle Einflüsse zu spielen, aber dahinter steht letztlich ein allgegenwärtiges biologisches Phänomen, das die Welt der stechenden Hautflügler durchzieht. Tatsächlich besitzen sehr viele stechende Insekten ein gelb-schwarzes Farbmuster, und es liegt auf der Hand, dass es die gelb-schwarze Streifung ist, die uns die harmlose Schwebfliege als gefährliche Wespe erscheinen lässt. Die Signalwirkung des Gelb-Schwarzen geht sogar so weit, dass unsere Erwartungshaltung an die gelb-schwarze Zeichnung der Honigbiene die Realität ihrer graubraunen Färbung offenkundig überdeckt.

Das häufige Auftreten gelb-schwarz gefärbter, wehrhafter und nicht wehrhafter Tiere in der Natur aber hat einen biologischen Hintergrund. Die gelb-schwarze Wespe warnt ihren Feind vor einem schmerzhaften Stich. Die Schwebfliege ebenso, allerdings betrügt sie dabei, stachellos, wie sie nun einmal ist. Auch wenn beide Organismen dasselbe optische Signal versenden, ist doch der eigentliche biologische Hintergrund unterschiedlich. In jedem Fall würde man in der Biologie bei beiden Arten von Warnfärbung oder auch von aposematischer Färbung sprechen. Gelb-Schwarz ist dabei nicht die einzige Färbung mit warnendem Signalcharakter. Bei uns Menschen scheint sie besonders wirkungsvoll zu sein, aber bei Wespen und Bienen kommen verschiedene Kombinationen aus Rot, Orange und Gelb in der kontrastreichen Kombination mit Schwarz vor. Mein persönlicher Eindruck ist, dass besonders in Wüstenhabitaten Rot-Schwarz mindestens so häufig wie Gelb-Schwarz auftritt, aber auch in Mitteleuropa gibt es zahlreiche schwarz-rote Wespenarten.

Warnung und Täuschung im Tierreich gehören zu den faszinierendsten Phänomenen in der Biologie überhaupt.[5] Sie sind besondere Seiten der Kommunikation zwischen Organismen, und daher verwendet man für ihr Verständnis auch Begriffe aus der Kommunikationstheorie. Ganz allgemein kann man Kommunikation in einem biologischen Sinn als beabsichtigten Austausch von Information verstehen. Dazu benötigt das System drei Elemente: einen Sender, das Signal selbst und schließlich einen Empfänger, der das Signal entgegennimmt und interpretiert. Tatsächlich spielt nicht nur die visuelle Kommunikation zwischen Tieren eine große Rolle, sondern auch chemische, akustische und taktile Kommunikation sind weitverbreitet. Mir geht es hier aber um die Frage der Warn- und Täuschfunktion der Farbmuster, und diese wirken in erster Linie auf der visuellen Ebene.

Wird in der Natur ein Signal von einem Organismus gefälscht, spricht man ganz allgemein von Mimikry. Es gibt eine ganze Reihe unterschiedlicher Mimikryphänomene, die von der Schutzmimikry der Wespennachahmer bis zur sogenannten Lockmimikry, bei der ein Organismus ein Signal imitiert, das den Signalempfänger anlockt, reichen. Ein bekanntes Beispiel ist die Blütenmimikry nektarloser Orchideen, die das Locksignal anderer, nektarreicher Blüten imitiert, um Blütenbestäuber anzulocken. Die Schutzmimikry unserer Schwebfliege ist nun dadurch gekennzeichnet, dass eine wehrlose Art die Warnsignale einer gefährlichen Art nachahmt und so eine Gefährlichkeit vorgaukelt. Diese Art der Mimikry wird auch als Bates'sche Mimikry bezeichnet. Hinter dieser Täuschung steht natürlich keine bewusste Handlung des Nachahmers, der schlau genug ist, sich als Schaf im Wolfspelz zu verkleiden. Mimikry ist ein evolutives Phänomen, das als eines der Paradebeispiele für die Wirksamkeit der natürlichen Selektion gilt. Dahinter steht ein im Grunde einfaches Prinzip: Je mehr ein wehrloses Individuum einem wehrhaften Individuum ähnelt, desto geringer ist das Risiko, dass der Nachahmer von einem lernfähigen Vogel gefressen wird. Und umso größer ist die Wahrscheinlichkeit, dass er sich erfolgreich fortpflanzt und seine Eigenschaften an den Nachwuchs weitergibt. Auch dieser wiederum steht unter demselben Selektionsdruck. Und so weiter. Über viele Generationen wird auf diese Weise das Schaf im Wolfspelz dem Wolf immer ähnlicher.

Neben der Bates'schen Mimikry gibt es auch eine Müller'sche Mimikry. Dabei geht es um mehrere wehrhafte oder ungenießbare Arten, die dasselbe Signalsystem benutzen. Da alle beteiligten Arten wehrhaft sind, keine von ihnen also schummelt, ist die Müller'sche Mimikry grundehrlich und keine eigentliche Mimikry. Nach Klaus Lunau spricht man deshalb besser von Signalnormierung.[6]

Um eine visuelle Mimikry vermuten zu dürfen, muss logischerweise eine optische Übereinstimmung zwischen den beteiligten Partnern in wesentlichen Merkmalen vorliegen. Ähnlichkeiten zwischen Individuen können nun allerdings mehrere Ursachen haben und nicht immer nur auf Mimikry zurückgehen, was die Sache kompliziert werden lässt. Eine der häufigsten Ursachen für übereinstimmende Merkmale ist die gemeinsame Abstammung. So gibt es mindestens zwei Möglichkeiten, die übereinstimmende gelb-schwarze Färbung der Grabwespengattung *Ectemnius* und *Crabro* zu erklären. Arten dieser Gattungen kommen in Mitteleuropa zur selben Zeit und in ähnlichen Lebensräumen vor. Beide sind wehrhafte Stachelträger. Es läge also nahe zu vermuten, dass es sich hier um Müller'sche Mimikry beziehungsweise Signalnormierung handelt und mehrere wehrhafte Arten dasselbe Signalsystem benutzen. Auf der anderen Seite sind *Ectemnius* und *Crabro* innerhalb der Familie Crabronidae eng miteinander verwandt, und auch ihre nächsten Verwandten sind zum größten Teil gelb-schwarz. Das unterstützt die Annahme, dass die übereinstimmende Färbung von *Ectemnius* und

Crabro auf gemeinsame Abstammung zurückgeht. Das gilt dann auch für die stachellosen, ungefährlichen Männchen dieser Gattungen. Gelb-schwarz sind sie dennoch, und sie profitieren sicherlich davon, dass sie dasselbe visuelle Signal wie ihre weiblichen Verwandten aussenden. Man könnte hier auch von einem innerartlichen Mimikrysystem sprechen. Das funktioniert ganz gut, wie Sie sicherlich auch an sich selbst sehen können. Eine Faltenwespe im Anflug ist in jedem Fall beunruhigend, auch wenn es ein Männchen sein könnte. Auch ein Fressfeind wird sicherlich nicht erst die Möglichkeit durchspielen, dass es sich auch um ein Männchen handeln könnte, zumal die wehrhaften Arbeiterinnen viel häufiger vorkommen. Es ist wohl recht wahrscheinlich, dass solche Ähnlichkeiten im Zusammenspiel mehrerer Faktoren wirken. Auch der ursprüngliche Erwerb eines bestimmten Merkmals, wie ein gelb-schwarzes Farbmuster, das an die stammesgeschichtlichen Nachfahren weitergegeben wird und dort als Übereinstimmung mehrerer, nahe verwandter Arten auftritt, geht in der Regel ursprünglich auf Anpassung zurück. Es ist daher nicht selten der Fall, dass Ähnlichkeiten durch gemeinsame Abstammung zugleich einen Nutzen in Mimikrysystemen haben, auch wenn es oft schwierig ist, die Bedeutung eines Faktors von der eines anderen zu unterscheiden.

WARNEN, TÄUSCHEN, NACHAHMEN

Bei Nachahmung und Täuschung als Kommunikationsstrategie zwischen Tieren geht es also darum, dass ein Organismus als Sender ein bestimmtes Signal aussendet, das ein anderer Organismus, der Empfänger, aufnimmt und interpretiert. Um die jeweiligen Interessen und Konsequenzen zu verstehen, ist es sinnvoll, sich in die Rolle von Sender und Empfänger zu versetzen. Die Funktion der aposematischen Gelb-Schwarz-Färbung von Wespen, an die die meisten Menschen als Erstes denken, besteht offensichtlich darin, dass der Sender (die Wespe) mit seiner Färbung ein Signal aussendet, das den Signalempfänger (den Fressfeind) dazu veranlasst, sich abzuwenden und dem Signalsender aus dem Weg zu gehen. Die abschreckende Wirkung des Signals ist in der Regel nicht angeboren, sondern muss wohl meist durch Ausprobieren erlernt werden. Ob Eidechsen, Vögel oder Säugetiere, sie alle erlernen aus eigenen, unerfreulichen Erfahrungen schnell und effektiv, ähnliche Farbmuster künftig zu meiden. Das Gleiche gilt für uns Menschen. Eine angeborene Neigung, gelb-schwarze Insekten zu fürchten, besitzen wir nicht. Dagegen besitzen wir eine angeborene Neugierde, auffallende Tiere untersuchen zu wollen, und das führt bei Kindern nicht selten dazu, dass sie die schmerzhafte Erfahrung eines Wespenstiches machen.

Experimentell konnte allerdings nachgewiesen werden, dass Hühner leichter eine Aversion gegen ein mit Bitterstoffen behandeltes Futter erlernen, wenn ihnen das zusätzlich auch eingefärbte Futter auf einem farblich kontrastreichen Untergrund angeboten wurde.[7] Dieses und ähnliche Experimente lassen vermuten, dass Tiere leichter lernen, Dinge zu vermeiden, wenn sie auffallend sind. Andere Untersuchungen zeigten zudem, dass es möglicherweise bereits eine angeborene Neigung gibt, besonders auffällig gefärbten Objekten aus dem Weg zu gehen. So untersuchten finnische Entomologen, wie sich das Beutefangverhalten von Großlibellen gegenüber wehrlosen Fleischfliegen der Familie Sarcophagidae und gegenüber der unangenehm stechenden Norwegischen Wespe *Dolichovespula norwegica* unterscheidet.[8]

Die Experimente fanden auf einer sonnigen Lichtung statt, auf der die Braune Mosaikjungfer *Aeshna grandis*, eine beachtlich große Libelle, die sich wie alle Libellen räuberisch von Insekten ernährt, in großen Mengen vorkommt. Fleischfliegen als eines ihrer möglichen Beutetiere sind normalerweise grau bis schwarz und zeigen keinerlei gelb-schwarze Warnfärbung. Die Biologen stellten nun vier Untersuchungsgruppen her, indem sie einen Teil der Fleischfliegen und der Wespen anmalten. Einige Fliegen und Wespen behielten ihre natürliche Färbung, während ein Teil der Fleischfliegen gelb-schwarz und ein Teil der Wespen komplett schwarz angemalt wurden. Exemplare aus den vier Untersuchungsgruppen wurden an lange Angelsehnen geklebt, sodass sie sich frei bewegen, aber nicht entkommen konnten. Die Biologen konnten beobachten, dass die Braunen Mosaikjungfern die gelb-schwarzen und die schwarzen Wespen gleichermaßen mieden. Bei den Fliegen wurden die gelb-schwarz bemalten Exemplare deutlich seltener angegriffen als die unauffälligen grauschwarzen Individuen. Dies zeigt zuerst einmal, dass ein visueller Jäger, wie eine Großlibelle, das gelb-schwarze Farbmuster vermeidet. Zugleich zeigt das Experiment aber auch, dass neben der Färbung noch andere Signale von der Libelle detektiert werden, und zwar möglicherweise die Körperform. Gerüche konnten die Biologen als möglichen Faktor experimentell ausschließen, indem sie einige künstliche Beuteattrappen alternativ mit abgewaschenem Fliegen- und Wespenduft präparierten. Hier zeigten die Libellen keinen Unterschied im Verhalten. Interessant ist diese Untersuchung unter anderem deshalb, weil hier nachgewiesen wurde, dass der abschreckende Effekt von Warnfärbungen nicht nur auf Wirbeltiere wirkt, wie oft vermutet wurde, sondern auch auf Wirbellose.

Eine weitere Schlussfolgerung ist zudem, dass die Neigung der Libellen, gelb-schwarze Dinge zu vermeiden, angeboren sein könnte, da Konflikte zwischen einer Wespe und einem Insekt meist tödlich für das gestochene Insekt enden. Allerdings ist nicht klar, welche Erfahrungen die zufällig an dem Experiment beteiligten Libellen in ihrem bisherigen Leben bereits gemacht hatten. Schließlich konnte bei Junghühnern gezeigt werden, dass sie als vollkommen unerfahrene Küken bei einem gleichmäßig verteilten Angebot von unauffällig gefärbtem und gelb-schwarzem Futter das gelb-schwarze in einem signifikant geringeren Maß fressen.[9] Die Autoren interpretieren dies als klares Indiz dafür, dass es eine genetisch fixierte, angeborene Prädisposition von Hühnern gibt, gelb-schwarze Insekten zu vermeiden. Möglicherweise allerdings ist dies keine Anpassung gegen gelb-schwarze, sondern viel allgemeiner gegen grellbunt und kontrastreich gefärbte Insekten, denn die meisten giftigen oder wehrhaften Insekten signalisieren ihre Ungenießbarkeit durch eine entsprechende Warntracht. Und die muss, wie gesagt, nicht immer gelb-schwarz sein.

Arten mit Warnfärbung, egal, ob ungenießbare Stachel- oder Giftbesitzer oder harmlose Trickbetrüger, sind enorm weit verbreitet unter den Insekten. Wenn es also tatsächlich bei Insekten und bei Wirbeltieren eine angeborene Neigung zur Vermeidung von auffällig gefärbten Beutetieren gibt, könnte das die Häufigkeit solcher Systeme unter den Insekten erklären.

Die gelb-schwarze Ringelung scheint tatsächlich ein besonders effektiv zu funktionierendes Signal zu sein, und zahlreiche nicht näher miteinander verwandte Wespen- und auch manche Bienenarten profitieren davon, aber nirgendwo sind sie weiter verbreitet als bei Faltenwespen, zu denen auch die sozialen Arten gehören, und bei Grabwespen. Alle in Mitteleuropa heimischen sozialen Wespen sind einander in ihrem Farb-

Die Feldwespe *Polistes (Polistella) sagittarius sagittarius* (oben) und ihre Nachahmerin *Euclimacia nodosa* (unten), ein Fanghaft (Mantispidae) aus der Insektenordnung der Netzflügler (Neuroptera). Thailand.

schema enorm ähnlich und daher auch schwer zu unterscheiden. Auch die beiden häufigsten Arten sozialer Wespen, die Deutsche und die Gemeine Wespe (*Paravespula germanica* und *Paravespula vulgaris*) sind ohne Detailkenntnis kaum auseinanderzuhalten. Ebenso zeigen die Feldwespen der Gattung *Polistes*, die nur kleine offene Papiernester bauen und deren Körpergestalt sich von den Arten von *Paravespula* deutlich unterscheiden, dieses Farbmuster. Dies ist auch der Fall bei vielen Grabwespen. Auffällige Beispiele sind der Bienenwolf *Philanthus triangulum* und viele andere, meist etwas kleinere Grabwespenarten.

Bei Bienen besonders wespenartig sind die zahlreichen Arten der sogenannten Wespenbienen der Gattung *Nomada*, die als Kuckucksbienen an anderen Bienenarten parasitieren, und die Wollbienen der Gattung *Anthidium*. Sie alle beteiligen sich offenkundig an einem einheitlichen Signalsystem, und sie alle profitieren von der weiten Verbreitung dieses Signals unter den stechenden Gruppen. Da all diese Gruppen nicht näher miteinander verwandt sind, ist das Signalsystem offenkundig so erfolgreich, dass es vielfach im Lauf der Evolution »erfunden« wurde.

Es ist unmöglich zu sagen, wer da wen imitiert und ob überhaupt imitiert wird. Vor allem aber gibt es hier ein taxonomisch breites und einheitliches Signalsystem aus vielen Arten, die jede Einzelne ein ehrliches Signal aussendet: Kommst du mir zu nahe, wirst du es bereuen. Nun wird auch noch einmal klarer, warum man hier von Signalnormierung spricht. Ein wirkmächtiges Signal wird durch seinen Erfolg zur »Norm« für viele Arten. Und je mehr sich dieser »Norm« anschließen, desto mehr Arten profitieren davon.

»INTERESSENGEMEINSCHAFT WESPENTRACHT«

Die »Interessengemeinschaft Wespentracht«, wie der Biologe Klaus Lunau dieses System nennt, betrifft naturgemäß nur Weibchen. Auch wenn Sexualdimorphismus unter Insekten weitverbreitet ist, sich also Weibchen und Männchen in manchen und in Einzelfällen in vielen Details unterscheiden, gibt es bei sozialen Wespen und Grabwespen keinen Fall, bei dem nur ein Geschlecht gelb-schwarz ist und das andere eine vollständig andere Färbung aufweist und kein Teil dieser Interessengemeinschaft ist. Das ist auch unwahrscheinlich, schon weil dieses Warnsystem derart effektiv funktioniert. Zudem ist davon auszugehen, dass es sparsamer ist, die genetisch fixierte verwandtschaftliche Ähnlichkeit der Geschlechtspartner beizubehalten, als sie in einem späteren und aufwendigen Anpassungsprozess bei einem der Partner zu ändern. Es sei denn, die Lebensweise eines der Geschlechtspartner unterscheidet sich gravierend von der des anderen, sodass auf einer farblichen Änderung ein starker Selektionsdruck liegt.

Da offensichtlich Wirbeltiere derart effektiv lernen können, bestimmte Beutetiere aufgrund ihres Äußeren zu vermeiden, ist es nicht verwunderlich, dass viele andere nicht-wehrhafte Arten ebenfalls davon profitieren. Und da die »Interessengemeinschaft Wespentracht« so gut funktioniert, ist es beinahe zu erwarten, dass sich manche wehrlosen Tierarten in dieses System einklinken und eine Schutzfärbung annehmen. Das bekannteste Beispiel sind sicherlich die zahlreichen Schwebfliegenarten in Wespen-Outfit, deren Nachahmung bei manchen Arten so gut ist, dass sie auch von Menschen immer wieder mit Wespen verwechselt werden. Während die Mehrzahl der Schwebfliegenarten ein allgemeines Gelb-Schwarz-Schema zeigt, imitieren manche von ihnen überraschend genau bestimmte Modellarten. So gibt es einige pelzige Schwebfliegenarten, die bestimmten Hummelarten im Detail ähneln, und eine der größten mitteleuropäischen Schwebfliegen, *Volucella zonaria,* imitiert leicht erkennbar die Färbung einer Hornisse. Da Hornissen sehr schmerzhaft stechen, bieten sie sich als Modell besonders an. Es gibt einen Schmetterling, den Hornissenglasflügler *Sesia apiformis,* der in seiner Körper- und Flügelfärbung und sogar im Flugverhalten einer Hornisse ähnelt. Interessanterweise bedeutet der wissenschaftliche Artname *apiformis* »bienenähnlich«, was für diese wespenähnliche Schmetterlingsart zweifellos nicht zutrifft.

Damit die wehrhaften Modelle und ihre wehrlosen Nachahmer tatsächlich auch von ihren Fressfeinden verwechselt werden, sollten sie natürlich auch zur selben Zeit in denselben Lebensräumen auftauchen. So sind die allermeisten gelb-schwarzen Insekten Blütenbesucher. Die Wespen, egal ob solitäre oder soziale Arten, sind häufig auf den Schirmdolden von Doldenblütlern anzutreffen. Bis auf wenige Ausnahmen besitzen Wespen sehr kurze, wenig spezialisierte Mundwerkzeuge, mit denen sie besonders aus kleinen Blüten mit kurzen Kelchen Nektar aufnehmen können. Doldenblütler, aber auch andere kleinblütige Gartenpflanzen wie Thymian sind ideal. Hier tummeln sie sich alle, von den verschiedenen Arten sozialer Wespen über solitäre Grabwespen bis hin zu den sie imitierenden Schwebfliegen. Auch die gelb-schwarzen Wespenböcke aus der Käferfamilie der Bockkäfer lassen sich hier finden, ebenso wie die wespenähnlichen Dickkopffliegen der Fliegenfamilie Conopidae.

Dieses gemeinsame Vorkommen der Mitglieder der »Interessengemeinschaft Wespentracht« ist sicherlich eine wichtige Grundvoraussetzung für das Funktionieren des Mimikrysystems, nicht immer aber müssen die Verbreitungsgebiete der beteiligten Arten genau übereinstimmen. Nach einer Untersuchung aus Großbritannien[10] haben besonders unspezifisch wespenähnliche Schwebfliegen ein weites Verbreitungsgebiet, in dessen Grenzen sie je nach Vorkommen verschiedene Wespen- oder Bienenmodelle imitieren. Das Verbreitungsgebiet von Fliegenarten hingegen, die sehr spezifisch bestimmte wehrhafte Arten nachahmen, entspricht dem ihres Modells meist sehr genau.

Insgesamt sollte man erwarten, dass die Nachahmer dann am besten geschützt sind, wenn sie in Populationsdichten auftreten, die deutlich geringer sind als die ihrer Modelle. Ein Fressfeind wird so mit größerer Wahrscheinlichkeit bei seinen ersten Versuchen als Jungtier auf eine wehrhafte Beute treffen und seine Lektion lernen. Davon profitieren alle Mitglieder eines Mimikrysystems, und zwar nicht nur die Nachahmer, sondern auch die Vorbilder.

VOGELSPINNENJÄGER

Man könnte nun vermuten, dass es einen Zusammenhang zwischen der Wehrhaftigkeit einer Wespe und ihrer Attraktivität als Modell für eine Schutzmimikry gibt. Um besonders schmerzhaft stechende Wespen sollten die Wirbeltiere definitiv einen großen Bogen machen, während weniger schmerzhafte Arten zur Not als Futter infrage kämen. Für wehrlose Insekten spräche also viel dafür, sich einem Mimikrysystem anzuschließen, das rund um eine besonders wehrhafte Wespenart herum aufgebaut ist. Empirisch gibt es hier wenige Belege, aber eines der bekanntesten Beispiele betrifft eine der schmerzhaftesten Wespen überhaupt.[11] Die

Vogelspinnen jagenden großen Wegwespen der Gattungen *Pepsis*, die vom Südwesten der USA bis tief in den südamerikanischen Kontinent vorkommen, gehören zu den größten Wespen überhaupt. Im amerikanischen Raum werden sie auch als *Tarantula hawks*, als Vogelspinnen-Falken, bezeichnet. Manche Arten von *Pepsis* sind sehr häufig, und im Sommer in Arizona sieht man sie fast überall herumfliegen und auf Blüten sitzen. Man kann sich ihnen ohne Weiteres nähern, und es wäre leicht, die eher schwerfällig startenden Wespen mit der Hand einzufangen. Wenn da nicht ein Problem wäre, nämlich ihr Stich. Der Kampf zwischen einem *Pepsis*-Weibchen und einer großen Vogelspinne ist sicherlich eines der beeindruckendsten Ereignisse in der Insektenwelt.

In dem klassischen Naturfilm *Die Wüste lebt* von 1953, der der erste abendfüllende Dokumentarfilm der Walt-Disney-Studios war und das Leben unter den extremen Bedingungen der Wüsten des Südwestens der USA in teils amüsant vermenschlichter Weise darstellt, gehört der Kampf Wespe gegen Spinne zu einem der Höhepunkte. Weibchen von *Pepsis* produzieren alleine wegen ihrer schieren Körpergröße eine für stechende Hautflügler imposante Menge an Stachelgift. Bei Menschen verursacht ein *Pepsis*-Stich sofortige, intensive, die Sinne vernebelnde, extrem peinigende Schmerzen, die als die schmerzhaftesten Stiche unter allen stechenden Insekten gelten. Ein gut gesetzter *Pepsis*-Stich führt in Bruchteilen von Sekunden zu einer derart intensiven Schmerzreaktion, dass der Gestochene zu keiner bewussten Handlung mehr fähig ist. Justin Schmidt, der Erfinder des »Schmidt-Pain-Index«, ordnet einen *Pepsis*-Stich auf Stufe 4 der bis 4 gehenden Schmerzskala ein. Mehr geht nicht. Meine einzige intime Erfahrung mit einem *Pepsis*-Stachel war nur ein Streifschuss, da er durch den Netzbeutel meines Insektennetzes gebremst wurde. Mit Sicherheit war das nicht alles, wozu das erboste Weibchen in der Lage war, aber mir hat es gereicht.

So unmittelbar schmerzhaft aber das Gift auch ist, so kurz hält der Schmerz an. Bereits nach etwa drei Minuten erreicht der Schmerz ein erträglicheres Niveau. Im Vergleich dazu hält der ähnlich schmerzhafte Stich der Ameisenart *Paraponera clavata* bis zu 20 Stunden. Die tatsächliche Giftigkeit des *Pepsis*-Giftes ist dabei gering. Stattdessen setzt das Verteidigungssystem von *Pepsis* ganz auf den sofortigen, immensen Schmerz, dem kein Säugetier widerstehen kann. Wenn man sich überlegt, welche die Sinne benebelnde Wirkung ein einziger dieser Stiche auf einen erwachsenen Menschen hat, kann man sich in etwa vorstellen, was das Gift mit einem Räuber anstellt, der eine deutlich geringere Körpermasse hat, und die stellen schließlich das Gros der potenziellen Feinde. Justin Schmidt, der die stechenden Vogelspinnenjäger im Südwesten der USA kennt wie kein Zweiter, nimmt an, dass diese unvergleichliche Schmerzhaftigkeit zu einem fast vollständigen Schutz vor Wirbeltierräubern führt. Dies könnte auch erklären, warum die Wespen so wenig scheu sind und sich beinahe von den Blüten pflücken lassen.

Nach dieser längeren Einführung in die extreme Wehrhaftigkeit dieser Wespen ist es nicht überraschend, dass sie Ausgangspunkt für enorm vielschichtige Mimikrykomplexe ist, die sowohl Bates'sche als auch Müller'sche Mimikry einschließt. Müller'sche Mimikry liegt auf der Hand, denn im Südwesten der USA alleine kommen rund 25 Arten von *Pepsis* vor, von denen viele im selben Habitat und zur selben Zeit auftreten. Alle sind sie wehrhaft, zumindest die Weibchen, und sie alle verwenden dasselbe Signal. Anders gesagt, ein klarer Fall von Signalnormierung. Ehrlicherweise muss man allerdings sagen, dass bei *Pepsis* zwei verschiedene Signalsysteme im Spiel sind, weil die Wespenarten sich zwei verschiedenen aposematischen Farbschemata zuordnen lassen. Alle Arten besitzen einen glänzend schwarzen oder blauschwarzen Körper, der entweder mit roten, gelben oder orangen Flügeln kombiniert ist, oder aber die Flügel sind in farblicher Übereinstimmung mit dem Körper ebenfalls metallisch schwarz oder blauschwarz.

Unabhängig davon imitieren enorm viele andere Insekten das Erscheinungsbild von *Pepsis*. Verschiedene Fliegenarten ahmen nicht nur annähernd die Körpergröße und die Farbe nach, auch in ihren Bewegungen ähneln sie ihren Modellen bis ins Detail. Mehrere Bock- und andere Käferarten sind dafür ebenfalls bekannt. Andere Wespenarten sowieso. In Südamerika kommen noch verschiedene Schmetterlings-, Heuschrecken- und andere Käferarten dazu. Ob sie immer in jedem Fall Beispiele für Bates'sche Mimikry sind, ist unklar, da manche von ihnen aufgrund eingelagerter Giftstoffe selbst ungenießbar oder sogar giftig sind.

Neben der Bates'schen und der Müller'schen Mimikry gibt es weitere Formen von Mimikry, die meist nach ihren Entdeckern benannt wurden, die aber zum überwiegenden Teil Spezialfälle allgemeiner Mimikryphänomene darstellen.[12]

BATES'SCHE UND MÜLLER'SCHE MIMIKRY

Die Bates'sche Mimikry geht auf Sir Henry Walter Bates (1825–1892) zurück, einen englischen Entomologen und Naturforscher. Bates führte ab 1848 anfänglich zusammen mit Alfred Russell Wallace (1823–1913) eine mehrjährige Forschungs- und Sammelreise in das südamerikanische Amazonasgebiet durch. Die beiden Naturkundler trennten sich 1850 und setzten alleine ihre Reise fort. Beide waren begeisterte Entomologen und hofften, durch den Verkauf der gesammelten tropischen Insekten und anderer Tiere ihre Reise zu finanzieren.

Wallace verbrachte weitere vier Jahre vor allem entlang des Rio Negro und kehrte 1852 nach England zurück. Seine wertvolle Aufsammlung ging auf der Rückreise durch einen Schiffsbrand verloren, und es gelang ihm nur, einen Teil seiner Tagebücher und Zeichnungen zu retten. Von 1854 bis 1862 bereiste Wallace den Malaiischen Archipel, wo er mehr als 125 000 Tiere sammelte, von denen rund 110 000 Insekten waren. Von der Insel Sarawak schließlich schickte er einen Aufsatz nach England, der als »Sarawak-Essay« einen Meilenstein in der Geschichte der Evolutionstheorie darstellt. Hier formuliert er kurz und knapp die Grundzüge einer Evolutionstheorie, die der von Charles Darwin überaus ähnelt. Obwohl Wallace und Darwin nahezu zeitgleich die Grundlagen für die moderne Evolutionstheorie legten, gilt aus verschiedenen Gründen Darwin als ihr eigentlicher Schöpfer.

Auch Bates leistete einen bedeutenden Beitrag zur Evolutionstheorie. Nachdem Wallace und er getrennte Wege am Amazonas gegangen waren, setzte Bates seine Sammel- und Forschungsaktivitäten bis 1859 fort, dem Jahr, in dem Darwins epochales Werk »On the Origin of Species« erschien. Bates hatte während der elfjährigen Expedition mehr als 14 000 Arten gesammelt und nach London geschickt, von denen 8000 bislang unentdeckt waren. 1862 schließlich veröffentlichte Bates eine Publikation mit dem trockenen Titel »Contributions to an insect fauna of the Amazon valley«, in der er seine Beobachtungen zur Ähnlichkeit bestimmter Schmetterlingsarten darstellte. Er hatte anhand seiner Aufsammlungen festgestellt, dass jede Art der ungenießbaren, wenn nicht giftigen, Schmetterlingsgattung *Heliconius* mit einer oder mehreren ungiftigen Schmetterlingsarten zusammen auftritt, die nicht näher mit der *Heliconius*-Art verwandt ist. Das Besondere daran war, dass sich die ungenießbaren und die genießbaren Arten überraschend ähnelten, und Bates hatte keinen Zweifel daran, dass die ungiftige Art den giftigen Partner nachahmte.

Bates stellte darüber hinaus fest, dass die *Heliconius*-Arten geografisch variierten und dass es ihnen die ungiftigen Arten bis ins Detail nachmachten. Er schlussfolgerte, dass hier ein Prinzip am Werk sein muss, das aus den zahlreichen Variationen, die eine jede der wehrlosen Arten hervorbringt, diejenigen Individuen begünstigt, die einem giftigen Modell am ähnlichsten ist. Bates schreibt dazu in seinem Aufsatz von 1862: »Es ist klar, dass hier ein anderes aktives Prinzip an der Arbeit sein muss, das kontinuierlich bestimmte Variationen in gewisse Richtungen auswählt, die Generation über Generation entstehen lässt, bis schließlich Formen entstehen, die sich von ihren Eltern- und Geschwisterformen hinreichend unterscheiden.«[13] Er schlussfolgerte: »Dieses Prinzip kann nur die natürliche Selektion sein, wobei die Auslese durch insektenfressende Tiere vorgenommen wird, die allmählich die Variationen zerstören, die [ihren Modellen] nicht ähnlich genug sind, um sie zu täuschen.«

Damit hatte Bates einen der wichtigsten empirischen Beweise für die Richtigkeit der Darwin'schen Evolutionstheorie geliefert, der, wie der Evolutionsbiologe und Biophilosoph Ernst Mayr sagt, für Darwin »wie ein Geschenk Gottes« kam.[14] Darwins »Origin of Species« von 1859 war ein umfassendes Argument für die Existenz eines naturgesetzlichen Prozesses, der zur Bildung neuer Arten führt. Aus den zahlreichen Daten, die Darwin für sein Buch zusammengetragen hatte, schlussfolgerte er, dass es ein Selektionsprinzip in der Natur geben muss, das dafür sorgt, dass aus den in jeder Generation auftretenden erblichen Variationen bevorzugt solche erneut zur Fortpflanzung kommen, die besser an ihre Umwelt angepasst sind. Diese haben aufgrund ihrer Anpassung eine höhere Überlebenschance und damit statistisch gesehen eine größere Nachkommenzahl.

Die Existenz der natürlichen Selektion als zentraler Motor der Evolution allerdings stand von vornherein im Mittelpunkt der Kritik der Evolutionsgegner. Insbesondere konnten selbst die Anhänger Darwins nicht leugnen, dass die Selektionstheorie aufgrund von deduktiver Beweisführung postuliert wurde, dass sie also nur eine aus der Theorie abgeleitete Vorhersage eines bestimmten Mechanismus sei.[15] Überzeugende Beweise für die Existenz eines Selektionsmechanismus wurden dringend benötigt. Und die lieferte nun Bates mit seiner Entdeckung der Schutzmimikry bei heliconiden Schmetterlingen. Darwin schrieb zu Bates' Beobachtung eine euphorische Besprechung und nannte die Bates'sche Mimikry »... das frappierendste aller bekannten Beispiele für das, was die Naturkundler eine analoge Ähnlichkeit nennen. ... Mr. Bates hat diesen Fakten den notwendigen Touch von Genialität mitgegeben und so hat er zweifellos die finale Ursache für Mimikry getroffen«.[16]

Die Müller'sche Mimikry ist wohl die wichtigste Ergänzung des Mimikry-Prinzips[17] und geht auf Johann Friedrich Theodor »Fritz« Müller (1821/1822–1897) zurück. Fritz Müller war ein exzentrischer Naturforscher, der 1852 gemeinsam mit seiner Frau nach Blumenau in den Bundesstaat Santa Catarina im Südosten Brasiliens auswanderte. Aufgrund seiner kompromisslosen Überzeugungen und einiger persönlicher Schicksalsschläge verlief sein Leben unruhig, sodass er letztlich verarmt in Brasilien starb. Immerhin aber bezeichnete Darwin ihn als »Fürsten der Beobachtung«, und er hat zahlreiche wesentliche Beobachtungen im brasilianischen Regenwald gemacht, die er in rund 250 Publikationen veröffentlichte oder in Briefen seinen Korrespondenten wie zum Beispiel Darwin mitteilte.

Nachdem er 1879 bereits von seltsamen Ähnlichkeiten zwischen nicht näher verwandten Schmetterlingen berichtet hatte, veröffentlichte er 1881 in der populären Zeitschrift *Kosmos* einen Aufsatz mit dem Titel »Bemerkenswerthe Fälle erworbener Aehnlichkeit bei Schmetterlingen«. Dort stellte er dar, dass Vögel einen starken Fressdruck auf Schmetterlinge ausüben und dass sie schnell lernen können, fressbare von ungenießbaren Arten zu unterscheiden. Wenn nun zwei gleichermaßen giftige Schmetterlingsarten ein identisches visuelles Warnsignal aussenden, profitieren beide Arten davon. Müller stellte in dieser Arbeit die Zusammenhänge mit einfachen statistischen Berechnungen dar und war damit wohl der Erste, der evolutionsökologische Zusammenhänge mathematisch analysierte.

FALTENFLÜGEL UND WESPENTAILLE

Ganz ohne Zweifel funktioniert die abschreckende Wirkung dieses gelb-schwarzen Farbmusters bei uns Menschen ähnlich gut wie bei Tieren. Obwohl sich die imitierenden Schwebfliegen und ihre Wespenmodelle in den Details ihrer Körpergestalt gar nicht ähneln, nehmen sich die meisten Menschen wahrscheinlich nicht die Zeit, einmal in Ruhe hinzuschauen und zu prüfen, was sie dort eigentlich vor sich haben.

Soziale Wespen gehören alle zu den Faltenwespen, die an dem sehr prägnanten Merkmal der längs gefalteten Flügel gut von Grabwespen und Bienen (und natürlich sowieso von Schwebfliegen) unterschieden werden können. Zugegebenermaßen sind die Flügel nur im Ruhezustand gefaltet, aber an der heimischen Kaffeetafel hat man eigentlich zumindest im Spätsommer genügend Gelegenheit, sich eine sitzende Wespe in Ruhe anzuschauen. Machen Sie das einmal, bevor Sie sie verscheuchen. Sie werden sehen, dass die Flügel sehr schmal wirken und durch die Längsfaltung an ihrer Innenkante wie mit dem Lineal gezogen gerade sind. Und um gleich aufkommende Zweifel im Keim zu ersticken: Auch Hornissen gehören zu den Faltenwespen, nur stehen sie in einer eigenen Gattung und sind nicht näher mit den »normalen« Wespenarten Deutsche Wespe und Gemeine Wespe verwandt. Soziale Faltenwespen aber sind sie allemal. Und wie ich schon sagte, sind alle sozialen Wespen in Mitteleuropa gelb-schwarz. Sie mögen sich artspezifisch im Muster und in der Verteilung der gelben und schwarzen Anteile unterscheiden, und besonders die Hornisse hat noch zusätzlich ziemlich viele rotbraune Farbanteile, aber zumindest bei uns besitzen die sozialen Faltenwespen alle miteinander einen gelb-schwarzen Wespenharnisch.

Grabwespen hingegen kommen uns kaum einmal so nahe, dass wir ihre Flügelstellung beim Kaffeetrinken beobachten könnten. Dazu muss man sich einmal an einen Doldenblütler stellen und genau hinschauen. Viele sind gelb-schwarz, einige rot-schwarz, und wieder andere ganz schwarz. Ein übereinstimmendes Merkmal, das ich Ihnen mit an die Hand geben könnte, besitzen sie nicht. Leider. Würden die Grabwespen ein einzigartiges Erkennungsmerkmal besitzen, wäre manches einfacher. So bleibt auch mir oft nichts anderes übrig, als alle anderen Kandidaten auszuschließen, bis nur noch die Grabwespen übrig bleiben.

Woran kann man nun unzweideutig eine Schwebfliege von einer Hymenoptere unterscheiden? Die Zahl der Merkmale ist enorm, aber ich werde mich auf einige wenige beschränken. Zuallererst besitzen Schwebfliegen wie alle Fliegen und Mücken dem Namen ihrer Insektenordnung Diptera, Zweiflügler, entsprechend nur zwei Flügel. Die Hinterflügel, die ihre Insektenahnen noch besaßen, haben sie zu Anbeginn ihrer evolutiven Entstehung zu zwei klitzekleinen Stäbchen zurückgebildet, die als Schwingkölbchen oder Halteren bezeichnet werden. Bei manchen der größeren Fliegenarten kann man sie mit bloßem Auge sehen, besonders wenn sie auffällig gefärbt sind. Fliegen haben zudem ganz besondere Fühler, die sehr kurz und dick sind und am Ende eine Borste tragen. Sie sind überhaupt nicht zu verwechseln mit der langen, vielgliedrigen und enorm beweglichen Antenne der Hautflügler.

Und schließlich, da wir ja nur über stechende Hautflügler sprechen, ist die bekannte Wespentaille ein auffälliges und besonderes Merkmal der stechenden Hautflügler. Bei manchen Arten sieht man die Wespentaille nicht sehr gut, besonders bei stark behaarten Arten. Hätten Sie gedacht, dass auch die pummeligen Hummeln eine schlanke Taille besitzen? Bei Schweb- und anderen Fliegen hingegen ist der Hinterleib an dieser Stelle manchmal verschlankt, oder sie imitieren durch ein entsprechendes Farbmuster so etwas wie eine schlanke Taille. Eine richtige Wespentaille allerdings bleibt den Bienen, Wespen und Ameisen vorbehalten.

Ebenfalls keine Wespentaille besitzt die Biene Maja. Ihr wurde von den japanischen Zeichnern ein sympathisch knubbeliger Körper verpasst, der aus nachvollziehbaren Gründen ohne Wespentaille auskommen musste. Aus meiner Sicht eine verzeihliche Abweichung vom natürlichen Vorbild. Interessanter aber finde ich, dass Maja die gelb-schwarze Musterung einer ordentlichen Wespe besitzt.

Wie ich schon gesagt hatte, sind Honigbienen braun-schwarz mit allerhöchstens hellbraunen Binden. In jedem Fall aber ähnelt eine Honigbiene einer Wespe so wenig, dass man bezweifeln könnte, dass sie überhaupt der komplexen »Interessengemeinschaft Wespentracht« angehört. Vielleicht aber reicht die leichte und unauffällige Ringelung einer Honigbiene aus, um sie in zeichnerischen Darstellungen als wespenähnlich zu interpretieren. Ich habe mich nicht auf den Pfad einer mediengeschichtlichen Untersuchung begeben, um herauszufinden, ob bereits vor 1975 Honigbienen populär für gelb-schwarz gehalten wurden. In jedem Fall aber kann es keinen Zweifel geben, dass der Erfolg der Biene Maja enorm dazu beigetragen hat, unser Bild von Honigbienen im Wesentlichen auf das wespenähnliche Gelb-Schwarz-Muster zusammenzuschrumpfen. Ein kleiner Kreis, ein großer Kreis, das alles in gelbschwarzer Bänderung, vielleicht noch sechs Strichbeinchen, fertig ist die Honigbiene.

KAPITEL 5

VERFÜHRUNG

Von Bienen und Blüten

Die Geschichte der Bienen, Wespen und Ameisen ist immer auch eine Geschichte der Blüten. Wer über Bienen spricht, denkt an Blüten. Sei es die putzige Biene Maja, die auf der Klatschmohnwiese genussvoll Pollenklößchen isst oder die apokalyptische Vision einer bienenlosen Natur, die dem Menschen nicht mehr genügend Honig und Früchte liefert. In letzter Zeit tauchen Bienen – genau genommen die Honigbiene – und Blüten regelmäßig auf den Titelseiten der Zeitschriften auf. Aber auch abgesehen davon gehört es zu unserer Alltagserfahrung, dass zwischen Insekten und Blüten eine enge Beziehung besteht.

Insekten und Blüten haben eine lange gemeinsame Geschichte, die geprägt ist von gegenseitiger Beeinflussung und Veränderung. Es ist keine zufällige Koinzidenz, dass die wichtigste Phase der Frühevolution von Insekten und Blütenpflanzen und ihre Aufspaltung in die meisten der heutigen Teilgruppen nahezu zeitgleich, in der mittleren Kreidezeit vor rund 100 Millionen Jahren, stattfand. Nachdem die kreidezeitlichen Blüten die Insektenbestäubung »erfunden« hatten, führte die enge evolutive Kopplung von Insekten und Blüten auf beiden Seiten zu zahlreichen Spezialisierungen. Auch wenn Käfer, Fliegen und manch andere Insekten ebenfalls ihren Beitrag zur Bestäubung von Blütenpflanzen

Frühlingsszene mit verschiedenen Bienenarten auf blühender Weide. Heinrich Friese, 1923.

liefern, ist keine Insektengruppe funktional und evolutiv enger mit Blüten verknüpft als die stechenden Hautflügler. Bienen, die eine vollständig vegetarische Lebensweise führen und die im Gegensatz zu den meisten Wespen und Ameisen sowohl als Erwachsene als auch als Larven fast komplett vom Nahrungsangebot der Blüten abhängen, spielen für die Blüten eine besonders wichtige Rolle. Man kann mit Fug und Recht sagen, dass nichts die Evolution von Bienen stärker beeinflusst hat als die enge evolutive Kopplung an die Blüten. Und auch andersherum. Denn auch die Blüten haben ihren Beitrag zu diesem evolutiven Wechselspiel geleistet. Bienen, Wespen, Ameisen und Blüten sind aufs Engste in oft unglaublicher Weise aneinander angepasst und auf wechselseitigen Nutzen ausgerichtet. Die Waren, die dabei von den Blütenpflanzen gehandelt werden, sind: Nahrung, Schlafplatz, Wärme und Nistsubstrat, aber auch Materialien für die Partnerfindung wie Parfüm und ein geeigneter Treffpunkt. Die Gegenleistung der Insekten: Bestäubung.

Aus pflanzlicher Sicht ist die Motivation für diesen evolutiven Tauschhandel die Tatsache, dass auch Blütenpflanzen Sex haben. Sexuelle, also geschlechtliche Fortpflanzung funktioniert bei den meisten Lebewesen nach einem einfachen Prinzip. Die Geschlechtszellen von männlichen und weiblichen Organismen verschmelzen miteinander zu einer befruchteten Eizelle, und aus dem Verschmelzungsprodukt bildet sich ein neuer Organismus, der wiederum Geschlechtszellen bildet. Damit sich die Geschlechtszellen miteinander vereinigen können, müssen sie zueinander kommen, und hier haben die Pflanzen ein gravierendes Problem. Die weitaus meisten Tiere sind mobil und können zur Paarung ihren Geschlechtspartner aktiv aufsuchen. Pflanzen dagegen sitzen fest und können sich nicht bewegen. Sie benötigen eine Art Postbote, der ihnen die männlichen Keimzellen vom Ort ihrer Entstehung zum Ort der Befruchtung bringt. Insekten bieten sich als solche Postboten an, weil sie arten- und individuenreich und nahezu immer verfügbar sind. Nur wie motiviert man die Insekten dazu, als Postbote zu fungieren?

Die wichtigste Erfindung zur Lösung dieses Problems ist die Blüte. Die Blüte ist nichts anderes als das gravierend veränderte Ende eines Pflanzensprosses, dessen Blattorgane im Dienst der sexuellen Fortpflanzung stehen.[1] Der Großteil der Blütenpflanzen ist dabei zwittrig, was bedeutet, dass in ihren Blüten männliche und weibliche Geschlechtsorgane gemeinsam vorkommen. In den meisten Blüten lassen sich die beiden Geschlechtsorgane leicht unterscheiden. Die Staubblätter stellen den männlichen Geschlechtsapparat dar, und sie bilden entsprechend die männlichen Keimzellen. Der Stempel im Zentrum der Blüte dagegen ist der weibliche Geschlechtsapparat, in dessen Inneren die Eizellen verborgen sind. Auch wenn die räumliche Nähe der beiden Geschlechtsorgane in einer Blüte für Selbstbefruchtung geradezu prädestiniert zu sein scheint, versuchen Pflanzen Inzest tunlichst zu vermeiden. Sie haben die verschiedensten Vorkehrungen getroffen, um Selbstbefruchtung auszuschließen.

Fortpflanzung zwischen nahen Verwandten ist genetisch ein hohes Risiko. Bei Geschwistern stimmt die Hälfte des Erbguts überein, und bei Zwittern ist die DNA der männlichen und weiblichen Geschlechtszellen naturgemäß identisch. Genetische Fehler, die immer vorhanden sind, werden bei der Durchmischung von unterschiedlichem Erbgut in der Regel unterdrückt. Bei hoher genetischer Übereinstimmung können diese Fehler aber zutage treten und negative Folgen für die Nachkommen darstellen. Üblicherweise versuchen Organismen daher, Fortpflanzung zwischen nahen Verwandten und besonders Selbstbefruchtung auszuschließen. Pflanzen nehmen sie nur als Notlösung in Kauf, um überhaupt Nachkommen produzieren zu können, wenn nichts anderes mehr geht.

Das enge räumliche Beieinander von Staubgefäßen und Stempel in der Blüte ist stattdessen eine Konsequenz aus der Insektenbestäubung. Fliegt die Biene von Blüte zu Blüte, angelockt von Blütenduft und Blütenfarbe, trägt sie Pollen von einer Pflanze zur nächsten. Dabei nimmt sie neuen Pollen von den Staubgefäßen auf, während sie gleichzeitig den mitgebrachten Pollen am Stempel ablädt.

Pflanzen, deren Blüten beide Geschlechtsorgane enthalten, werden als einhäusig bezeichnet. Bei zweihäusigen Pflanzen dagegen besitzt jede Blüte jeweils nur ein Geschlecht. Diese verschiedengeschlechtlichen Blüten können sich dabei an verschiedenen Stellen auf einer Pflanze befinden, oder die Pflanzen sind entweder komplett männlich oder komplett weiblich. Selbstbefruchtung ist hier beinahe ausgeschlossen. Beispiele für zweihäusige Pflanzen sind Weiden, Kiwi und Sanddorn, sodass man im Garten entsprechend darauf achten muss, mindestens zwei Pflanzen mit dem gegenseitigen Geschlecht anzupflanzen.

Nicht alle Blütenpflanzen sind insektenbestäubt. Als Medium des Pollentransfers kommen auch Wind und Wasser infrage, und andere Tierarten wie Fledermäuse, Vögel und sogar Reptilien betätigen sich als Bestäuber.

WAS BIENEN ANLOCKT

In der Regel besuchen Insekten Blüten nicht, um sie zu bestäuben. An der Bestäubung an sich hat das Insekt kein direktes eigenes Interesse, und es sind nur wenige Fälle von vorsätzlicher Bestäubung durch Insekten bekannt. Die Insekten erfüllen ihre Bestäuberfunktion *en passant*, während sie sich um das kümmern, was sie eigentlich in die Blüte gelockt hat. Es ist nicht die Schönheit der Blüten, die uns Menschen so anzieht, sondern die Befriedigung ganz elementarer Bedürfnisse wie Nahrung, auf einen Geschlechtspartner treffen, einen Platz zur Eiablage oder Futter für den Nachwuchs finden.[2]

Im Blüten-Insekten-System können die beiden Partner in sehr unterschiedlicher Weise agieren. Die Blüte ist dabei der passive Teilnehmer und muss aus dieser Situation heraus für den aktiven Teilnehmer, die Insekten, attraktiv werden. Ebenso wie Insekten manchmal ohne Gegenleistung Blütenprodukte »stehlen«, ohne zu bestäuben, können auch Blüten ihre Besucher hereinlegen, indem sie durch optische, chemische und andere Lockmittel falsche Versprechen aussenden. Besonders spektakuläre Beispiele sind Täuschblumen, die durch Form, Farbe und Duft Geschlechtspartner bestimmter Insektenarten nachahmen, um die Männchen zu Kopulationsversuchen mit dem pflanzlichen Weibchenimitat zu veranlassen und dabei die Blüte zu bestäuben.

Die weitaus meisten Blüten sind Nektarblumen. Das heißt, sie stellen in Form des Nektars eine flüssige Zuckerlösung zur Verfügung, die den Blütenbesuchern als Nahrung und Flüssigkeit dient. In offenen Blüten ist der Nektar beinahe frei zugänglich und kann so von einer Vielzahl von Insekten konsumiert werden. In der Regel aber ist er tief im Inneren der Blüte verborgen und nicht ohne Weiteres zugänglich, wenn auch optisch auffallende Flecken und Zeichnungen in der Blüte, sogenannte Saftmale, den Insekten den Weg zur Nahrung weisen. Den Nektar zu verstecken erfüllt mehrere Zwecke. Zum einen zwingt die Blüte die Bestäuber dazu, bei ihrem Versuch, den Nektar zu erreichen, eine bestimmte Position in der Blüte einzunehmen. Die Blütenorgane sind so gebaut, dass die Pollen in dieser Stellung optimal sowohl auf das Insekt übertragen als auch von ihm auf die nächste Pflanze abgegeben werden. Zum anderen reguliert die Blüte damit, wer an die ersehnte Lockspeise kommt. Viele Blüten besitzen beispielswiese lange Röhren oder Sporne, in deren unterstem Abschnitt der Nektar gebildet wird und die bei bestimmten Orchideen auf Madagaskar bis zu 40 Zentimeter Länge erreichen können.

ORCHIDEEN UND INSEKTEN

Um eine solche madagassische Orchidee mit dem wissenschaftlichen Namen *Angraecum sesquipedale*, die auch Stern von Madagaskar oder Sternorchidee genannt wird,[3] rankt sich eine wissenschaftsgeschichtliche Anekdote. Im Jahr 1862 veröffentlichte Charles Darwin ein umfangreiches Buch über Orchideen und ihre Interaktionen mit Insekten.[4] Darwin interessierte sich sehr für Orchideen und sah in ihnen ein Paradebeispiel für evolutive Anpassungsphänomene. Er wusste, dass besondere Blütenformen bei Orchideen in der Regel mit Spezialanpassungen bei ihren Bestäubern korrespondieren. Als er den Stern von Madagaskar anhand eines ihm zugeschickten Exemplars kennenlernte, sagte Darwin voraus, dass es auf Madagaskar einen Schmetterling geben müsse, der einen ebenfalls 40 Zentimeter langen Saugrüssel habe. Allerdings war zu dem Zeitpunkt noch keine derartige Art bekannt.

1867 veröffentlichte der Naturforscher Alfred Russel Wallace einen Artikel, in dem er Darwins Vorhersage unterstützte und vorhersagte, dass künftige Madagaskarforscher den passenden Schwärmer ebenso sicher irgendwann entdecken würden, wie die Astronomen einst Neptun entdeckt hätten.[5]

Erst 1903, rund zwei Jahrzehnte nach Darwins Tod, aber noch zu Lebzeiten von Wallace, wurde eine Population von *Xanthopan morganii*, einer großen Schwärmerart, entdeckt, die einen entsprechend langen Rüssel besitzt. Sie wurde noch im selben Jahr als Unterart von *Xanthopan morganii* mit dem Namen *praedicta*, »die Vorhergesagte«, beschrieben und benannt.[6] Die Ehrung galt dabei Wallace, der recht spezifisch einen Schwärmer vorhergesagt hatte, und nicht, wie meist in der Literatur behauptet wird, Charles Darwin, der nur ungenau von einem Schmetterling sprach.

Orchideen besitzen auch über dieses extreme Beispiel hinaus eine erstaunliche Vielfalt an wunderlichen und erstaunlichen Anpassungsphänomenen, die ihre Bestäubung sicherstellen soll. Während die meisten Blütenpflanzen ihre Pollen in relativ kleinen Portionen entweder auf ihre tierischen Bestäuber übertragen oder Wind und Wasser anvertrauen, wird bei Orchideen der gesamte Inhalt eines Staubblattes als Pollenpaket an den Bestäuber geheftet.[7] Solche Pollenpakete werden Pollinien genannt. Da die meisten Orchideen nur ein einziges Staubblatt pro Blüte besitzen, bedeutet die Übergabe eines Polliniums an ein Insekt die Übergabe eines wahren Schatzes. Ein hohes Risiko, und die Orchideen haben fantastische Strategien entwickelt, um die Wahrscheinlichkeit zu optimieren, dass das Pollinium sein Ziel, nämlich die weiblichen Organe einer anderen Blüte, auch wirklich findet. Dazu besitzen die Pollinien spezielle Anheftungselemente und ein Stielchen, und die Einheit aus Pollinium, Stiel und Anheftungselement wird als Pollinarium bezeichnet. Diese Pollinarien sind es, die dem Bestäuber auf den Körper geklebt werden. Jede Orchideenart hat dabei ganz spezifische Blütengestalten entwickelt, die sicherstellen, dass die Pollinarien immer an dieselbe Stelle am Insektenkörper angeheftet werden. Meist ist es der Kopf der Biene, an den die Pollinarien wie kleine Hörner angeklebt werden. Das wiederum stellt sicher, dass die Insekten beim Besuch der nächsten Blüte ihre Pollinarien an der gewünschten Stelle in der Blüte zur Befruchtung einsetzen. Die spezielle und oft artspezifische Form der Blüte führt dazu, dass der Bestäuber selber für die Übertragung der Pollinarien in der Blüte exakt positioniert ist.

Eine unserer einheimischen Orchideen, das Breitblättrige Knabenkraut, zeigt eine weitere verblüffende Anpassung. Es wird zur Bestäubung von verschiedenen Bienenarten besucht. Dabei stößt die Biene mit ihrem Kopf an die Klebscheiben der Pollinarien, die je nach Größenverhältnis von Biene und Blüte seitlich an den Kopf oder auf die Stirn der Biene geklebt werden. Nach etwa 30 Sekunden beginnen sich die am Kopf der Biene klebenden Pollinarien nach unten zu neigen, bis sie einen bestimmten Winkel einnehmen und schräg nach vorne zeigen. Beim Besuch der nächsten Blüte gelangen die Pollinarien dann exakt auf die klebrige Oberfläche des Blütenstempels.

Orchideen haben in puncto komplizierte Bestäubungsmechanismen einiges zu bieten. Ein ungewöhnliches Beispiel stammt aus Nordamerika. Dort kommen oft und in großen Mengen die recht kleinen, dank ihres teilweise oder vollständig metallisch grünen Körpers sehr hübschen Bienen der Furchenbienengattung *Augochlora* vor, die ich auch schon oft in Arizona gefangen habe. Ebenfalls in Nordamerika kommt die Orchideengattung *Calopogon*, die auch als Grasnelke bezeichnet wird, mit mehreren Arten vor, die vorwiegend von Bienen der Gattung *Augochlora* bestäubt werden. Der dahinter stehende Blütenmechanismus ist erstaunlich.[8]

Calopogon besitzt auf der senkrecht nach oben weisenden Blütenlippe eine buschige, gelbe Behaarung, die den Bienen einen Staubbeutel vortäuscht. Zu bieten hat die Orchidee allerdings außer dieser Staubbeutelattrappe weder Nektar noch genießbaren Pollen. Die als Landeplatz dienende Blütenlippe ist mit dem Rest der Blüte nur mit einem dünnen Gewebeband verbunden. Hängt sich eine *Augochlora* an den schmackhaften, Pollen verheißenden Bart, klappt die Lippe durch das Gewicht der Biene nach unten. Die Biene wird in einer Röhre eingeschlossen, die aus der Blütenlippe und den darunter liegenden Geschlechtsorganen der Blüte gebildet wird. Beim Herausarbeiten aus ihrem Gefängnis nimmt die *Augochlora* mit ihrem Rücken klebrigen Schleim von der Narbe auf. Auf ihrem weiteren Weg zur Freiheit berührt sie das einzige Staubblatt der Orchidee, das auf ihrem klebrigen Rücken festklebt und herausgezogen wird.

Wenn die Biene nach erfolgreicher Befreiung die nächste Blüte besucht, wird sie wieder in der Klappfalle eingesperrt und absolviert denselben Weg erneut. Das auf ihrem Rücken klebende Pollenpaket wird dabei auf der Blütennarbe abgeladen. Der ganze komplexe Bestäubungsmechanismus ist vollkommen an die spezifische Größe, Form und das Gewicht von Bienen der Gattung *Augochlora* angepasst.

DIE WISSENSCHAFT DER BLÜTENÖKOLOGIE

Mit diesen verblüffenden Phänomenen und den generellen Fragen der Beziehung zwischen Blüten und ihrer Umwelt befasst sich das Wissenschaftsgebiet der Blütenökologie.[9] Als ihr Begründer gilt der Theologe und Botaniker Christian Konrad Sprengel (1750–1816), der Blüten und ihre Bestäuber bei 461 Pflanzenarten untersuchte und in über 1000 wunderschönen Detailzeichnungen dokumentierte.

An kaum einem anderen Beispiel in der Natur konnte so schön und plakativ die feine Verzahnung und Abstimmung von Organismen aufeinander gezeigt werden. Sprengel war dabei der Überzeugung, »daß der weise Urheber der Natur auch nicht ein einziges Härchen ohne eine gewisse Absicht hervorgebracht hat«. Er war auf der Suche nach funktionellen Erklärungen für die Strukturen, die er an den Blüten vorfand, und er war damit seiner Zeit weit voraus. Dies wird besonders deutlich, wenn man sich vor Augen führt, dass noch bis ins 19. Jahrhundert hinein der Sexualkundeunterricht ohne Biene und Blüte auskommen musste, denn die Sexualität der Pflanzen war selbst in der Fachwelt noch heftig umstritten.

Erst als sich Mitte des 19. Jahrhundert Darwins Evolutionstheorie etablierte und Darwin selbst wichtige Beiträge zu blütenökologischen Fragen der Blüten-Insekten-Interaktionen leistete, war das Handwerkszeug geschaffen, um die Wechselbeziehung zwischen Tieren und Pflanzen kausal bearbeiten zu können. Wegweisend waren im Verlauf des 20. Jahrhunderts neue Erkenntnisse und technische Möglichkeiten im Bereich der Sinnesphysiologie wie zum Beispiel Duftstoffanalysen. Besonders interessiert die Blütenökologie dabei die Frage, wie Pflanze und Bestäuber miteinander kommunizieren. Wer sendet welche Signale aus, wie werden sie aufgenommen, und zu welchen Reaktionen führen sie? Bei der Beantwortung solcher sinnesphysiologischen Fragen ist es immer wieder wichtig zu beachten, dass wir Menschen die Umwelt nicht wie Bienen, Wespen und Ameisen wahrnehmen und interpretieren.

Aber wie nehmen die Bestäuber ihre Umwelt wahr? 1912 schien zumindest für die Honigbiene eins festzustehen: Die Honigbiene ist völlig farbenblind. Das war zumindest das Ergebnis einer Untersuchung eines bekannten Augenspezialisten. Sprengels ursprüngliche Vermutung, die

Farben der Blüten könnten ein Insektenwerbemittel sein, schien damit widerlegt. Erst 1915 erschien die bahnbrechende Arbeit von Karl von Frisch, in der er in Dressurversuchen eindeutig zeigen konnte, dass die Honigbiene Farben sehr gut unterscheiden kann. Heute wissen wir, dass es zumindest eine teilweise Übereinstimmung in der Geruchs- und Farbwahrnehmung von Honigbiene und Mensch gibt. Es ist diese Übereinstimmung, die uns dankenswerterweise an der betörenden Vielfalt von Signalen einer bunten Blumenwiese teilhaben lässt.

Den Nachweis, dass Bienen Farben sehen, kann man übrigens leicht selbst durchführen. Man braucht lediglich einen Bienenstock in der Nähe, zwei Schälchen mit Zuckerwasser und zwei Karten in zwei möglichst kontrastierenden Farben. Zudem braucht man ein wenig Farbe, einen kleinen Pinsel und eine ruhige Hand. Zuerst stellt man ein Zuckerwasserschälchen beispielsweise auf einen blauen Karton und wartet, bis die erste Biene erscheint und Zuckerwasser trinkt. Während sie ruhig dasitzt, kann man sie leicht mit einem oder zwei kleinen Farbtupfern zwischen den Flügeln oder auf dem Hinterleib markieren. Hat sie genügend Flüssigkeit aufgenommen, fliegt sie zum Stock zurück. Hat man eine genügend große Zahl an Bienen markiert, werden über kurz oder lang einige bereits markierte Bienen erneut an der Schale auf dem blauen Karton erscheinen. Füttert man die Bienen einige Male auf Blau an, kann man den Erfolg der Farbdressur leicht überprüfen. Man legt eine gelbe Karte neben die blaue und stellt jeweils ein leeres Schälchen darauf. Trotz des Fehlens von Zuckerwasser kommen die Bienen weiterhin zur blauen Karte.

Um auszuschließen, dass Bienen versehentlich andere Faktoren gelernt haben, wie zum Beispiel den Ort, an dem die blaue Karte stand, kann man den Versuch in vielfacher Weise variieren, indem man beispielsweise den Ort der blauen Karte verändert. Die Bienen werden immer wieder zur blauen Farbe fliegen.

FRESSEN, SCHLAFEN, JAGEN

Nektar ist ein wichtiges, aber nicht das einzige Lockmittel der Pflanzen. Es ist im Wesentlichen eine wässrige Lösung aus verschiedenen Zuckern wie Glucose, Fructose und Saccharose. Dazu kommen noch verschiedene Mineralien und Duftstoffe. Nektar wird als Sekret bestimmter Drüsen abgegeben, die als Nektarien oder Honigdrüsen bezeichnet werden. Das Ziel der meisten Blütenbesucher ist dabei das »Trinken« des Nektars zur eigenen Wasser-und Nährstoffversorgung. Manche Arten, wie die Honigbienen, sammeln Nektar auch als Larvennahrung. Aber Sie ahnen es sicher bereits: Eine Zuckerlösung ist keine vollwertige Nahrung.[10] Aus diesem Grund fressen viele Blütenbestäuber neben Nektar auch Pollen. Pollen ist sehr eiweißreich und wird besonders von den Weibchen benötigt, um Eier produzieren und ablegen zu können.

Blüten haben aber besonders für Bienen und Wespen noch weitere Leistungen im Angebot. So müssen auch Insekten schlafen. Weibliche Bienen und Wespen bauen eigene Nester, und diese nutzen die Weibchen auch als Schlafplatz, wo sie vor Wetter und Feinden gut geschützt sind. Männchen dagegen sind auf andere Schlafplätze angewiesen. So findet man am frühen Morgen manchmal männliche Bienen und Wespen, die sich mit ihren Mandibeln an Pflanzen festbeißen und in einem spitzen Winkel von der Pflanze abstehen. Sie legen dabei die Extremitäten eng an den Körper, vielleicht um dem Wind weniger Angriffsfläche zu bieten. An besonders geeigneten Pflanzen sieht man manchmal mehrere Wespenmännchen, die in einer Reihe wie angeklebt am Pflanzenstängel angeordnet sind. Nicht selten übernachten männliche Bienen und Wespen auch in großkelchigen Blüten, zu deren Bestäubung sie beim Hineinfliegen am Abend und Herausfliegen am Morgen beitragen. Manche Blüten scheinen dabei besonders attraktive Schlafplätze zu sein, denn manchmal finden sich dort ganze Schlafgemeinschaften aus vielen Männchen, die zudem noch verschiedenen Arten angehören können. Ein bekanntes Beispiel sind Glockenblumen der Gattung *Campanula*, deren Blüten eine Nachtherberge für die Wildbienenart *Chelostoma campanularum* darstellen. An jedem Abend übernachten in den Blüten der Glockenblumen mehrere Bienenmännchen zur gleichen Zeit.[11] Manche Bienenarten übernachten auch in Blüten, die sich des Nachts über ihren Köpfen schließen und erst am Morgen wieder öffnen. Die Männchen sind so vor Kälte und Regen geschützt. Auf Kugeldisteln *(Echinops)* treffen sich zur Nacht häufig bis zu ein Dutzend Hummelmännchen, die sich auf den kugeligen Blütenständen drängeln und sich gegenseitig wärmen.[12]

Eine weitere ungewöhnliche Form der Dienstleistung der Blüten ist Wärme. In bestimmten Lebensräumen, wie in der Arktis und im Hochgebirge, ist Wärme eine nur begrenzt verfügbare Ressource. Einige Blumen haben eine Blütenform entwickelt, die wie ein Parabolspiegel wirkt. Einfallendes Sonnenlicht wird zur Narbe im Zentrum der Blüte gebündelt, was zu einer messbaren Erhöhung der Temperatur führt. Bienen können sich hier aufwärmen und mit Blütenstaub beladen zur nächsten Blüte weiterfliegen.[13] Manche Blüten sind in unterschiedlicher Weise in der Lage, selber Wärme zu produzieren, wie der zeitig im Frühjahr blühende Stinkende Nieswurz *Helleborus foetidus,* der von Hummeln bestäubt wird. Die Pflanze kultiviert Hefepilze in ihrem Nektar. Durch Hefevergärung der Zucker im Nektar entsteht so viel Wärme, dass bei einer Umgebungstemperatur von 7 Grad Celsius eine 4 Grad Celsius höhere Temperatur im Blüteninneren herrscht. Experimentell konnte gezeigt werden, dass Hummeln erwärmte Nektarquellen bevorzugt anfliegen.[14]

Besonders für die vielen räuberischen Wespen wie Grab- und Wegwespen sind die Blüten zudem ein attraktiver Jagdplatz. Durch Blütenduft und Blütenfarbe angelockt, gibt es an den Blüten ein ständiges Kommen und Gehen verschiedenster Insekten, was reiche Jagdbeute verspricht. Soziale Faltenwespen, die viele hungrige Mäuler in ihren Nestern zu stopfen haben, machen Suchflüge über Blütenständen, immer bereit, sich blitzschnell auf ein Nektar trinkendes Insekt zu stürzen und es mit einem Stich zu töten. Das Opfer wird direkt vor Ort auf der Blüte zum Transport und späteren Verzehr vorbereitet, indem Beine, Flügel, Kopf und meist der Hinterleib abgeschnitten werden. Manchmal sieht man kurze Zeit nach einem erfolgreichen Jagdeinsatz die Flügel des Opfers sanft von der Blüte segeln. Die nahrhafte, muskulöse Brust wird zu einem handlichen Fleischklumpen zusammengekaut und zum Nest geflogen.

Spezieller ist das Jagdverhalten des Bienenwolfs *Philanthus triangulum,* einer auffälligen, auch in Mitteleuropa häufigen Grabwespenart. *Philanthus* jagt vorwiegend Honigbienen direkt auf Blüten, auf die er sich mit geschickten Flugmanövern wie ein Falke stürzt. Die Biene wird sofort gestochen und gelähmt. Danach beginnt der Bienenwolf, den Hinterleib der Biene mit seinen Oberkiefern zu kneten und zu massieren, um den gesammelten Nektar aus dem Honigmagen der Biene herauszuarbeiten und ihn selbst aufzunehmen. Dabei kann die Biene arg in Mitleidenschaft gezogen werden, und erfüllt die so zugerichtete Biene nicht mehr die Qualitätsanforderungen der Wespe, wirft der Bienenwolf sie einfach weg. Ist die erbeutete Biene dagegen in gutem Zustand, transportiert die Grabwespe sie fliegend zu ihrem Nest als Larvennahrung.

ÖL UND PARFÜM

Auch wenn Pollen und Nektar die wichtigsten Lockmittel für Bienen und andere Insekten sind, ist damit die Angebotspalette der Blüten noch nicht erschöpft. Speziell für bestimmte Bienenarten stellen manche Blüten fette Öle zur Verfügung, die die Bienen zusammen mit Pollen zur Verproviantierung der Brutzellen verwenden. Nektar wird in solchen Fällen nicht verwendet. Ein Beispiel für ein solches System aus Öl produzierenden Blüten und Öl konsumierenden Bienen sind die gelb blühenden Arten des Gilbweiderich *Lysimachia* und die Schenkelbienen der Gattung *Macropis*.[15] Wie bei allen Öl sammelnden Bienen nehmen die Schenkelbienen das auf der *Lysimachia*-Blüte aufgenommene Öl nicht in den Kropf auf, sondern sammeln es an den Beinen. Dafür besitzen sie besondere Strukturen aus Kämmen, Haaren und Kanten, mit deren Hilfe sie das Öl in der Blüte aufwischen oder ausstreichen können. Das aufgenommene Öl wird von den Bienen mit Blütenpollen zu einer Pollen-Öl-Paste verknetet, mit der die Brutzellen verproviantiert werden.

Eines der ungewöhnlichsten Anlockungsprinzipien haben die Parfümblumen und die auf sie spezialisierten Prachtbienen entwickelt. Die zugrunde liegenden Substanzen sind stark duftende, leicht flüchtige ätherische Öle. Hier geht es nicht wie bei der bereits erwähnten *Macropis* um das Sammeln von Nahrung, ein Geschäft, das ausschließlich Weibchen betreiben. Das Parfüm der Parfümblumen lockt ausschließlich männliche Prachtbienen an, und es sind nur die Männchen, die das Parfüm sammeln.

Die Blüten stellen dabei ihre Parfüme, die auch für menschliche Nasen intensiv riechen und aus unterschiedlichen Stoffklassen kommen, in Form kleiner öliger Tröpfchen zur Verfügung, die die Männchen abwischen und aufnehmen können. Sie sammeln das Parfüm in bestimmten hohlen Sammelbehältern der Hinterbeine, die an Parfümfläschchen erinnern.

Interessanterweise stellen sich Prachtbienenmännchen ein persönliches Duftbouquet zusammen, das aus bis zu 40 Einzelkomponenten aus verschiedenen Blüten besteht.[16] Für den perfekten Duft benötigen sie ein ganzes Leben, sodass ältere Männchen der idealen Duftnote näherkommen als jüngere Männchen. Erst wenn die gewünschte Duftmischung in den Sammelstrukturen der Hinterbeine komponiert wurde, wird der Duft in noch rätselhafter Weise im Fortpflanzungsgeschehen eingesetzt.

Zwar führt der Besuch der Männchen bei den Parfümblumen zu ihrer Bestäubung, was ganz im Sinne der Pflanzen ist. Es bleibt aber die Frage bestehen, warum die Männchen das Parfüm nun eigentlich sammeln. Sicher ist, dass das Parfüm eine zentrale Rolle im Sexualsystem der Prachtbienen spielt. Bienenweibchen lassen sich aber weder durch das von den Blüten abgegebene Parfüm noch durch künstliche Düfte, mit denen sich Männchen in großen Mengen anlocken lassen, verführen. Bei den komplizierten Paarungsritualen der Männchen aber erscheinen auch die Weibchen. Wie das alles genau funktioniert, ist derzeit Gegenstand intensiver Forschung. In jedem Fall aber ist das Parfümsystem der farbenfrohen tropischen Orchideen und der nicht minder spektakulären metallisch glänzenden Prachtbienen etwas Einzigartiges.

OHNE POLLEN GEHT ES BEI BIENEN NICHT

Neben der eigenen Ernährung dienen die Blütenbesuche der Bienen zum überwiegenden Teil der Versorgung ihres Nachwuchses. Dies kann dadurch geschehen, dass die Bienen Blütenprodukte, also Baumaterialien, für ihre Nester verwenden. So setzen manche Arten Nektar oder Pollen zur Herstellung von Mörtel beim Nestbau ein. Verschiedene Arten von Blattschneiderbienen tapezieren ihre Brutzellen mit Blütenblättern oder Teilen von Blütenblättern.

Nestbauten der Biene *Osmia villosa* mit Zellen aus Blütenblättern von *Geranium silvaticum* (blau), *Ranunculus* und *Hieracium* (beide gelb). Heinrich Friese, 1923.

Die wichtigste und augenfälligste Tätigkeit im Zusammenhang mit Brutfürsorge aber, für die Bienen die Blüten nutzen, ist das Sammeln von Pollen als Nahrung für ihren Nachwuchs. Diese Form der Larvenernährung ist ein evolutives Alleinstellungsmerkmal der Bienen und der Schlüssel zu ihrem großen Artenreichtum. Innerhalb der ansonsten fleischfressenden Wespen kommt dieselbe vegetarische Ernährungsstrategie nur noch bei den solitären Pollenwespen, den Masarinae innerhalb der Faltenwespen, vor. Es gibt keinen Zweifel, dass diese Form der larvalen Pollennahrung bei den Bienen und Pollenwespen unabhängig voneinander entstanden ist, denn sie stehen im Stammbaum der Hautflügler an weit voneinander entfernten Positionen. Zur Erinnerung: Es geht dabei um das Futter der Larven. Als Erwachsene sind Bienen und Wespen beide Blütenbesucher und ernähren sich von Pollen und Nektar.

Bienen brauchen zur Verproviantierung ihrer Brutzellen enorme Mengen an Pollen, was verschiedene Konsequenzen im Miteinander von Blüten und ihren Bienenbestäubern hat. Insbesondere ist Pollen sowohl für die Bienen als auch für die Blüten von essenzieller und überlebenswichtiger Bedeutung. Beide sind von Pollen abhängig. Die Blüten benötigen sie, um genetische Informationen zwischen Geschlechtspartnern auszutauschen, Bienen als unabdingbare Larvennahrung. Im Verhältnis zum Nektar, der aus den Honigdrüsen kontinuierlich nachproduziert wird, ist der in der Herstellung verhältnismäßig kostenintensive Pollen eine limitierte und wertvolle Ressource. Blüten haben sich daher viele Tricks und Kniffe ausgedacht, um einerseits die Bienen und andere Insekten herbeizulocken und sie für den Transport geringer Mengen an Pollen für die Bestäubung einzusetzen, andererseits aber zu verhindern, dass die Bienen große Mengen an Pollen aus der Blüte entfernen. Viele Blüten verbergen daher ihren Pollenvorrat vor den Bienen oder machen es zumindest den Bienen schwer, an ihn heranzukommen. Der spezifische Blütenbau mancher Blumen zwingt dabei die Biene dazu, sich unter vollem Körper- und Extremitäteneinsatz den Weg durch im Weg stehende Blütenblätter zu bahnen, sodass die Biene gar keine Gelegenheit hat, Pollen in großen Mengen aufzunehmen. So befindet sich bei Lippenblumen der Pollen in der schwer zugänglichen Oberlippe der Blüte. Um an ihn heranzukommen, muss die Biene die geschlossene Blüte mit einem im Verhältnis zu ihrer Körpermasse erheblichen Kraftaufwand erst einmal öffnen. Die dafür erforderliche Kraft wurde einmal gemessen: Um die Blüte der Platterbse zu öffnen, ist ein Kraftaufwand von 20 Gramm erforderlich, das Gewicht der leichtesten Biene, die überhaupt nur in der Lage ist, diese Kraft aufzubringen, beträgt dagegen nur 70 Milligramm.[17] Da hilft nur bloße Gewalt. Die Biene erkämpft sich mit aller Kraft den Weg durch die widerspenstige Blütenkonstruktion, was man später an Kratzspuren und anderen Beschädigungen der Blütenblätter sehen kann. Während des Kampfes der Biene mit der Blüte wird dem Insekt dabei unauffällig hinterrücks der Pollen aufgeladen. Der damit fertig ist für den Besuch der nächsten Blüte.

Die komplexe und nicht selten artspezifische Bauweise der Blüten verlangt von den Bienen eine spezifische Fertigkeit, sich den Weg zu den Pollen und zum Nektar zu bahnen. Nicht jede Biene passt daher zu jeder Blüte. Je komplizierter der Blütenbau, desto speziellere Fertigkeiten werden von den Bienen verlangt. Es verwundert daher nicht, dass manche Bienen sich ganz auf eine oder nur sehr wenige Pflanzenarten spezialisiert haben. Damit einher geht eine vollkommene Synchronisierung von

Hummelweibchen im Anflug auf einen *Rhododendron*-Busch. Heinrich Friese, 1923.

Blüh- und Flugzeit zwischen der Pflanze und »ihrer« Biene. Eusoziale Bienenarten mit ihren langlebigen Völkern dagegen können sich eine solche Spezialisierung nicht leisten. Sie müssen schnell, kontinuierlich und über einen längeren Zeitraum eine große Pollenmenge eintragen. Es ist daher kein Wunder, dass beispielsweise die Honigbiene ein enorm breites und sehr flexibles Blütenspektrum nutzt.[18]

Die Blüten verschiedener Pflanzenfamilien haben Verfahren entwickelt, den sie besuchenden Insekten Pollen zur Verfügung zu stellen, ohne selber Pollen zur Bestäubung einzubüßen. Dazu bieten sie spezielle »Beköstigungspollen« an, die groß und nährstoffreich, aber steril sind. Daneben gibt es in derselben Blüte der Bestäubung dienende »Befruchtungspollen«. Die Beköstigungspollen sind meist auffällig gelb gefärbt und befinden sich im Blütenhintergrund. Während sich die Biene um die Aufnahme der Beköstigungspollen kümmert, wird sie hinterrücks mit den unauffälligen Bestäubungspollen eingepudert.[19]

Eine ungewöhnliche Strategie der Anlockung ohne Pollenverlust haben die in Gärten und auf Friedhöfen häufig angepflanzten *Rhododendron*-Arten entwickelt.[20] Auf ihren Blütenblättern befinden sich gelbliche bis rötliche Zeichnungen, die an Staubblätter erinnern und optisch Bestäuber anlocken. Lässt sich ein Insekt darauf ein, kommt es unwillkürlich mit den unscheinbaren echten Staubblättern und dem Stempel in Kontakt.

All diese komplexen Bestäubungsstrategien sind auf die genaue Passung der Morphologie und des Verhaltens der beteiligten Partner ausgerichtet. Nur so ist gewährleistet, dass sowohl die Blumen als auch die Insekten ihre Bedürfnisse befriedigen können. Manche Hummelarten aber halten sich nicht an die Spielregeln und haben einen anderen Weg zum Nektar gefunden. Sie sind zu Nektardieben geworden und beißen ein Loch in die Blütenbasis, um von dort den Nektar zu trinken. Die Löcher in den Blüten werden dann von langrüsseligen Bienenarten genutzt, die sich als sekundäre Räuber am Diebstahl beteiligen.

WIE MAN INSEKTEN REINLEGT

Von den Nektarräubern abgesehen, stellt sich die Beziehung zwischen Insekten und Blüten als Partnerschaft dar, in der jeder Partner von der Leistung des anderen profitiert. Nektar und Pollen für die eigene Ernährung und für die Brutversorgung sind für Wespen und besonders Bienen der hauptsächliche Anlass zum Blütenbesuch. Als Gegenleistung transportieren die Insekten den Pollen zur Bestäubung von Blüte zu Blüte. Aber es geht auch anders.

Überraschend viele Pflanzenarten in vielen Pflanzenfamilien veranlassen Tiere, sie zu bestäuben, obwohl die Pflanzen den Tieren nichts zu bieten haben. Blumen, die derartige Bestäubungsdienste ohne Gegenleistung in Anspruch nehmen, werden als Täuschblumen bezeichnet. Die Tricks, mit denen die Pflanzen die Insekten betrügen, sind verblüffend vielfältig. Ein Beispiel haben Sie in diesem Kapitel in Form des komplizierten Bestäubungssystems der Orchidee *Calopogon* und der Furchenbiene *Augochlora* bereits kennengelernt. Die Orchidee lockt mit einer Staubbeutelattrappe die Bienen hinterrücks in eine Klappfalle, der die Biene nur auf einem einzigen Weg entkommen kann, der sie an den männlichen und weiblichen Blütenorganen vorbeizwingt. Die Blüte wird bestäubt, die Biene geht leer aus.

Man muss aber gar nicht bis nach Nordamerika reisen, um Beispiele für Betrug und Täuschung zu finden. Die bei uns heimischen Knabenkräuter der Gattung *Orchis*, die von Hummeln bestäubt werden, sind ein Paradebeispiel.[21] Sie besitzen eine weithin sichtbare, leuchtend gefärbte Blütenoberlippe und eine große, als Hummellandeplatz dienende Unterlippe. Wie beim Rittersporn besitzen die *Orchis*-Blüten einen langen Blütensporn, der zwar exakt so lang wie ein Hummelrüssel ist, der aber im Gegensatz zum Rittersporn keinen Nektar enthält. Besucht eine Hummel eine *Orchis*-Blüte, wird sie sich, getrieben von ihrer Suche nach Nektar, tief in die Blüte hineinarbeiten und sie dabei bestäuben. Davon hat die Hummel allerdings nichts, und so wird sie letztlich enttäuscht von dannen ziehen. Nun hat die Hummel allerdings beim Besuch anderer Blüten gelernt, dass der Nektar einer Blüte auch schon einmal erschöpft sein kann, wenn eine andere Hummel vor ihr die Blüte ausgebeutet hat. Nach einiger Zeit wird der Nektar nachgebildet worden sein, und so lohnt es sich für die enttäuschte Hummel vermeintlich, zur nächsten Blüte weiterzufliegen und es erneut zu versuchen. Auch die erfolgreiche Nektarernte bei benachbarten Pflanzen wie Ziest und Rotklee wird sie motivieren, nicht lockerzulassen und es bei weiteren *Orchis*-Blüten zu versuchen. Nach einiger Zeit allerdings lernen ältere und erfahrene Hummeln, die nektarlose Orchidee zu meiden. Die frisch geschlüpften Hummeln aber müssen diese Erfahrung erst machen, und so stehen der *Orchis* immer genügend Bestäuber zur Verfügung.

BETRÜGERISCHER SEX

Ein ganz anderes, aber umso erstaunlicheres Betrugssystem, das Orchideen mit Wespen und Bienen verbindet, sind die Sexualtäuschblumen. Bekannte Beispiele sind die in Mitteleuropa und besonders rund um das Mittelmeer vorkommenden Ragwurz-Orchideen der Gattung *Ophrys*. Sie besitzen im Gegensatz zu den Nektartäuschblumen, die ganz auf die Anziehungskraft der Farben und Düfte ihrer Blüten setzen, meist wenig auffällige, bräunliche oder graue Blüten, die zudem noch filzig behaart sind. Damit ähneln die Blüten bestimmten Insektenarten, und die deutschen Namen wie Hummelragwurz und Bienenragwurz verweisen bereits auf die Ähnlichkeit zu bestimmten Hautflüglern.

Der Trickbetrug der Ragwurz-Orchideen funktioniert so:[22] Die Orchideen blühen zu einer Zeit, wenn die normalerweise früher schlüpfenden Männchen ihrer Partnerwespen oder -bienen bereits aktiv, aber noch keine Weibchen verfügbar sind. Die Blüten ähneln optisch in Größe, Form und Behaarung den Insektenweibchen, und zudem senden sie artspezifische Pheromone, also Sexualduftstoffe aus, die die Männchen anlocken. Da zu der Zeit noch keine Weibchen zur Paarung verfügbar sind, die Pheromone aber eine intensive und stimulierende Wirkung haben, reichen die optisch nur recht grob an den Sexualpartner gemahnenden Blüten aus, die Männchen zu Kopulationsversuchen mit den Blüten zu veranlassen. Bei den meisten *Ophrys*-Arten werden den Männchen bei den ungestümen Paarungsversuchen die Pollinarien an die Stirn geheftet. Beim nächsten Versuch, eine sich als Sexpartner gebende Blüte zu begatten, werden die Pollenpakete zur Bestäubung weitergegeben.

In zahlreichen Orchideengattungen weltweit finden sich Täuschblumen, die vollkommen auf die Bestäubung mittels Pseudokopulation

Verschiedene Arten der Rollwespen-Unterfamilie Thynninae mit ihren flügellosen Weibchen. Rowland E. Turner, 1910.

durch enthemmte Männchen setzen. Neben Bienen tun es die Blüten mit Grabwespen, Rollwespen, Schlupfwespen, Pflanzenwespen und Ameisen, aber auch mit Fliegen und Mücken. Natürlich immer artspezifisch.

Die Arten der australischen Orchideengattung *Drakaea* machen sich den ungewöhnlichen Sexualdimorphismus der Rollwespen-Unterfamilie Thynninae zunutze. Die Weibchen sind flügellos und unterscheiden sich dadurch morphologisch extrem von ihren Männchen. Es ist fast unmöglich, anhand von genadelten Wespen die zueinandergehörenden Geschlechter zuzuordnen. In der Vergangenheit sind viele Thynninae-Arten nach Männchen beschrieben worden, weil ihre Flügeladerung und ihre Genitalien viele Bestimmungsmerkmale liefern. Das Besondere bei den Thynninae ist die sogenannte phoretische Kopula. Das bedeutet, dass die großen, kräftigen, gut fliegenden Männchen die kleinen, kompakten, flugunfähigen Weibchen bei der Kopula fliegend herumtragen. Die Dauerhaftigkeit der Kopulation im Flug wird durch eine komplizierte Verzahnung der männlichen und weiblichen Genitalien erreicht. Die Männchen transportieren ihre Weibchen auf diese ungewöhnliche Weise zu Orten, an denen die Wirte der Weibchen, die Larven von Blatthornkäfern (Scarabaeidae), vorkommen. Das Männchen entlässt das Weibchen aus der Kopulation, das sich sofort auf die Suche nach ihren unterirdisch lebenden Wirten macht. Sobald es eine Käferlarve gefunden hat, belegt es die Larve mit einem Ei, aus dem kurze Zeit später die ektoparasitische Wespenlarve schlüpft. Das Weibchen kommt wieder an die Erdoberfläche, wo es von dem wartenden Männchen in Empfang genommen wird. Erneut kommt es zur Kopulation, und das Weibchen wird wieder in einer phoretischen Kopula zum nächsten Erfolg versprechenden Ort für eine Eiablage gebracht. Ein sehr interessantes System, bei dem die Männchen die Mobilität und Reichweite der Weibchen drastisch erhöhen. Zudem garantiert die phoretische Kopula die Kontrolle des Männchens über das Weibchen und damit auch über die von seinem Sperma befruchteten Eier.

Die flugunfähigen Weibchen haben dabei ein Problem zu lösen. Sie müssen die Männchen zu sich locken. Zu diesem Zweck klettern sie an die Spitze eines exponierten Ästchens, wo sie von einem Männchen entdeckt und ergriffen werden können. Die Blüten der besagten australischen *Drakaea*-Arten imitieren nun solche auf einem Hochsitz wartenden Thynninae-Weibchen. Versucht ein Männchen, mit dieser ungewöhnlichen Weibchenattrappe abzufliegen, wird es um ein Scharniergelenk der Blütenlippe herum mit dem Rücken an die Sexualorgane im Inneren der Orchidee geschleudert. Dabei nimmt es die Pollinien auf und gibt bereits aufgenommene ab.

VIELE ANTWORTEN UND NOCH MEHR FRAGEN

Ich muss zugeben, dass ich die Botanik im Lauf meines Studiums und meiner wissenschaftlichen Arbeit meist recht stiefmütterlich behandelt habe. Ganz zu Unrecht, denn man kann die Evolution besonders der Bienen nicht verstehen, wenn man sich nicht auch mit ihrem wichtigsten Motor, der engen Koevolution zwischen Blüten und Bienen, auseinandersetzt. Hier stößt die sammlungsbezogene Forschungsarbeit an ihre Grenzen, denn auch wenn die metallisch glänzenden Prachtbienen in einem Insektenkasten spektakuläre Erscheinungen sind, eröffnet sich das faszinierende Wechselspiel des Organismus in seiner Umwelt erst bei der Beobachtung in der Natur. Blüten und Insekten haben die unglaublichsten Strategien evolviert, und viele Phänomene sind bis heute nicht oder nur unzureichend verstanden. Neue Methoden, besonders die chemische Kommunikation zwischen Pflanzen und ihren Bestäubern analysieren und verstehen zu können, haben ein unbekanntes Universum an Interaktionen zwischen den Tieren und zwischen Tieren und Pflanzen eröffnet. Ich bin sicher, dass zukünftige Entdeckungen noch weitere schier unglaubliche Anpassungen zutage fördern werden.

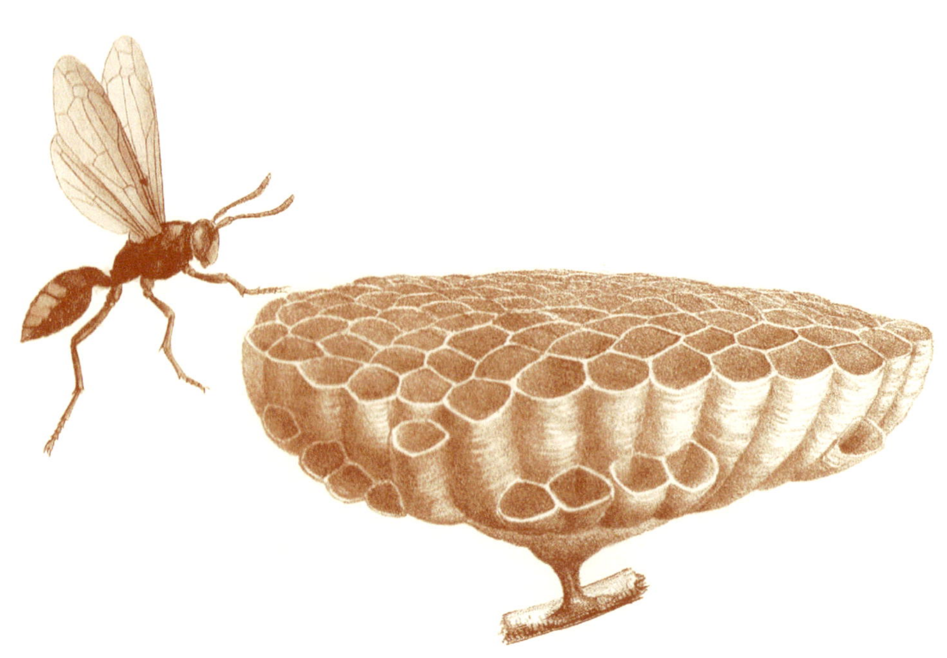

KAPITEL 6

RAUM

Von der Vielfalt der Nestarchitektur

Eine der merkwürdigsten Wespengruppen sind die Schabenwespen der Familie Ampulicidae. Eine der bekanntesten Arten dieser Gruppe ist die blau-metallische *Ampulex compressa,* die in vielen Zoos und wissenschaftlichen Instituten gehalten wird und deren Schabenjagd man auch in einem Terrarium gut beobachten kann. Im Gegensatz zu vielen anderen Grabwespen sind *Ampulex*-Arten keine sehr wendigen Flieger, sondern bewegen sich vorwiegend durch Hüpfsprünge auf der Rinde von Bäumen fort. Aber nicht nur ihr Aussehen und ihre Fortbewegung machen sie zu einem beeindruckenden Objekt. Auch ihr Verhalten ist spektakulär. Zugegeben, über das Verhalten der meisten *Ampulex*-Arten weiß man nichts, aber über *Ampulex compressa* weiß man ziemlich viel.

Nicht selten werden *Ampulex compressa* und andere *Ampulex*-Arten im Internet reißerisch als Zombie-Wespen bezeichnet. Und das hat seinen Grund. Ampuliciden jagen Schaben, die um ein Vielfaches größer sind als sie selbst. Hat das Weibchen von *Ampulex compressa* eine geeignete Schabe lokalisiert, sticht sie ihr in das erste Brustsegment und lähmt damit für wenige Minuten das vordere Beinpaar. Dadurch kann die Schabe mit ihren Vorderbeinen ihre Feinde, wie zum Beispiel die angreifende Schabenwespe, nicht mehr abwehren. Inzwischen setzt die Wespe einen gezielten Stich in das Oesophagealganglion, eine bestimmte Gehirnregion, und durch diese zweite Injektion verliert die Schabe ihren Fluchtreflex und beginnt, sich für etwa 30 Minuten zu putzen. Die Wespe beißt ihr sodann die Hälfte ihrer Antennen ab und trinkt die austretende Hämolymphe. Dann ergreift sie die Schabe mit ihren Mandibeln, den Oberkiefern, an einer der Antennen und führt sie zu ihrem Unterschlupf, zu dem ihr die viel größere Schabe ohne Gegenwehr folgt wie ein Hund an der Leine. In ihrem Bau legt die Wespe ein einzelnes Ei auf die Schabe und verschließt den Unterschlupf mit Materialien aus der Umgebung. Die schlüpfende Wespenlarve dringt in die gelähmte Beute ein und ernährt sich von ihr bis zu ihrer Verpuppung. Sie beginnt dabei mit den weniger wichtigen Organen und Geweben.

Die Details dieses ungewöhnlichen Verhaltens sind recht gut untersucht worden. Besonders interessiert die Wissenschaftler dabei, welche pharmakologische Wirkung das Gift besitzt, um derart gezielt das Verhalten der Schabe zu manipulieren und sie zu einem willenlosen Zombie werden zu lassen.

Auch meine Studenten waren fasziniert von dieser schönen, großen Wespe und ihrem spektakulären Verhalten, sodass sie einige Monate lang eine kleine Zucht im Tierhaus des Museums für Naturkunde unterhielten. Es war beeindruckend, zu sehen, wie die nervösen, hektischen Wespenweibchen ihr kompliziertes Verhaltensprogramm ablaufen ließen und bei genügend verlässlichem Schabennachschub recht schnell paralysierte Schaben aus den als Kunstnester dienenden Glasröhrchen entnommen werden konnten. Da wir sonst fast nur an toten Tieren arbeiten, war es für uns alle ein beeindruckendes Erlebnis, dieses aus der Literatur so gut bekannte Verhalten selbst beobachten zu können.

Aus evolutionsbiologischer Sicht sind die Schabenwespen auch ansonsten recht bemerkenswert. Die Arten dieser Familie unterscheiden sich bereits äußerlich von anderen Grabwespen, und es wurde zeitweilig bezweifelt, dass es sich wirklich um Grabwespen oder Grabwespenverwandte handelt. Heute gibt es an ihrer Zugehörigkeit zu den Apoidea keine Zweifel, und auch alle genetischen Untersuchungen stützen diese Annahme. Schabenwespen zeigen einen der urtümlichsten Nestbautypen innerhalb der nestbauenden Wespen. Genau genommen bauen die *Ampulex*-Weibchen gar kein Nest im eigentlichen Sinne, sondern transportieren ihre gelähmte Schabenbeute zu einem bereits existierenden Hohlraum oder einem Spalt im Holz oder Gestein, wo sie der Schabe ihr Ei anheften. Nachdem die Schabe dort abgelegt und eventuell noch mit ein wenig Pflanzenmaterial bedeckt wurde, überlässt die Wespe die Beute ihrem Schicksal. Danach bedeckt oder verschließt das Ampuliciden-Weibchen die Öffnung mit pflanzlichem Material und Erde.[1]

ELTERLICHE INVESTITIONEN

Die Investition des einzelnen *Ampulex*-Weibchens in seine Nachkommen ist also recht überschaubar, geht allerdings bereits deutlich über das hinaus, was ein typischer Parasit an Energie einsetzt. Ein Parasit beschränkt sich normalerweise auf die Produktion von Eiern, das Finden eines geeigneten Wirtes und das Ablegen des Eies in oder auf dem Wirt. Schabenwespen hingegen paralysieren zudem ihre Beute, transportieren sie an einen Ort, der erst gefunden werden muss, und bedecken ihn letztlich noch mit Substrat. Damit hat das Weibchen seine Schuldigkeit getan und beginnt den Zyklus noch einmal.

Die Weibchen anderer solitärer Wespen- und Bienenarten dagegen zeigen sehr viel mehr Einsatz zum Wohl ihres Nachwuchses. Viele bauen komplexe Nester, und manche versorgen ihren Nachwuchs sogar noch nach dem Schlupf aus dem Ei fortlaufend mit frischer Nahrung. Am anderen Ende des möglichen Spektrums elterlicher Fürsorge für die Nachkommen stehen die eusozialen Arten. Und hier kommen dann auch die Ameisen wieder ins Spiel, denn diese leben bis auf einige sozialparasitische Arten ausschließlich eusozial. Eusozialität ist dabei eine Form des Soziallebens von Tieren, bei der ein erheblicher Teil der zu verrichtenden Tätigkeiten arbeitsteilig durchgeführt wird. Dies betrifft besonders die Brutpflege und die Nahrungsbeschaffung, aber auch die Reproduktion, indem nicht alle Mitglieder eines Nestes zur Fortpflanzung kommen können.[2] Zu diesem Zweck gibt es in eusozialen Gemeinschaften verschiedene Kasten, die sich morphologisch meist recht gut unterscheiden. Im einfachsten Fall sind dies Geschlechtstiere (Weibchen und Männchen) sowie Arbeiterinnen. Diese Strukturen des Zusammenlebens führen zudem dazu, dass in einem Nest mehrere Generationen, zumindest zwei, zusammenleben. Eusozialität ist die komplexeste Form der sozialen Gemeinschaft bei Tieren, und diese Gemeinschaften werden üblicherweise als Staaten bezeichnet.

Mehrfach ist hier der Begriff der Investition gefallen, und das nicht von ungefähr. Investition ist ein Begriff aus der Wirtschaft, der die Anlage oder den Einsatz von Kapital zum Erreichen eines bestimmten Zwecks meint. Dahinter steht üblicherweise eine Kosten-Nutzen-Analyse des Investors. Wo soll ich investieren, um meine Ziele zu erreichen und meinen Gewinn zu optimieren? Ganz ähnlich funktioniert die Theorie der elterlichen Investition auch in der Biologie, auch wenn die strategischen Entscheidungen nicht bewusst ablaufen, sondern sich im Zuge evolutiver Anpassungen entwickelt haben. Die Theorie geht auf den US-amerikanischen Evolutionsbiologen Robert Trivers zurück, der sie 1972 in einem berühmten Artikel formulierte. Nach Trivers ist elterliche Investition jeglicher Aufwand eines Elternteils, der die Wahrscheinlich erhöht, dass ein einzelner Nachkomme überlebt und sich wiederum reproduziert. So weit, so gut, aber das Entscheidende ist, dass die jeweilige Investition dabei auf Kosten des investierenden Elternteils geht und insbesondere auf Kosten seiner Fähigkeit, weitere Nachkommen zu erzeugen. Mit anderen Worten, je mehr ein Weibchen in einen Nachkommen investiert, desto weniger kann es insgesamt in weitere Nachkommen investieren. Da der Ablauf von Nestbau und Brutfürsorge einerseits genetisch determiniert ist, und andererseits jedes Weibchen nur eine begrenzte Zeit und auch nur begrenzte Energie hat, bedeutet das, dass Arten, die mehr in den einzelnen Nachkommen investieren, in ihrem Leben insgesamt weniger Nachkommen haben. Die Arten stehen also evolutiv betrachtet vor der »Wahl«, wenig Energie und Aufwand in viele Nachkommen zu stecken oder viel Energie und Aufwand in wenige. So gibt die Pazifische Auster *Magallana gigas* pro Laichvorgang zwischen 50 und 100 Millionen Eier einfach ins freie Wasser ab, ohne sich danach noch um ihren Nachwuchs zu scheren. Der Asiatische Elefant *Elephas maximus* hingegen bringt nach einer Tragzeit von 640 Tagen, also fast zwei Jahren, ein Kalb zur Welt, das bereits 100 Kilogramm wiegt. Bis in sein viertes Lebensjahr wird es zumindest vorwiegend gesäugt, und es wächst in den Herden von Kühen und Jungtieren mit bis zu 30 Individuen auf. Seine Geschlechtsreife erreicht ein Asiatischer

Elefant erst mit 15 bis 17 Jahren. In ihrem Leben kann eine Elefantenkuh kaum mehr als zehn Kälber zur Welt bringen. Was für ein Unterschied zur Auster!

Es lässt sich damit vorhersagen, dass die »Lebensfruchtbarkeit«, also die Gesamtzahl der Nachkommen, die ein Weibchen während seines Lebens zur Welt bringen kann, sinkt, wenn die durchschnittliche Investition in den einzelnen Nachwuchs ansteigt. Dieser Zusammenhang sollte sich auch empirisch überprüfen lassen. Solitäre Wespen sind dazu hochgradig geeignet, weil man bei ihnen jede Stufe des Spektrums elterlicher Investitionen findet, von parasitischen Arten mit minimalem Einsatz über die progressiven Verproviantierer, die ihren Larven immer neue, frische Nahrung bringen, bis hin zu eusozialen Arten mit ihrem komplexen Sozialgefüge.

Will man also die tatsächliche Existenz eines solchen Zusammenhangs zwischen elterlicher Investition und Gesamtzahl der Nachkommen nachweisen, braucht man einerseits ein Maß für die Investition, andererseits aber auch ein Maß für die Lebensfruchtbarkeit. Die elterlichen Investitionen sind nicht leicht objektiv zu erfassen. Um die Sache zu vereinfachen, kann man verschiedene Verhaltenstypen unterscheiden, zum Beispiel die echten Parasiten, die Diebesparasiten, die die Nester anderer Wespen übernehmen, und die eigentlichen Nestbauer und Verproviantierer. Die Lebensfruchtbarkeit lässt sich im Freiland kaum beobachten, und auch in Gefangenschaft ist es nicht trivial, herauszufinden, wie viele Eier ein Weibchen in seinem Leben legt. Indirekt lässt sich die Anzahl der Nachkommen aber abschätzen, indem man sich zu einem beliebigen Zeitpunkt im Leben eines fruchtbaren Weibchens die Zahl der in den Eierstöcken vorhandenen Eier und die Eigröße anschaut. Die allgemeine Vorhersage ist dabei, dass weibliche Wespen, die wenig in ihre Nachkommen stecken, zu jedem Zeitpunkt ihres Lebens eine größere Anzahl reifer Eier tragen sollten als solche Arten, die viel investieren. Die Zahl reifer Eier im Eierstock eines Weibchens ist damit ein indirektes Maß für die Eiablagerate insgesamt, und je mehr Eier im Eierstock, desto höher die Eilegerate. Zugleich sollte auch ein umgekehrt proportionaler Zusammenhang zwischen der Zahl der Eier und ihrer Größe bestehen. Je mehr Eier im Eierstock, desto kleiner sollten sie sein. Denken Sie an die Auster mit ihren Millionen mikroskopisch kleinern Eiern und das 100 Kilogramm schwere Elefantenkalb.

Diese allgemeine Vorhersage vor dem Hintergrund der Trivers'schen Elterninvestitonstheorie kann man bei solitären Wespen tatsächlich nachweisen. Meine Frau, Daniela Linde, hat dazu vor einigen Jahren eine große Menge an parasitischen und verproviantierenden Grabwespenweibchen gefangen, präpariert und die Ovarien untersucht.[3] Tatsächlich besitzen parasitische Grabwespen zu einem beliebigen Zeitpunkt signifikant mehr reife Eier in ihrem Körper als nicht-parasitische Arten, woraus sich ableitet, dass sie während ihres gesamten Lebens auch mehr Eier ablegen.

Bemerkenswerterweise erreichen die parasitischen Arten die erhöhte Eizahl unter anderem dadurch, dass sie mehr Ovariolen bilden. Das sind die parallel angeordneten Eierschläuche, in denen die Eier gebildet und schließlich in den Eileiter, in den alle Ovariolen gemeinsam münden, abgegeben werden. In einem solchen Eischlauch liegen meist mehrere Eier hintereinander in unterschiedlichen Stadien des Heranwachsens. Fast alle untersuchten nicht-parasitischen Grabwespen besitzen zwei Stränge aus jeweils drei Ovariolen, insgesamt also sechs Eistränge. In allen Ovariolen zusammen befinden sich bei diesen Arten meist ein oder zwei Eier, selten mehr. Die parasitischen Grabwespen dagegen besitzen zweimal vier Ovariolen, und sie tragen fünf oder mehr reife Eier zur gleichen Zeit. Interessanterweise ist der Parasitismus bei Grabwespen zweimal unabhängig erfunden worden, einmal bei den Gattungen der Nyssonini und einmal bei der Gattung *Stizoides*, und Vertreter beider Gruppen haben mehr Ovariolen als die jagenden Grabwespen, nämlich acht, und daher auch mehr reife Eier zur selben Zeit.

Eine noch höhere Zahl an Eiern aber besitzen die Arten der Gattungen *Chlorion* und *Larra*, die es auf bis zu 18 reife Eier pro Weibchen bringen. Arten dieser beiden Gattungen sind sogenannte Pseudoparasiten. Sie jagen für ihren Nachwuchs Grillen, die sie meist in deren eigenen Grabbauten aufspüren und dort lähmen und ein Ei auf ihnen ablegen. Nach einiger Zeit erwacht die Grille wieder aus der Narkose und lebt weiter. Zunächst, denn schon bald dringt die schlüpfende Wespenlarve in die Grille ein und beginnt, sie von innen heraus aufzufressen. Und das sehr gezielt: Erst sind die weniger wichtigen Organe an der Reihe, dann die lebensnotwendigen.

Diese Form von Parasitismus ist ebenfalls mindestens zweimal bei

Grabwespen entstanden, und in beiden Fällen erreichen Arten beider Gattungen die bei Weitem höchsten Eizahlen aller Grabwespen.

Die Untersuchung hat auch den vorhergesagten Zusammenhang zwischen Eianzahl, Eigröße und Lebensweise bestätigen können. Relativ zu ihrer Körpergröße haben alle nestbauenden und verproviantierenden Weibchen deutlich größere Eier als die parasitischen und pseudoparasitischen Arten. Dieses Beispiel zeigt, dass man aus der Untersuchung einiger Fallbeispiele allgemeine Vorhersagen über andere Arten und sogar über grundlegende Zusammenhänge machen kann, die sich dann in weiteren Untersuchungen überprüfen lassen.

Die Elterninvestitionstheorie von Trivers folgt einer strengen Kosten-Nutzen-Analyse. Die Größe der Investition ist pro Art vermutlich letztlich die gleiche. Die Frage ist nur, unter wie vielen Nachkommen sie aufgeteilt wird. Viel für wenige oder wenig für viele. Eine solche strenge Kosten-Nutzen-Analyse hat erhebliche Bedeutung in der Evolutionstheorie und hilft, bestimmte Zusammenhänge zu verstehen. Die Evolution rechnet knallhart. Was zu teuer ist, hat keinen Bestand.

Allerdings ist der Einsatz der beiden Elternteile in der Regel nicht gleichmäßig. So ist die Investition der Weibchen in den Nachwuchs bei den meisten Tierarten deutlich größer als die der Männchen. Das beginnt bereits mit der Herstellung der Keimzellen. Männchen produzieren Samenzellen beinahe im Überfluss, und mit der Paarung haben die Männchen bei den meisten Arten ihre biologische Funktion bereits erfüllt. Die Weibchen dagegen stellen relativ wenige, nährstoffreiche Eier in ihrem Körper zur Verfügung, und die befruchteten Eier reifen im Körper der Weibchen heran. Bei Säugetieren kommt es zudem noch zu einer mehrmonatigen Schwangerschaft, in der der Fötus im Mutterleib heranwächst und die von einer monatelangen Stillzeit gefolgt wird. Bei den Wespen, Bienen und vielen anderen Tieren sind Weibchen außerdem für den Nestbau verantwortlich, für den Beutefang und für die Nestversorgung. Wenn also Weibchen so viel mehr in ihren Nachwuchs investieren als die Männchen, sagt die Elterninvestitionstheorie voraus, dass die Evolution Weibchen begünstigen sollte, die bei der Auswahl des geeigneten Geschlechtspartners wählerisch sind. Nur den allerbesten Männchen sollte es möglich sein, die kostbaren Eizellen eines Weibchens zu befruchten, das ja zudem noch die sich daraus ergebenden Konsequenzen alleine tragen muss. Das wiederum bedeutet, dass Weibchen durch ihre hohe Investition und ihre kritische Auswahl geeigneter Geschlechtspartner eine wertvolle und begrenzte Ressource darstellen, um die die Männchen miteinander in Konkurrenz treten. Darum haben Männchen vieler Tierarten allerlei Anpassungen für diese Konkurrenzsituation erworben. Bunte Federkleider für die Werbung um ein Weibchen, Geweihe zum Kampf gegen Konkurrenten und vieles mehr.

Diese evolutionsbiologischen Zusammenhänge gehören dazu, wenn man das Reproduktionsverhalten und die Nestbaustrategien aculeater Hymenopteren verstehen will. Evolutive Anpassungen entstehen nicht über Nacht und auch nicht bei einzelnen Individuen. Tatsächlich hat ein einzelnes Wespenweibchen nicht die Wahl zwischen der einen oder anderen Strategie, zwischen vielen oder wenigen Nachkommen, zwischen geringer und großer Investition. Diese verschiedenen Lebensweisen sind das Ergebnis eines langen Evolutionsprozesses, durch den sich nach und nach die verschiedenen Paarungs-, Nestbau- und Beutefangstrategien entwickelt haben.

VERHALTENSANALYSEN

Kommen wir nun also zurück zu *Ampulex compressa*. Auch wenn der spezifische Giftcocktail ihres Stiches und die zombiehafte Transportweise der gestochenen Schaben sicherlich evolutive Novitäten darstellen, ist doch das grundsätzliche Beutefangverhalten recht urtümlich für stechende Hymenopteren. Die Beute wird gestochen, in einem vorhandenen Hohlraum versteckt, der allerhöchstens noch notdürftig abgedeckt wird, und ein Ei wird auf die Beute gelegt. Fertig.

Kevin O'Neill hat sich für die Beschreibung der verschiedenen Beutefang- und Nestbaustrategien eine standardisierte Beschreibungssequenz ausgedacht.[4] Die von *Ampulex dementor* lautet: »Beute – Nische – Ei«. Diese Abfolge zeigen viele aculeate Hymenopteren sowie viele Bethylidae, Tiphiidae, Scoliidae und auch einige Wegwespen. Es geht aber noch einfacher, nämlich »Beute – Ei«. Eine solche Sequenz kennt man von vielen parasitischen Wespen, und sie bedeutet, dass die Beute gestochen und gelähmt wird, meist nur temporär, und dass die Wespe ihr vor Ort das Ei direkt anheftet, ohne sie noch in ein Versteck zu transportieren.

Beide Sequenzen beschreiben ein parasitisches Verhalten, das vermutlich in der Stammesgeschichte der stechenden Hautflügler ganz am Anfang stand und bis zu den Grabwespen erhalten blieb. Die Erfindung eines selbst hergestellten Nestes, in dessen Tiefe die Beutetiere nun vor Parasiten und klimatischen Gefahren besser geschützt waren, stellte in der Evolution einen wichtigen Schritt dar. Die einfachste Form eines solchen Nestes besteht aus einem einfachen Gang im meist sandigen Erdreich, an dessen Ende sich eine mehr oder weniger abgegrenzte Brutzelle befindet. Die meisten Wegwespen (Pompilidae) und einige Grabwespen, wie manche der auch in Mitteleuropa heimischen Arten der Gattungen *Podalonia* und *Prionyx* fertigen Nester in dieser Form an. Ursprünglich wurden sie *nach* dem Beutefang angelegt. Das bedeutet, dass die Wespe zunächst auf Jagd geht, um erst nach der Paralyse des Beutetiers einen geeigneten Nistplatz zu suchen und den Bau zu beginnen. Danach erst wird die gelähmte Beute in die Brutzelle geschafft und mit einem Ei belegt. Bei vielen Arten verschließt das Weibchen danach das Nest mit Umgebungssubstrat. Die Sequenz lautet also »Beute – Nest – Ei – Nestverschluss«. Dieses Verhalten birgt erhebliche Gefahren. Zuerst einmal muss das Wespenweibchen die gelähmte Beute bei der Suche nach einem geeigneten Nistplatz mit sich herumschleppen. Es ist dadurch langsam und kann selbst die Beute eines Fressfeindes werden. Die größte Gefahr für seine mühsam gefangene Beute allerdings lauert während des Nestbaus, denn dafür muss die Wespe das gelähmte Beutetier allein lassen. Manche Arten verstecken das Tier provisorisch, aber dennoch ist sie so Vögeln, Parasiten und Nahrung suchenden Ameisen schutzlos ausgeliefert.

Es war daher ein erheblicher Vorteil, *vor* dem Beutefang ein Nest anzulegen, in das die Wespe die gefangene Beute schnell und gezielt transportieren konnte, ohne sie dabei aus den Augen zu lassen. Also: »Nest – Beute – Ei – Nestverschluss«. Im einfachsten Fall jagt dabei jedes Weibchen nur ein einzelnes Beutetier für jeweils eine ihrer Larven in einem einzelligen Nest. Ein solches Verhalten setzt allerdings voraus, dass sich das Wespenweibchen den Ort seines Nestes merken und zu ihm zurückfinden kann. Das ist keine Trivialität für ein Insekt und setzt ein gewisses Maß an komplexen Verarbeitungsprozessen voraus.

Der nächste evolutive Schritt zu einem komplexeren Nestbauverhalten war das Jagen mehrerer Beutetiere pro Wespenlarve, aber weiterhin in einer einzelnen Zelle. »Nest – Beute – Ei – mehr Beute – Nestverschluss«. Interessant ist dabei, dass die Wespe hier ihr Ei auf das erste Beutetier legt, was sich sicherlich von dem Verhalten ableitet, bei dem überhaupt nur eine Beute eingetragen wurde.

Viele solitäre Wespen bauen nun kein einzelliges, sondern ein vielzelliges Nest, und auch bei ihnen gibt es Arten, die ihr Ei auf die erste eingetragene Beute ablegen. Nun hat die werdende Wespenmutter bereits ein ziemlich komplexes Verhalten zu absolvieren: »Nest – (Beute – Ei – mehr Beute – Zellenverschluss) (mehrere Zellen in einem Nest) – Nestverschluss«. Viele Arten allerdings legen als nächsten evolutiven Schritt ihr Ei erst in die Brutzelle, wenn sie vollständig mit den benötigten (mehreren) Beutetieren bestückt ist, und nicht bereits auf das erste Beutetier. Das bedeutet also folgende Sequenz: »Nest – (mehrere Beutetiere – Ei – Zellenverschluss) (mehrere Zellen in einem Nest) – Nestverschluss«. Dieses Verhalten ist das unter Grabwespen am weitesten verbreitete.

Bislang führte das Verhalten der Wespenmutter grundsätzlich dazu, dass das Nest beziehungsweise die einzelne Zelle vollständig fertig verproviantiert und verschlossen wurde, bevor die Wespenlarve aus dem Ei schlüpfte. Das bedeutet für die Grabwespe, dass sie die Menge des zur Verfügung stehenden Futters, also die Größe des einzelnen Beutetiers oder die Gesamtzahl der Beutetiere so kalkulieren muss, dass ihrer Larve ausreichend Nahrung zur Verfügung steht, um sich bis zur Verpuppung ernähren zu können. Sich hier einen Fehler zu leisten würde den Tod der Larve bedeuten. Andererseits muss ein Wespenweibchen sicherstellen, nicht mehr eigene Energie in die Nestversorgung zu investieren, als für die Entwicklung des Nachwuchses wirklich vonnöten ist.

Andere solitäre Wespenarten dagegen versorgen ihre Larven »progressiv«, also fortlaufend auch nach dem Schlupf der Larve über mehrere Tage. Die meisten Grabwespen legen dabei ihr Ei auf die erste eingetragene Beute und warten dann ab, bis die Larve schlüpft. Danach tragen sie weitere Beutetiere entsprechend dem Bedarf der wachsenden Larve ein. Bei einem mehrzelligen Nest lautet die Verhaltenssequenz also: »Nest – (Beute – Ei – mehr Beute über mehrere Tage) – Zellenverschluss (mehrere Zellen in einem Nest) – Nestverschluss«. Üblicherweise versorgt eine »progressive Verproviantiererin« gleichzeitig mehrere ihrer Larven. Obwohl dieses Verhalten fraglos als innerhalb der Grabwespen abgeleitet gelten kann, sind damit Nachteile verbunden. Insbesondere verlängert sich durch dieses Verhalten die Zeit der Abhängigkeit des Nachwuchses von der Mutter. Bei Arten, die ihr Nest von vornherein mit der richtigen Menge an Beutetieren versorgen und ihren Nachwuchs nach dem Nestverschluss sich selbst überlassen, spielt der Tod der Mutter keine Rolle für die Überlebenswahrscheinlichkeit der Larven. Je länger aber eine Wespenmutter mit der Versorgung ihres unselbstständigen Nachwuchses beschäftigt ist, desto größer ist die Gefahr, dass sie stirbt, bevor ihr Nachwuchs von ihrer Fürsorge unabhängig wird. Dieser Nachteil wird dadurch aufgewogen, dass die Mortalität der Larven bei progressiven Verproviantierern insgesamt geringer ist als bei Massenverproviantierern. Zudem konnten Untersuchungen zeigen, dass Wespenweibchen aufhören, weitere Beute heranzuschaffen, wenn ihr Nachwuchs durch Parasitierung oder andere Ursachen stirbt. Sie können dadurch die Investition eigener Energie minimieren.

Es gibt allerdings noch eine weitere Möglichkeit, wie ein Weibchen bei progressiver Verproviantierung das Risiko der langen Abhängigkeit des Nachwuchses kompensieren kann, und zwar durch gemeinschaftliche Aufzucht der Jungen mit mehreren artgleichen Individuen. Stirbt eines der Weibchen früh, können die Jungen durch andere Nestmitglieder weiterversorgt werden. Möglicherweise ist das geringere Risiko einer hohen Sterblichkeit des Nachwuchses beim frühen Tod der Mutter einer der Schlüsselfaktoren für die Entstehung von einfachen Sozialstrukturen bei Hautflüglern.[5]

BODENNISTER

Viele Insektenlarven verbringen ihr Leben versteckt in mehr oder weniger komplexen Bauten. Manche dieser Bauten ergeben sich durch die eigene Fraßtätigkeit in Blättern oder anderen Pflanzenteilen, andere wiederum werden wie die aus Umgebungssubstrat zusammengesetzten, oft kunstvollen Köcher der Larven der Köcherfliegen von den Larven selbst gebaut. Bei einigen Arten dagegen, und das gilt insbesondere für Hymenopteren, kümmern sich die erwachsenen Insekten darum, eine geschützte Kinderstube zu errichten. Diese Schutzbauten für den eigenen Nachwuchs unterscheiden sich oft artspezifisch in ihrer Architektur und können insbesondere bei sozialen Arten eine enorme Komplexität annehmen. Aber bevor ich etwas zum Nestbau bei Ameisen und sozialen Wespen und Bienen sage, beginne ich – wie üblich – mit den solitären Arten.

Ausgehend von den Arbeiten von Kevin O'Neill, der sich ausgiebig mit dem Verhalten einzeln lebender Wespen beschäftigt hat, unterscheide ich drei Typen von Nestern und Nestbauern bei solitären Aculeaten:[6] 1. Bodennister, 2. Holznister und 3. Freinister.

Selbst ein Nest in den Boden zu graben ist der am weitesten verbreitete Nestbautyp unter allen solitären Wespen und Bienen, und die Grabwespen sind so sogar zu ihrem Namen gekommen. In allen Teilgruppen der Grabwespen gibt es Bodennister, und manche der größeren Teilgruppen, wie die Bienenwölfe und ihre Verwandtschaft (die Philanthinae), nisten ausschließlich im Boden. Zumindest in Mitteleuropa sind die meisten Arten relativ klein, und man kann überall auf Sandwegen, zwischen Terrassenplatten und an nahezu jedem Ort mit einem trocken-sandigen Boden die kleinen Löcher sehen, aus denen kleine schwarze Hymenopteren oft in großem Tempo ein- und ausfliegen. Manche davon sind schwer beladen mit der Last frischer Beute, manche landen erst in der Nähe des Nestes, um danach zu Fuß in der Nestöffnung zu verschwinden. Ohne Erfahrung fällt es schwer, bei den agilen Tieren zu unterscheiden, ob es sich um Bienen oder Wespen handelt. Sieht man sie allerdings mit Larvennahrung, wird die Sache klar. Tragen sie Pollen in der Bauchbürste oder den Höschen, sind es Bienen, die Wespen dagegen sind an ihrer tierischen Beute gut zu erkennen.

Die unterirdischen Nester selbst sind in den Konstruktionsdetails überraschend unterschiedlich. Das beginnt bereits mit der Wahl des passenden Nistplatzes. Die weitaus meisten Arten bevorzugen sandigen Boden oder sogar reinen Sand, allerdings gibt es artspezifische Präferenzen für unterschiedliche Körnungen, Lehm- und andere Anteile und Bodendichte. Manche Arten nisten bevorzugt in lockeren Flugsandbereichen beispielsweise von Dünen, andere bauen lieber in stark verdichteten, sandigen Wegen. Auch der Bodenneigungswinkel spielt bei vielen Arten eine Rolle.

Beim Grabverhalten unterscheidet man verschiedene Typen, nämlich die »rakers«, »pullers«, »pushers« und »carriers«, was man als »Harker«, »Zieher«, »Schieber« und »Träger« übersetzen könnte.[7] Die Harker benutzen ihre Vorderbeine, um losen Sand nach hinten zu werfen. Ist der Sand noch nicht locker, wird er mit den Mandibeln abgebrochen. Anschließend wird er mit enormem Schwung nach hinten geworfen und bildet so manchmal schon von Weitem sichtbare Sandfontänen. Interessanterweise benutzen Wegwespen (Pompilidae) und manche Grabwespen beim Graben das rechte und linke Vorderbein abwechselnd, während die Mehrzahl der Grabwespen den Sand mit synchroner Vorderbeinbewegung nach hinten fegt. Die Zieher dagegen nehmen den gelockerten Sand auf und formen zwischen den Mandibeln und den Vorderbeinen kleine Sandkugeln. Im Rückwärtsgang wird die Kugel aus dem Nest herausbefördert und in der Nähe des Nestes abgelegt. Auf diesem Weg entsteht rund um den Nesteingang in einer meist mehr oder minder konstanten Distanz eine Reihe von Sandkügelchen. Schieber bewegen sich ebenfalls rückwärts aus dem Nest heraus und schieben dabei mithilfe der Beine und der Spitze des Hinterleibs den lockeren Sand vor sich her. Dabei entsteht üblicherweise ein kleiner runder Wall aus herausgeschobenem Sand, in dessen Mitte sich der Nesteingang befindet. Die Träger schließlich graben ihre Nester in ähnlicher Weise wie die Zieher, nur transportieren sie die Sandkugeln zu Fuß oder im Flug über größere Distanzen weit weg vom Nesteingang, sodass kein Ring aus Sandkügelchen entsteht.[8] Achten Sie einmal darauf, wenn Sie im Sommer über einen Sandweg gehen. Sie werden staunen, wie viele Bauaktivitäten dort bei gutem Wetter herrschen.

Es ist nicht überraschend, dass sich diese spezifischen Typen des Grabens auch in der Morphologie der Gräberinnen niederschlagen. Nahezu alle Arten besitzen große Kämme aus langen, flexiblen Borsten an den Vorderbeinen, die seitlich gerichtet sind und als Rechen dienen. Diese Borstenkämme sind bei den Harkern besonders ausgeprägt. Arten, die in Holz nisten und dabei die Gänge mit ihren Mandibeln erweitern, besitzen nur kurze Kämme, während die Weibchen parasitischer Arten überhaupt keine Grabkämme haben. Bei den Weibchen vieler grabender Wespen bildet zudem das sechste Tergit, also die Rückenplatte des letzten Hinterleibssegments, ein sogenanntes Pygidialfeld. Darunter versteht man eine verstärkte, flache oder rinnenförmige Zone, die seitlich meist von kräftigen Leisten begrenzt wird und den Schiebern als Vorrichtung zum Hinausbefördern des Abraums dient. Ein solches Pygidialfeld fehlt üblicherweise den holzbewohnenden und parasitischen Arten.

Die Bodennester solitärer Wespen und Bienen unterscheiden sich in vielen Details voneinander. Tiefe des Nests, Neigungswinkel, Durchmesser der Gänge, Anzahl der Seitengänge und die Anzahl, Form und Lage der Zellen sind meist artspezifisch. Die Innenwände der gegrabenen Zellen werden mit den Mandibeln und dem Pygidialfeld sorgfältig geglättet und eingeebnet. Dauert die Bautätigkeit länger, verschließen manche Arten von Innen den Hauptgang provisorisch mit Sand. Einige Arten verschließen das Nest auch dann vorübergehend, wenn sie das Nest verlassen. Die Weibchen mancher *Ammophila*-Arten suchen in der Umgebung Steinchen, die sie in den Nesteingang einbringen und dann mit feinerem Sand auffüllen. Es steht außer Frage, dass ein solcher temporärer Nestverschluss dem Schutz des Nestes und der bereits eingetragenen Beute gegen Parasiten und Nesträuber dient. Zugleich aber setzen die Wespen so die neu gefangenen Beutetiere der Gefahr aus, von Parasiten oder Räubern entdeckt zu werden, während sie den Nestverschluss wieder entfernen.[9]

Für den endgültigen Verschluss des Nestes nach der Verproviantierung der letzten Zelle wird ebenfalls meist das vorhandene Substrat verwendet. Dabei wird das eingetragene Verschlusssubstrat hin und wieder mit der Hinterleibsspitze oder mit dem Kopf verdichtet.[10] Manche Wegwespen zeigen dabei ein schnelles und kräftiges Hämmern des Hinterleibs. Bemerkenswerterweise halten einige Grabwespen der Gattung *Ammophila* kleine Steinchen in ihren Mandibeln, wenn sie mit der Vorderseite des Kopfes den Sand des Nestverschlusses feststoßen. Vermutlich verstärken sie damit die Wirkung ihrer Kopfstöße, was man als einfache Form von Werkzeuggebrauch ansehen muss.

HOLZNISTER

Kommen wir zu den Holznistern, also zu solitären Arten, die ihre Nester in Pflanzen anlegen. Viele Arten tun dies in markgefüllten Halmen und Zweigen, die sie mithilfe der Mandibeln aushöhlen. Üblicherweise bekommen sie nur Zugang zum Inneren solcher Zweige, wenn diese durchgebrochen sind, und nur wenige Arten nagen sich seitlich durch das Holz bis zum Mark vor. Diese im Englischen auch als »pith-burrowers«[11], also Marknister, bezeichneten Arten haben ähnliche morphologische Anpassungen an ihre Lebensweise wie die Schieber unter den Bodennistern entwickelt. Sie besitzen oft einen Grabkamm, dessen Borsten allerdings kürzer als bei grabenden Arten sind, und eine kräftige Pygidialplatte zum Herausschieben des abgenagten Marks, die jedoch im Gegensatz zu den Bodennistern nicht flach, sondern rinnen- oder löffelförmig ist. Ihre Mandibeln sind sehr kräftig und besitzen zusätzliche Zähne an ihrer Innenkante.

Wespen und Bienen, die in noch lebendem Pflanzenmaterial nisten, sind dabei mit einem Problem konfrontiert, das ihre bodennistenden Verwandten nicht haben. Große Pflanzenfresser könnten auf die Idee kommen, die Pflanze, in der die Hymenopteren ihre Nester angelegt haben, zu fressen. Um das zu vermeiden, legen viele Arten ihre Nester in dornigen Gewächsen wie Brombeeren und anderen Rosengewächsen an. Manche Arten nisten in für Pflanzenfresser giftigen Pflanzen.

Häufig besiedeln »pith-burrowers« auch Totholz und nagen hier im modernden Holz ihre Nestgänge. Diese Arten allerdings sind weitaus weniger gut untersucht als die eigentlichen Marknister. Wie Kevin O'Neill in seinem Buch über solitäre Wespen vermutet, liegt das möglicherweise an der leichteren experimentellen Zugänglichkeit von Arten, die in Röhren nisten. Denn es sei womöglich zu mühsam, rottendes Holz ins Labor zu bringen, so O'Neill.[12] In jedem Fall aber ist es recht leicht, Marknister dazu zu bringen, in Kunstnestern zu siedeln. Im üblichen Fall sind das Bündel von Pflanzenstängeln, die bereits hohl oder markhaltig sind. Die Stängelbündel lassen sich an jedem beliebigen Ort aufhängen und nach Besiedlung am Ende der Vegetationsperiode ins Labor bringen. Dort werden sie in geeigneten Käfigen oder Dosen so lange aufbewahrt, bis die nächste Generation an Halmnistern schlüpft. Solche einfachen Schlupfversuche sind auch deshalb interessant, weil man so eine ganze Lebensgemeinschaft untersuchen kann, denn es sind nicht nur die Wespen und Bienen, die dort nisten, sondern auch ihre Parasiten und Hyperparasiten, also die an den Parasiten parasitierenden Parasiten.

Geeignet sind für solche Kunstnester zum Beispiel Schilf, aber auch Brombeeren und andere Rosaceae und ganz besonders Bambus. Er ist enorm stabil und wetterfest und in nahezu jeder Größe erhältlich. In den entsprechenden Ratgebern für »Insektenhotels«, also künstliche Nisthilfen für aculeate Hymenopteren im eigenen Garten, wird empfohlen,

Bündel von Bambusabschnitten in geeigneter Stärke und Länge zusammenzuschnüren und im Garten anzubieten[13]. In der Regel werden besonders die dünnen Röhrchen schnell von Wespen und Bienen besiedelt. Stattdessen kann man aber auch Löcher unterschiedlicher Stärke und mit ausreichender Tiefe in Holzblöcke bohren, in denen viele aculeate Hymenopteren ihre Nester bauen. Für wissenschaftliche Projekte, bei denen man auch untersuchen will, was im Inneren des Nestes passiert, sind Holzblöcke weniger geeignet, da man sie nicht ohne Weiteres öffnen und hineinschauen kann. In der Natur nehmen die Hohlraumnister meist alte Käferfraßgänge an, aber auch verlassene Lehmnester, verlassene Nester von Marknistern, leere Schneckengehäuse, Pflanzengallen und zusammengerollte Blätter kommen infrage.

ARTENENTDECKUNG IN KUNSTNESTERN

Hin und wieder habe ich aufgrund meiner taxonomischen Expertise mit ökologischen Projekten zu tun, bei denen Kunstnester aus Röhren ausgebracht werden, um sie von den im Untersuchungsgebiet vorkommenden Arten besiedeln zu lassen. Das ist besonders in den in jeder Hinsicht schlechter untersuchten Tropen spannend, und ich habe dabei schon mehrfach noch unbekannte Wespenarten entdeckt.

Ein besonders schönes Beispiel ist die »Beinhaus-Wespe« *Deuteragenia ossarium*, die ich zusammen mit einigen Kollegen 2014 beschrieben habe. Diese besagten Kollegen sind der Biologe Michael Staab und seine Betreuerin, Alexandra-Maria Klein, sowie Chao-Dong Zhu, ein chinesischer Kooperationspartner des Instituts für Zoologie der Chinese Academy of Sciences in Peking. Michael Staab war dabei an einem Projekt zur Untersuchung der Biodiversität des Gutianshan National Nature Reserve im Südosten Chinas beteiligt, in dem er über rund ein Jahr Bündel aus Spanischem Rohr *(Arundo donax)* ausbrachte. Die Rohrabschnitte hatten Durchmesser zwischen zwei und 20 Millimetern. Besiedelte Röhren, die man gut an dem charakteristischen Nestverschluss erkennen kann, wurden ins Labor gebracht, der Länge nach geöffnet und in Glasröhren aufbewahrt. Dann wurden verschiedene Daten erhoben, zum Beispiel der Durchmesser der Röhren und die Anzahl der parasitierten und nicht-parasitierten Brutzellen. Nach einiger Zeit schlüpften die Bewohner der Nester. Sie wurden von Michael Staab vorbestimmt und an verschiedene Spezialisten für die genaue Bestimmung geschickt.

Und hier kam ich ins Spiel. In der Regel werde ich gefragt, ob ich für solche Projekte die Grabwespen bestimme. So war das auch hier, allerdings hatte Michael Staab eine besondere zusätzliche Beobachtung gemacht. Insgesamt hatte er 829 Nester mit beinahe 2000 Zellen gefunden, die auf stängelnistende Wespen zurückgingen. Aus ihnen schlüpften Vertreter von 18 verschiedenen Wespenarten, die sich auf Wegwespen, Grabwespen und solitäre Faltenwespen verteilten. Bei den Grabwespen war meine Aufgabe recht überschaubar. Es gab nur zwei Arten, die nicht allzu schwierig zu bestimmen waren.

Michael Staab machte nun eine ziemlich gruselige Beobachtung. Er stellte fest, dass bei 73 Nestern das sogenannte Vestibulum, die letzte angelegte Zelle direkt hinter dem endgültigen Verschluss des Nestes, nicht wie sonst üblich leer war. Stattdessen war sie überraschenderweise mit toten Ameisen gefüllt. Bis zu 13 Ameisen befanden sich in dieser Vorkammer, und von manchen gab es nur die Köpfe. Die bei Weitem häufigste Art in der Schlusszelle war *Pachycondyla astuta*, eine schmerzhaft stechende Ameisenart der Unterfamilie Ponerinae, die alleine 70 Prozent aller im Vestibulum gefundenen Ameisen ausmachte. Da Michael Staab auch die Zahl der parasitierten Nester dokumentierte, konnte er zeigen, dass die Parasitierungsrate der Nester, die mit Ameisen gefüllte Vorkammern besaßen, signifikant niedriger war als die aller anderen, ameisenfreien Nester. Man konnte also annehmen, dass die gestapelten Ameisen und Ameisenköpfe, die zum überwiegenden Teil ausgerechnet zu einer aggressiven, großen und häufigen Art gehörten, wahrscheinlich aufgrund ihres Duftes das Vorhandensein von *Pachycondyla astuta* vorgaukelten und so einen effektiven Schutz vor Parasiten und Fressfeinden darstellten.

Wer aber war nun die Baumeisterin dieser Nester und der »Ameisenmauer«? Es handelte sich um eine Wegwespe (Pompilidae) aus einer relativ kleinen Gruppe von Arten mit dem schwer auszusprechenden Namen Deuterageniini, die ihre Nester bis auf wenige parasitische Arten in Hohlräumen und Käferfraßgängen anlegt. Da sich mein Wissen über Wegwespen auf die generelle Biologie und Morphologie sowie auf die

Taxonomie der mitteleuropäischen Arten beschränkte, konnte ich beileibe nicht als Experte für Wegwespen aus dem Südosten Chinas gelten. Die Lebensweise, die Michael Staab aber beobachtet hatte, war so spannend, dass ich der Versuchung nicht widerstehen konnte, zu versuchen herauszubekommen, ob die Art bereits beschrieben war und ob in der Literatur schon einmal über dieses absonderliche Verhalten berichtet wurde.

Ich habe also die im Museum für Naturkunde reichlich vorhandene Literatur durchgekämmt und recht schnell gemerkt, dass die Art zur Gattung *Dipogon* gehörte, mit *Deuteragenia* als einer Untergattung. Dachte ich zumindest, und hier rächt es sich, wenn man sich als Wegwespenanfänger an eine solche Art heranwagt. Leider hatte ich eine russische Publikation von 2012 übersehen, in der der Autor die Gattungen der Deuterageniini noch einmal kritisch überprüfte und eine phylogenetische Analyse durchführte. Danach beschränkt sich *Dipogon* auf neuweltliche Arten, während die bisherige Untergattung *Deuteragenia* zur Gattung befördert wurde. Das ist ein ziemlicher Unterschied, weil sich der Gattungsname unmittelbar auf den zweiteiligen Artnamen auswirkt. Kann passieren, denkt man vielleicht, aber peinlich war es schon, insbesondere weil mich auf dieses Versäumnis erst ein Gutachter unserer Publikation aufmerksam machte. Nun denn, Sie sehen, worauf das hinauslief. Nach Vergleich mit zahlreichen Arten war mir klar, dass die Ameisenmauer bauende Wegwespe unbeschrieben war. Ich setzte mich an die Beschreibung, und zusammen mit meinen Kollegen versuchten wir, einen spannenden neuen Artnamen zu finden. Ich musste bei den Stapeln von Ameisenköpfen gleich an die Beinhäuser in Kirchen und Klöstern denken, in denen die Gebeine von Verstorbenen in manchmal großer Zahl aufbewahrt werden. Im Lateinischen wird ein solcher Raum als Ossarium oder Ossuarium bezeichnet, was sich vom lateinischen »os« für Knochen ableitet. Kurzerhand nannten wir die neue Art *Deuteragenia ossarium* und schlugen als umgangssprachlichen Namen »bone-house wasp« vor, was später als »Beinhaus-Wespe« ins Deutsche übersetzt wurde. Die Beschreibung der neuen Art und ihres gruseligen Verhaltens erschien 2014 in einer internationalen Zeitschrift.[14]

Das Nestbauverhalten dieser Art ist sehr außergewöhnlich, und über die Entdeckung der »Beinhaus-Wespe« wurde national und international in der Presse viel berichtet. 2015 landeten wir mit unserer Wespe sogar unter den Top 10 der spektakulärsten Artenentdeckungen des Jahres, die das »International Institute for Species Exploration« in Syracuse, USA, jährlich kürt.[15] Der große Erfolg und die weltweite Wahrnehmung unserer Entdeckung waren für uns eine gute Gelegenheit, auf die Wichtigkeit der wissenschaftlich-naturhistorischen Beobachtung und der morphologischen Taxonomie hinzuweisen.[16]

LEHMNESTER

Kommen wir schließlich noch zu den Freinistern, also solchen Arten, die ihre Nester weder in bereits existierenden Hohlräumen bauen noch selbst graben, sondern das Nest vollständig auf einem Untergrund anlegen. Das dafür notwendige Baumaterial ist Lehm, also eine feuchte Mischung aus feinem Sand mit tonigen Anteilen. Lehm ist ein Verwitterungsprodukt, das in kleinen Mengen zum Beispiel am Rand von dauerhaften und temporären Gewässern auftritt. Lehmige Bereiche entstehen auch an tropfenden Wasserhähnen oder am Rand von Swimming Pools, die daher oft von lehmsammelnden Wespen besucht werden. Solitäre Faltenwespen (Eumeninae) und Wegwespen (Pompilidae) sammeln selbst keinen Lehm, sondern Wasser, mit dem sie ihren eigenen Lehm herstellen.

Die Vielfalt an Lehmbauten ist enorm. In wärmeren Gegenden sind die vielzelligen Nester der Grabwespengattung *Sceliphron* weitverbreitet, die als hartgetrocknete Lehmklumpen meist an vertikalen, einigermaßen geschützten Flächen angelegt werden. Nicht selten bauen die Wespen ihre Nester an Außenwänden von Gebäuden, da offenes Wasser und Lehm in der Nähe menschlicher Behausungen meist leicht verfügbar ist. *Sceliphron*-Weibchen sind große, schlanke, schwarz-gelbe Wespen, die die Hausbewohner ganz zu Unrecht beunruhigen. *Sceliphron*-Nester werden nicht selten auch an Holzstapeln und anderen temporär gelagerten Materialien angelegt und so durch den Materialtransport und Handel weit verbreitet. So ist die ursprünglich neuweltliche *Sceliphron caementarium*, die in den USA auch »black and yellow mud-dauber« genannt wird, also frei übersetzt »der schwarz-gelbe Lehmbauer«, inzwischen beinahe ein Kosmopolit und kommt auf allen Kontinenten und vielen Inseln weltweit vor.

Brutzellen der Orientalischen Mörtelwespe *Sceliphron curvatum* an Büchern in einem Büro in Stuttgart.

In Mitteleuropa breitet sich derzeit die Orientalische Lehmwespe *Sceliphron curvatum* nach Norden aus. Diese Art wurde ursprünglich aus Nordwestindien beschrieben und wahrscheinlich in den 1970er-Jahren nach Österreich eingeschleppt.[17] Sie legt im Gegensatz zu *Sceliphron caementarium* keine mehrzelligen, geschlossenen Lehmnester an, sondern Serien von Einzeltönnchen. Wohl aus klimatischen Gründen baut *Sceliphron curvatum* sehr häufig in Wohnungen und anderen geschützten Stellen in der Nähe des Menschen, wo sie aufgrund ihrer Körpergröße und der auffälligen Lehmtönnchen auch Nicht-Entomologen meist auffällt. Die Weibchen haben dabei scheinbar eine Vorliebe für ungewöhnliche Nistorte, und ihre Tönnchen wurden schon an Buchrücken, in Regalen und Schränken und an Kleidungsstücken entdeckt. 2004 war sie in Deutschland bereits bis Oberhausen in Nordrhein-Westfalen vorgedrungen,[18] ist aber inzwischen in Deutschland weitverbreitet.

Der erste Fund von *Sceliphron curvatum* in Berlin stammt zufällig von zwei Mitarbeiterinnen aus meiner Arbeitsgruppe. Julia Willer und Karoline Schulz, die im Sommer 2009 ein Praktikum bei mir machten, hatten zur Mittagspause auf dem Rasen vor dem Haupteingang des Museums für Naturkunde gepicknickt, als sie eine auffällige, schlanke Wespe vorbeifliegen sahen. Genauer gesagt, war es ein unbeholfener Krabbelflug, weil einer der Flügel recht beschädigt war. Mithilfe einer Musikkassettenhülle, die damals wahrscheinlich schon ein technologisches Relikt aus längst vergangenen Medienzeiten war, konnten sie die Wespe geistesgegenwärtig fangen und mir zeigen. Ich war aus dem Häuschen. In den folgenden Tagen haben wir nach weiteren Wespen und nach Nestern gesucht, blieben aber erfolglos. Ein schöner Zufall, dass die erste in Berlin nachgewiesene *Sceliphron curvatum* am Fuß des Museums für Naturkunde auftauchte, und sie dann noch von zwei Mitgliedern einer Wespen-Arbeitsgruppe entdeckt wurde.

Abgesehen von den Arten der Gattung *Sceliphron* bauen innerhalb der Grabwespen nur noch manche Arten von *Trypoxylon* und *Pison* Lehmnester. In den USA werden die lehmnestbauenden *Trypoxylon*-Arten manchmal auch »organ-pipe mud-daubers« genannt, also Orgelpfeifen-Lehmwespen. Der Name bezieht sich darauf, dass die Weibchen lineare Reihen von dünnen Lehmröhren anlegen, die sie so anordnen, dass die Öffnung nach unten weist. So entstehen Röhrenbündel, die einer Reihe von Orgelpfeifen nicht unähnlich sind. Bemerkenswerterweise sind alle lehmnestbauenden Grabwespen Spinnenjäger. Spinnen als Beute sind ansonsten innerhalb der Grabwespen sehr selten.

Viele solitäre Faltenwespen und manche Wegwespen bauen mehr oder minder kugelförmige Lehmtöpfe, und im Deutschen werden die Eumeninen auch Lehmwespen genannt, und eine ihrer Gattungen, *Eumenes*, trägt den Namen Töpferwespe. Auch manche der vegetarischen Honigwespen (Masarinae) errichten mehrzellige Lehmnester, wenn auch die Mehrzahl der Arten Erdnester anlegt. Bienen bauen keine vollständigen Lehmnester, aber manche Arten verwenden beim Nestbau lehmartigen Mörtel zur Verfestigung pflanzlichen Baumaterials.[19]

Die Verwendung von Lehm als Nestbaumaterial ist innerhalb der aculeaten Hymenopteren mehrfach unabhängig erfunden worden. Zweimal alleine bei Grabwespen (*Sceliphron* und Trypoxylini), mindestens einmal jeweils bei den Wegwespen und den solitären Faltenwespen und möglicherweise mehrfach innerhalb der Honigwespen. Lehm ist auch ansonsten ein häufig verwendetes Material für Nestzellen, Trennwände zwischen Nestkompartimenten und Nestverschlüsse. Manche Arten solitärer Faltenwespen bauen über ihren Nesteingang eine meist gebogene Eingangsröhre aus Lehmkugeln.

LEHMNESTER UND FLUGZEUGE

Auch wenn Lehmnester recht häufig an oder in der Nähe von Häusern angelegt werden, stören sie die Menschen doch nur selten. Unter bestimmten Umständen können allerdings an ungewöhnlichen Orten angelegte Lehmnester von Wespen zu erheblichen Problemen führen. So stürzte am 6. Februar 1996 der Flug 301 der türkischen Fluggesellschaft Birgenair kurz vor der Dominikanischen Republik ab.[20] Alle 189 Passagiere kamen dabei ums Leben. Ursache war laut Abschlussbericht höchstwahrscheinlich ein Lehmnest einer Art der gelb-schwarzen Lehmwespengattung *Sceliphron*, das ein sogenanntes Pitotrohr verstopfte. Pitotrohre sind einseitig offene Rohre, die in Flugzeugen zur Messung der Geschwindigkeit verwendet werden. Aus den Absturzdetails schloss die Untersuchungskommission, dass bei Flug 301 eines von drei Pitotrohren verschlossen gewesen sein muss, sodass die Luftgeschwindigkeit des Flugzeugs nicht mehr ordnungsgemäß gemessen werden konnte. Die Kommission nahm auf der Basis früherer Berichte an, dass wahrscheinlich ein Wespenlehmnest die Ursache war. Die Abdeckungen, die die Pitotrohre schützen, wenn das Flugzeug nicht in Betrieb ist, waren zwei Tage vor dem Flug für Tests entfernt worden. Diese Zeit hatte ausgereicht, damit die Wespe ihr Nest anlegen konnte. Es wird berichtet, dass vielen Piloten, die auf Flughäfen in der Dominikanischen Republik landen, die gelb-schwarzen Lehmwespen gut bekannt sind, die gerne in zylindrischen Öffnungen ihre Nester anlegen.

Wahrscheinlich geht eine Reihe weiterer katastrophaler Flugzeugabstürze auf *Sceliphron*-Nester in Pitotrohren zurück. In einem Fall im Jahr 2013 gelang dem Piloten eines Airbus 330 der Etihad Airways mit 175 Passagieren eine sichere Notlandung im australischen Brisbane, nachdem die Instrumente der Maschine einen unerklärlichen Geschwindigkeitsabfall gemeldet hatten. Bei der Untersuchung der Maschine wurde festgestellt, dass ein Pitotrohr von einem *Sceliphron*-Lehmnest verschlossen war. Die Maschine stand nur zwei Stunden auf dem Flughafen Brisbane, und in dieser kurzen Zeit muss die Wespe ihr Nest angelegt haben.[21]

NESTER SOZIALER WESPEN

Die Nestanlagen der sozialen Hymenopteren gehören wohl zu den faszinierendsten von Tieren geschaffenen Bauwerken. Besonders die freien, oberirdischen Nester der sozialen Wespen, die nicht selten in unserer Nähe errichtet werden, und die Waben in den Bienenstöcken sind auffallende und beeindruckende Zeichen des komplexen sozialen Lebens und Wirkens ihrer Erbauerinnen. Im Gegensatz zu anderen Verhaltensweisen im Sozialleben der Wespen und Bienen sind die Nester als physische Spuren des Verhaltens von dauerhafter materieller Präsenz und können wissenschaftlich untersucht und aufbewahrt werden. Insbesondere der Vergleich der Nestanlagen zwischen verschiedenen Arten und Familien ist eine Fundgrube interessanter Informationen zur Evolution von sozialen Arten. Die Nestarchitektur wurde bereits im 19. Jahrhundert als gleichrangiges Merkmal neben der Morphologie für die Klassifikation der sozialen Hymenopteren verwendet, und aus Sicht der Soziobiologie stellen Nester und andere von Tieren errichtete Strukturen externe Erweiterungen des Organismus selbst dar.[22] Als Ergebnis von Genaktivitäten unterscheiden sich damit die Bauten sozialer Insekten grundsätzlich nicht von morphologischen Strukturen. Man spricht hier auch von einem »erweiterten Phänotyp« nach dem gleichnamigen Buch von Richard Dawkins, einem der Hauptvertreter der Soziobiologie.[23]

Besonders die hoch entwickelten Nester der Honigbiene, der in unseren Siedlungsbereichen häufigen sozialen Faltenwespen und der Ameisen wie der Roten Waldameise werden in vielen Insekten- und Biologiebüchern ausführlich in all ihrer komplexen Schönheit dargestellt. Diese riesigen, individuenreichen Staaten allerdings stehen nicht am Anfang der Evolution sozialen Nestbaus bei stechenden Hautflüglern. Als Hymenopterologe, der sich vergleichend mit solitären Wespen und ihrer Stammesgeschichte beschäftigt, interessieren mich besonders die frühe

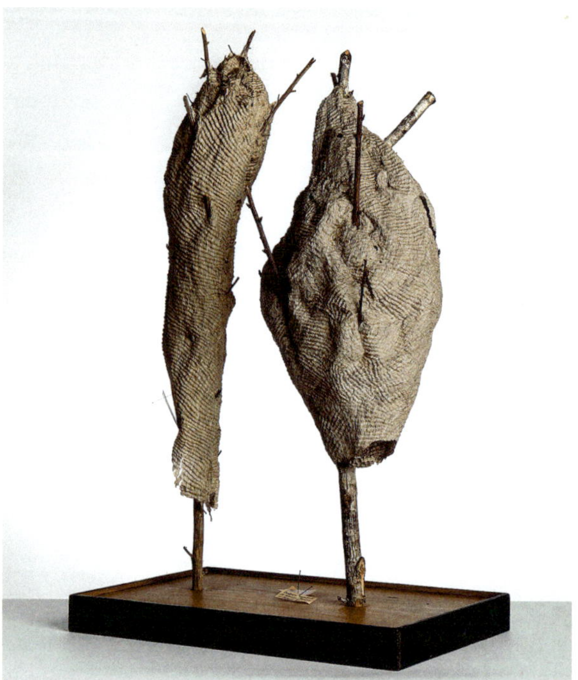

Nest der südamerikanischen Faltenwespe *Paracharter-gus fraternus* in der Sammlung des Museums für Naturkunde Berlin.

Evolution sozialer Bauten und ihre Veränderungen im Laufe der Zeit. Es steht ganz außer Frage, dass die Sozialität und damit an individuenreiche Gesellschaftsstrukturen angepasste Nestarchitekturen mehrfach in der Evolution der Hymenopteren entstanden sind. Zwar nur bei aculeaten Hymenopteren, dort aber in verschiedenen Ästen des Stammbaums mehrfach unabhängig voneinander. Aber wie oft genau dies passiert ist, ist eines der großen Rätsel der Stammesgeschichtsforschung bei Hautflüglern. Dazu werde ich im Kapitel »Staat« noch mehr sagen.

Kommen wir aber zurück zur Nestarchitektur. Außer bei den Ameisen, manchen Faltenwespen und vielen Bienen kommt echte Eusozialität nachweislich noch bei einer kleinen Grabwespengattung namens *Microstigmus* vor. *Microstigmus* ist mit knapp 30 Arten in den Tropen Süd- und Mittelamerikas beheimatet. Das Nest von *Microstigmus* ist in mehrfacher Hinsicht ungewöhnlich. Es handelt sich um eine kugelförmige Konstruktion, die aus Pflanzenfasern und Seidenfäden besteht. Diese

Seide wird von Drüsen abgegeben, die an der Spitze des Abdomens der Weibchen ausmünden. Die Kugel hängt an einem spiraligen Seidenstiel in der Regel an der Unterseite von Blättern und anderen Überhängen. Dabei scheinen die Wespen extrem spezifisch zu sein und ihre Nester grundsätzlich an der Unterseite derselben Pflanzenart oder demselben Substrattyp zu befestigen. Und schließlich ist noch die Art des Nestbaus ungewöhnlich und unterscheidet sich von nahezu allen anderen sozialen Hymenopteren. Zuerst lösen die Weibchen von der Unterseite eines Pflanzenblatts das gesamte für den Nestbau benötigte Material, das sie dann zu einer einzigen Masse zusammenkleben. Diese Masse aus Blattfasern wird dann mit Seide umsponnen und an einem spiraligen Seidenfaden ein Stückchen herabgelassen. Erst danach wird der Nesteingang hergestellt und die Kugel teilweise ausgehöhlt. Im Gegensatz zu den meisten anderen sozialen Wespen wächst ein *Microstigmus*-Nest nicht mit der Zeit, sondern die Größe ist bereits durch die anfänglich zusammengetragene Menge an Pflanzenfasern vorbestimmt. Unmittelbar hinter dem Eingang der Nestkugel befindet sich ein erweiterter Hohlraum, das Vestibulum, in dem sich die Weibchen versammeln. Die Nester, die bis zu neun Brutzellen beherbergen, werden selten von einem, meistens aber von drei bis acht Weibchen gemeinsam angelegt. In jedem Nest hat ein Weibchen besser entwickelte Ovarien als die übrigen, was für eine »reproduktive Arbeitsteilung« spricht, wie man sie in extremer Form bei der Königin der sozialen Faltenwespen und Bienen kennt.[24] Die reproduktive Arbeitsteilung und die Tatsache, dass sich mehrere Generationen zur selben Zeit im Nest aufhalten, sind überzeugende Indizien dafür, dass *Microstigmus* tatsächlich eusozial ist.

Die Nester der sozialen Faltenwespen sind ungemein vielgestaltig, und es fällt nicht leicht, übereinstimmende Konstruktionsmerkmale dieser Nester zu finden. Der kleinste gemeinsame Nenner ist dennoch leicht umschrieben: Die Wespenweibchen tragen fremdes Material, meist abgeschabtes Holz, an einen Ort, an dem sie dieses Material mit Speichel verkneten und daraus Brutzellen formen. In diesen Brutzellen werden die Eier einzeln abgelegt und die Larven individuell versorgt. Rund um dieses einfache Prinzip hat sich im Lauf der Evolution eine enorme Vielfalt von Nestkonstruktionen entwickelt. Als Systematiker interessiert mich dabei besonders, wie es mit dieser Nestmannigfaltigkeit begonnen hat. Welches Nest hat die soziale »Urwespe« gebaut, die Stammart der

Verschiedene Feldwespenarten der Gattung *Polistes* und ihre einwabigen, gestielten, hüllenlosen (stelocyttar-gymnodromen) Nester. Henri de Saussure, 1853–1858.

sozialen Vespidae? Es ist plausibel, anzunehmen, dass die hochkomplexen, individuenreichen Nester der üblichen Faltenwespen neuere Erfindungen sind. Manche soziale Arten aber bauen viel einfachere und kleinere Nester. Stammbaumrekonstruktionen haben bestätigt, dass es tatsächlich diese einfachen Nester sind, die am Beginn der Vespiden-Evolution stehen. Ein typischer Vertreter dieses Nestbauprinzips sind die auch bei uns heimischen Feldwespen der Gattung *Polistes*. Sie bauen Papiernester aus nur einer Wabenlage, die mit einem kurzen Stiel an einer Unterlage so befestigt ist, dass die Öffnungen der einzelnen Zellen nach unten zeigen. So besteht ein Nest der Gallischen Feldwespe *Polistes dominula* zum Zeitpunkt seiner maximalen Größe aus etwa 50 Zellen, selten aus mehr. Eine Schutzhülle, die das ganze Nest umschließt, besitzen *Polistes*-Nester nicht.

Für die Nestarchitektur sozialer Wespen gibt es Begriffe, mit denen die Wespenforscher die verschiedenen Konstruktionstypen unterscheiden. Als Systematiker bin ich ein großer Freund von begrifflichen Klassifikationen, selbst wenn sie wie in diesem Fall etwas überkompliziert wirken. Aber ich möchte Ihnen diese schönen Begriffe, die auf den Entomologen Henri de Saussure (1829–1905) zurückgehen, nicht vorenthalten:

Nester, die mithilfe eines Stiels am Untergrund befestigt sind, werden als stelocyttar bezeichnet. Astelocyttar ist ein Nest, dessen einzige Wabe direkt auf dem Untergrund befestigt und von einer Schutzhülle umschlossen ist, die meist an der Unterseite ein Flugloch besitzt. Bei phragmocyttaren Nestern hängen die Waben nicht an Stielen, sondern werden an eingezogene Zwischenböden geheftet. Eine Öffnung in den Zwischenebenen gestattet es den Tieren, in die nächste Ebene zu gelangen. In dieser Weise wächst das Nest zu einem mehrlagigen Stapel aus Waben. Nester, die von einer Schutzhülle umschlossen sind, bezeichnet man als calyptodom, Nester ohne Hülle als gymnodom.

Daraus ergeben sich je nach Konstruktionsprinzip unterschiedliche Kombinationen: Ein einfaches *Polistes*-Nest mit Stiel und ohne Hülle wird als stelocyttar-gymnodom bezeichnet. Ein Hornissennest, dessen zahlreiche Wabenlagen jeweils an Stielen aufgehängt sind, das aber vollständig von einem Hülle eingeschlossen ist, heißt entsprechend stelocyttar-calyptodom. In dieser Weise können die verschiedenen Nestbautypen begrifflich unterschieden werden, und für beinahe jede denkbare Kombination aus der Art der Befestigung am Substrat und

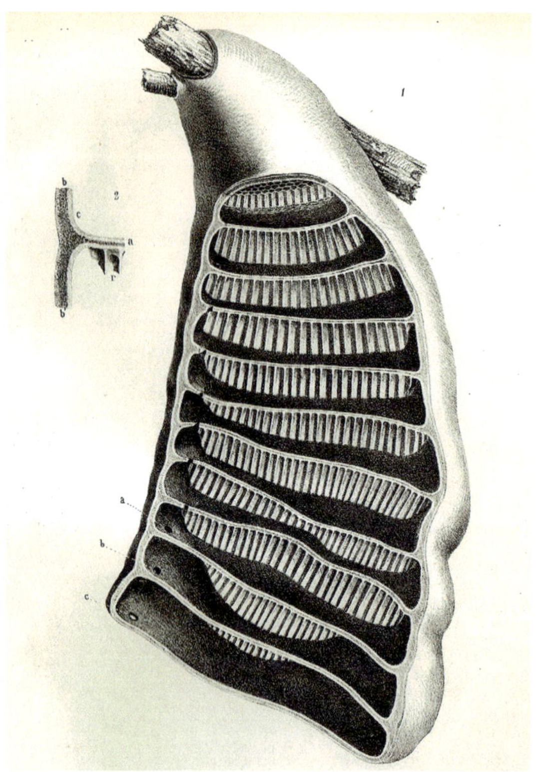

Links: Ein teilweise geöffnetes Nest der sozialen Faltenwespe *Epipona morio*. Jede Wabe ist von einer Hülle umgeben, an deren Unterseite die nächste Wabe angebaut wird. Ein solcher Nesttyp wird als phragmocyttar bezeichnet. Rechts: Ein umfangreiches, vollständig von einer Hülle umgebenes Nest der Europäischen Hornisse *Vespa crabro*. Henri de Saussure, 1853–1858.

einer fehlenden oder vorhandenen Umhüllung gibt es mindestens eine Wespengruppe, die sie auch wirklich realisiert. Aber nur fast jede Kombination, denn eine kommt in der Natur nicht vor: astelocyttar-gymnodom, also ein direkt auf dem Untergrund gebautes Nest, das nicht umhüllt ist.

Der Evolutionsbiologe und Wespenforscher Robert L. Jeanne nennt diesen Nesttyp »economy nest«, also Ökonomie-Nest, weil sein Bau den geringsten Einsatz von Energie und Material vor dem Hintergrund seiner fundamentalen Funktion als Ansammlung von Einzelzellen für die Entwicklung der Wespenbrut erfordert.[25] Ein solches Nest würde direkt auf die Unterseite einer überhängenden Struktur gebaut werden, ohne dass eine eigene Grundkonstruktion für die Zellen vonnöten wäre. Wenn das Nest zudem kreisförmig wäre, würde die Anzahl der gemeinsamen Zellwände beim Bau der Wabe maximiert werden, was den Aufwand wiederum verringert. Da es sowohl Nester gibt, die direkt an den Untergrund gebaut werden, als auch Nester ohne Umhüllung, scheint es keinen grundsätzlich baulichen Grund dafür zu geben, dass diese beiden Konstruktionselemente nicht auch gemeinsamen auftreten. Tun sie aber nicht, und zumindest kennt man bislang keine Wespenart, die ein solches astelocyttar-gymnodomes Nest baut. Evolutionsbiologen wie Jeanne folgern daraus, dass es neben einem Selektionsdruck zugunsten einer sparsamen Bauweise weitere Faktoren gibt, die die Evolution der Nestarchitektur beeinflussen.

Den wirkungsvollsten Einfluss scheinen dabei räuberische Ameisen zu haben. Ameisen kommen im Grunde beinahe überall vor, und besonders in den Tropen, wo auch die sozialen Wespen besonders arten- und formenreich sind, übersteigt ihre Biomasse die jeder anderen Tiergruppe. Sie überschwemmen geradezu die tropischen Regenwälder mit Arbeiterinnen, die alles Fressbare in ihre Nester tragen. Ein mit eiweißreichen Larven gefülltes Wespennest stellt eine attraktive Beute dar. Diesem starken Druck durch räuberische Ameisen stellen sich die Wespen auf zwei verschiedene Weisen entgegen. Zum einen hängen sie ihre Nester an Stiele und entfernen sie so vom Untergrund. Damit wird die Wahrscheinlichkeit schon einmal reduziert, dass ein nach Futter suchender Ameisen-Scout zufällig auf das Nest trifft. Der Stiel selbst allerdings stellt keine ernsthafte Hürde für eine Ameise dar, und wenn sie einmal das Nest gefunden hat, ist es um die Wespenbrut geschehen. Der Stiel stelocyttarer Nester wird daher bei manchen Wespenarten mit einem Sekret bestrichen, das ameisenabweisend ist. Dieses Sekret stammt aus einer Drüse im Hinterleib der Arbeiterinnen und wird in einem Bereich der Hinterleibsspitze der Wespe abgegeben, an der sich eine Ansammlung längerer Haare befindet. Mit einem solchen Haarpinsel wird das Sekret auf den Neststiel aufgetragen. Diese Art der passiven chemischen Verteidigung in Kombination mit einem Neststiel ist erst bei wenigen Arten nachgewiesen, wird aber für andere Arten vermutet.

Die andere evolutive Lösung ist der Bau einer geschlossenen Hülle mit einer möglichst weit vom Substrat entfernten Öffnung. Das Flugloch stellt den einzigen Zugang zur Brut dar und kann mit nur wenigen Wes-

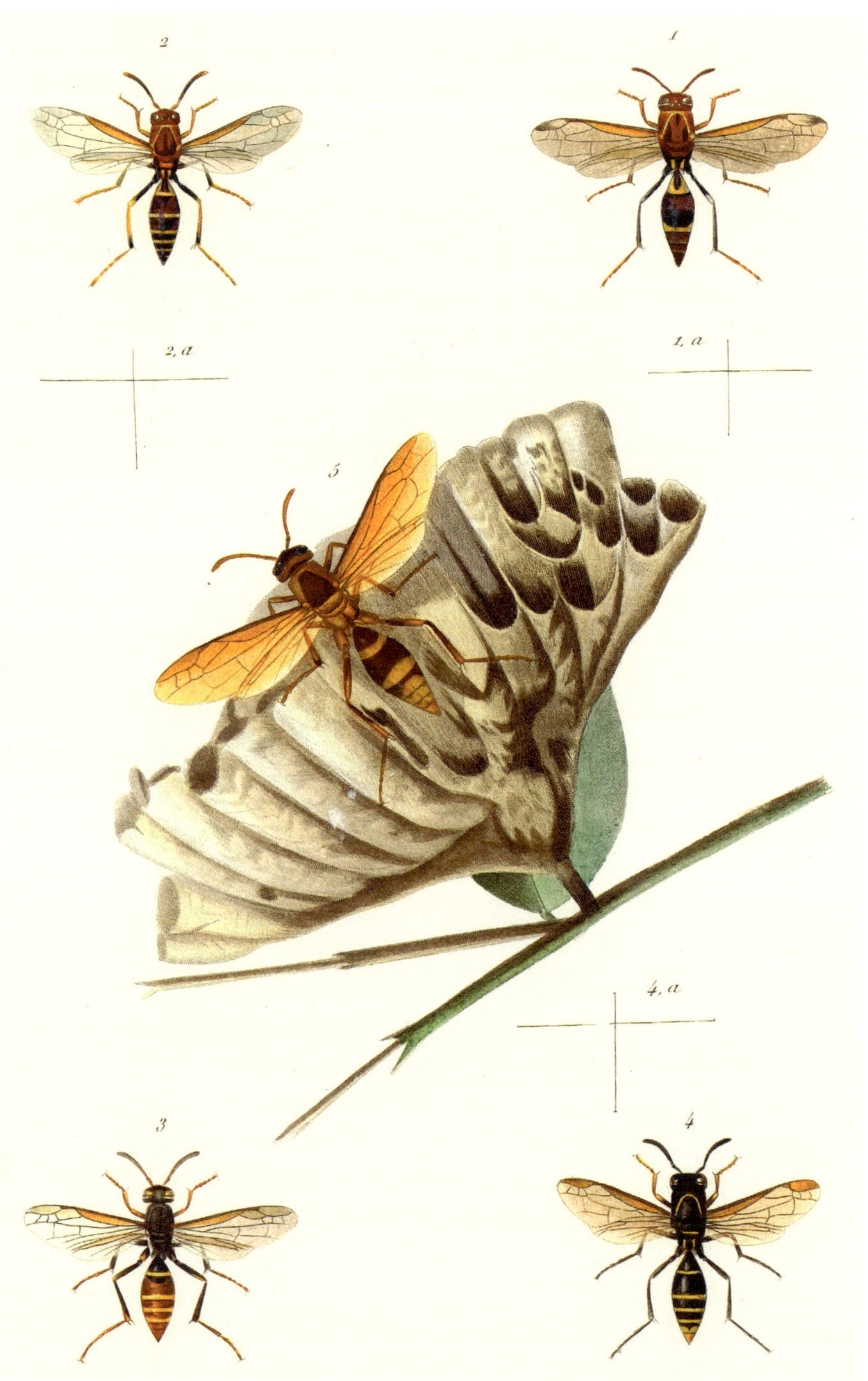

Verschiedene Feldwespenarten der Gattung *Polistes* aus Brasilien. Ein Weibchen sitzt auf seinem einwabigen, gestielten Nest. Henri de Saussure, 1853–1858.

pen effizient gegen Eindringlinge verteidigt werden. Bei vielen Arten positionieren sich die Arbeiterinnen rund um die Öffnung oder auf der Außenseite der Nesthülle, um blitzschnell auf Ameisen und andere Angreifer reagieren zu können. Bei manchen Wespenarten bedecken die Arbeiterinnen während der Nacht dicht an dicht fast die gesamte Hülle in »nahezu mathematischer Präzision«, wie der US-Wespenforscher Howard E. Evans von der sozialen Faltenwespe *Polybia simillima* berichtet.

Die einzelnen Zellen eines Wespennestes sind im Querschnitt mehr oder weniger regulär sechseckig, und das unabhängig von der Nestkonstruktion. Dahinter steht ein Optimierungsphänomen oder, wie man in der Geometrie sagt, ein Parkettierungsproblem. Will man eine Fläche mit einer Vielzahl von Zellen füllen, die in Form und Größe identisch sind, kommen drei verschiedene geometrische Formen infrage: Quadrate, gleichseitige Dreiecke und Sechsecke. Erinnern Sie sich an Ihren Geometrieunterricht? Je kreisförmiger eine Form, umso größer ist ihre Fläche im Verhältnis zum Umfang. Und das bedeutet in unserem Fall mehr Platz für die Larven bei einer geringeren Gesamtlänge der benötigten Zellwände. Damit ist das Hexagon die optimale Zellenform im Gesamtverband vieler Zellen mit dem geringsten Material- und damit auch Arbeitsbedarf. Hexagonale Formen treten nicht nur bei Wespennestern, sondern überall in der belebten und unbelebten Natur auf. Die Einzelaugen eines Insektenkomplexauges sind sechseckig, und das sicherlich bekannteste Beispiel ist eine einfache Schicht von Seifenblasen, die an den Berührungsflächen zweier Blasen gerade Begrenzungen bilden. Ist eine Seifenblase vollständig von anderen Blasen umgeben, bildet sie von selbst eine hexagonale Form mit sechs Nachbarblasen. Die Anordnung von Seifenblasen in der Ebene erinnert frappierend an die Waben eines Wespennestes. Interessanterweise aber sind manche Wespennester nicht gerade, sondern im Raum gekrümmt, was mit einer regelmäßigen Anordnung von Sechsecken nicht zu erreichen ist. Um Krümmungen ihrer Waben zu erreichen, bauen Wespen an geeigneten Stellen Fünfecke in die regelmäßige Anordnung der Hexagone ein.[26]

HONIGBIENEN UND IHR NEST

Auch die Waben der Honigbienen werden von der hexagonalen Struktur geprägt. In einer Honigbienenwabe befinden sich allerdings zwei Schichten von Brutzellen, Rückseite an Rückseite, sodass jede Zelle von sechs seitlichen und drei rückseitigen Nachbarzellen berührt wird. Auch wenn Bienenzellen und Wespenzellen sich in ihrer sechseckigen Geometrie ähneln, unterscheiden sie sich in vielerlei Hinsicht gravierend voneinander. Das beginnt bereits beim Material und bei der Genauigkeit der Ausführung. Während soziale Faltenwespen überwiegend aus Holzfasern und Wespenspeichel hergestelltes Pappmachee verwenden, bestehen die Zellenwände der Honigbienen aus Wachs. Zudem sind die Bienenzellen von einer schier unglaublichen Präzision, von der die Wespen weit entfernt sind. Diese Genauigkeit in der Konstruktion der Zellen hat Insektenforscher und Imker seit jeher beeindruckt. In der Frühzeit der Entomologie galt die Exaktheit der hexagonalen Bienenzellen als eine Bauleistung, die einem einfach organisierten Geschöpf wie einem Insekt nicht zuzutrauen war. Insbesondere die Physikotheologen, die in den Wundern der Natur den reinsten Beweis für die Existenz und Weisheit Gottes sahen, betrachteten die Geometrie der Bienenzellen als Paradebeispiel für eine lenkende Intelligenz.

Der britische Insektenforscher William Kirby (1759–1850), der als einer der Gründungsväter der modernen Entomologie gilt und unter anderem eine der ersten Monografien über britische Bienen schrieb, war zugleich Landpfarrer und Naturtheologe. Er sah in der Vielfalt der Natur den Ausdruck göttlicher Allmacht und Weisheit und das naturwissenschaftliche Studium der Naturwunder als Teil seiner religiösen Arbeit. Kirby bezeichnete die Honigbienen als »himmlisch-geleitete Mathematiker, die nach dem Plan der [göttlichen] Quelle der Weisheit ihre hexagonalen Zellen bereits errichtet hatten, bevor irgendein Geometer die Form einer Zelle hätte errechnen können, die den geringsten Platz ohne Raumverlust einnimmt.«[27]

Einer der frühen französischen Altväter der wissenschaftlichen Entomologie, René-Antoine Ferchault de Réamur (1683–1757), war derart von der Exaktheit der Zellengeometrie beeindruckt, dass er vorschlug, das Maß der Zellen zur Grundlage für ein einheitliches französisches Längenmaß zu machen.[28] Daraus wurde letztlich nichts, aber die Genau-

Das Nest und einige Details der sozialen Faltenwespe *Polybia ampullaria,* die von Karl August Möbius 1856 beschrieben wurde und ein Synonym von *Angiopolybia pallens* ist. 30 Jahre später wurde Möbius Direktor des Zoologischen Museums Berlin.

igkeit der Zellenkonstruktion ist in der Tat erstaunlich. Die Innenwände besitzen eine vollkommen glatte Oberfläche ohne jede Unebenheit und weisen eine durchgehende Dicke von 0,07 Millimetern auf. Zueinander bilden die sechs Wände einer Zelle einen exakten Winkel von 120 Grad. Eine der klassischen mechanischen Theorien, wie die Bienen diese Genauigkeit hinbekommen, geht davon aus, dass die Bienen mithilfe ihrer Mundwerkzeuge, Beine und Köpfe die Wachswände hochziehen. Sie verwenden dazu kleine Wachsplättchen, die die Arbeiterinnen zwischen den

Ringen ihres Hinterleibs absondern. Dieses Ausgangsmaterial wird von Arbeiterinnen aufgenommen und zu einer formbaren Masse zerkaut. Die in benachbarten Zellen tätigen Arbeitsbienen drücken bei ihrer Arbeit immer wieder gegen die Zellenwand, an der sie gerade arbeiten, und können so instinktiv anhand der Nachgiebigkeit der Wand die richtige Stärke ermitteln. In einem kontinuierlichen Wechsel von Wachsanbau, Wachsabschaben und regelmäßiger Druckprüfung werden im Verbund der benachbarten Zellenrohbauten nach und nach die richtige Wandstärke und die richtige Geometrie erreicht.[29]

Auch Charles Darwin hatte über diesen »wunderbarsten aller bekannten Instinkte« gerätselt.[30] Er hatte beobachtet, dass randliche, neue Zellen einer Wabe anfänglich einen runden Querschnitt haben und erst im Kontext mit benachbarten Zellen ihre hexagonale Form annehmen. Ebenso war ihm bekannt, dass Stapel von Zylindern, die einem gleichmäßigen seitlichen Druck ausgesetzt werden, von selbst einen sechseckigen Querschnitt bekommen. Zeitweilig wurde in dieser Zeit von britischen Wissenschaftlern diskutiert, ob irgendein seitlicher Druck auf die Wabe die Ursache für die Ausbildung hexagonaler Zellen verantwortlich sein könnte. Diese Idee wurde aber wieder verworfen, und auch Darwin nahm an, dass die geometrisch exakte Zellenform durch die gleichzeitige Arbeit von Arbeitsbienen in benachbarten Zellen entsteht.[31]

Erst vor wenigen Jahren ist dieses Rätsel schließlich gelöst worden, und es zeigte sich, dass bereits Darwin in die richtige Richtung spekuliert hatte. Mithilfe von Wärmebildkameras, die punktuell im Bienenstock die Temperatur messen, untersuchte eine Arbeitsgruppe um den deutschen Bienenforscher Christian Pirk, wie die Temperaturbereiche beim Zellenbau in einem Bienenstock verteilt sind. Sie konnten zeigen, dass die neuen Zellen, die am Rand einer Wabe angelegt werden, anfänglich einen runden Querschnitt besitzen, den die Arbeitsbiene mithilfe ihres eigenen Körpers abmisst. In diese runde Zelle kriecht eine »Heizerbiene«, wie sie der Bienenforscher Jürgen Tautz nennt, die das Wachs der frischen Zelle auf über 40 Grad erwärmt.[32] Bei einer solchen Temperatur wird Wachs weich und geschmeidig. Ganz ähnlich wie Seifenblasen, die an den Berührungsflächen mit den Nachbarblasen aufgrund der Gleichverteilung der beteiligten Kräfte von selbst gerade Begrenzungsflächen ausbilden, zieht sich das geschmeidig erhitzte Wachs von selbst in die hexagonale Form.[33]

VIELFALT DER AMEISENNESTER

Die Nester der sozialen Bienen und Wespen sind architektonische Konstruktionen, die in der Tierwelt ihresgleichen suchen. Sie unterscheiden sich dabei von den Nestanlagen der anderen großen Gruppe sozialer Hautflügler, den Ameisen. Deren Nester werden überwiegend unterirdisch oder in Holz angelegt und entstehen in der Regel nicht durch aktive Konstruktion, sondern durch das Entfernen von Material.[34] Besonders die unterirdischen Nester sind so dem Blick des Wissenschaftlers weitestgehend verborgen und dadurch auch viel schwieriger zu untersuchen.

Bei einem meiner Forschungsaufenthalte in der Southwestern Research Station in Arizona war eine Gruppe von Ameisenforschern dabei, das Nest einer Honigtopfameise der Gattung *Myrmecocystus* auszugraben. Honigtopfameisen nutzen einige eigene Arbeiterinnen, um flüssige Nahrung wie Nektar und Honigtau für längere Zeit zu speichern. Bei Nahrungsknappheit geben diese lebenden Vorratsgefäße, die in speziellen Nestkammern an der Decke hängen, die gespeicherte süße Nahrung wieder an ihre Nestgenossinnen ab. Die hier untersuchte Art baut metertiefe Nestanlagen im steinigen Wüstenboden. Mehrere Tage waren meine Kollegen mithilfe eines gemieteten Baggers und vieler Schaufeln dabei, so vorsichtig wie möglich dem Nestverlauf hinterherzugraben. Schließlich fanden meine Kollegen die Kammern mit den honiggefüllten Arbeiterinnen sowie die für ihr Forschungsprojekt besonders wichtige Königin. Eine echte Plackerei, und es ist beeindruckend, wie diese millimetergroßen Tiere ihre Nester derart tief in den trocken-steinigen Boden graben können.

In australischen und nordamerikanischen Wüsten werden die Honigtopfameisen gezielt von lokalen ethnischen Gruppen ausgegraben und gegessen. Auch meine Wissenschaftlerkollegen opferten zur Belohnung nach der erfolgreichen Plackerei einige wenige der Honigtöpfe und verzehrten sie genussvoll. Ich durfte auch probieren und war überrascht von dem süßen Honiggeschmack, gepaart mit einer Limonennote, die wohl aus einer Kopfdrüse der Ameise herrührt.

Neben den Erd- und Holznestern haben Ameisen im Lauf der Evolution eine beeindruckende Vielfalt an anderen Nestkonstruktionen erfunden. Die Weberameisen der Gattung *Oecophylla* haben dabei eine innerhalb der Ameisen einzigartige Nestbauweise entwickelt, die ein ungewöhnliches Maß an Kooperation zwischen den Koloniemitgliedern erfordert. Die Ameisen leben in Bäumen im tropischen Südostasien und Australien und bauen ihre Nester aus lebenden Blättern. Zum Nestbau schwärmen Arbeiterinnen aus und überprüfen potenziell geeignete Nistorte, indem sie versuchsweise an den Rändern und Spitzen von Blättern ziehen. Finden sie einen geeigneten Platz, ziehen sie das Blatt in Richtung einer in der Nähe befindlichen Nestgenossin oder tragen ein Stück des Blattes zurück in das Heimatnest. Andere Arbeiterinnen werden dadurch aufgefordert, sich dieser Ameise anzuschließen. Die Arbeiterinnen bilden dann eine Reihe und beginnen, gemeinsam die Blattränder zueinander zu ziehen. Ist die Lücke größer als die Reichweite der Arbeiterin, bilden mehrere Arbeiterinnen lebende Ketten aus ihren Körpern und ziehen dann die Blätter zusammen. Dieses Verhalten ist spektakulär und nur durch ein ungewöhnliches Maß an Kooperation und Koordination möglich, das bei den Ameisen seinesgleichen sucht.[35] Haben die Ameisen schließlich aus den Blättern eine zeltartige Struktur gebaut, bilden die Arbeiterinnen Reihen, die die Blätter in Position halten. Andere Ameisen haben derweil Larven aus dem Inneren ihres Heimatnestes geholt, die sie dazu verwenden, mithilfe der aus der larvalen Unterlippe abgegebenen Spinnseide die Blätter aneinanderzu-»nähen« oder -zu-»weben«. Das Verhalten von *Oecophylla* ist inzwischen gut untersucht worden, und es gibt eine Vielzahl von speziellen morphologischen und verhaltensbiologischen Spezialanpassungen an diese komplexe Nestbauweise. So werden nur solche Larven geholt, die bereits ihr drittes und damit letztes Larvenstadium, aber innerhalb dieses Stadiums noch nicht ihr Maximalgewicht erreicht haben. So wird gewährleistet, dass die Larven bereits große Spinndrüsen besitzen, aber als »Webschiffchen« für die Arbeiterinnen nicht zu unhandlich werden.

Andere Ameisen, wie die Arten der Gattung *Pseudomyrmex*, nutzen nicht nur Pflanzen zu ihrem Nutzen, sondern sie haben mit Akazien ein System vollkommener gegenseitiger Abhängigkeit aufgebaut. Besonders gut untersucht sind die sogenannten afrikanischen Büffelhornakazien, die paarige, an Büffelhörner erinnernde, dicke Dornen besitzen, und die sie bewohnenden *Pseudomyrmex*-Ameisen.[36] Die Dornen der Akazien sind dickwandig, stabil und hohl und bieten so den Ameisen einen gut gesicherten Unterschlupf. Zudem geben die Akazien an der

Basis der gefiederten Blätter über sogenannte Nektarien zuckerhaltige Säfte ab, von denen sich die Ameisen ernähren. An den Blattspitzen der Akazien wachsen außerdem kleine, nährstoffreiche Körperchen, die die Ameisen abernten. Die Akazie stellt also für die Ameisen Unterschlupf und Nahrung und damit die wichtigsten Ressourcen zur Verfügung. Als Gegenleistung sind die *Pseudomyrmex*-Arbeiterinnen eine wirkungsvolle Verteidigungsarmee, die die Akazie vor Fressfeinden schützt. Rund ein Viertel des Ameisenvolkes auf einer Akazie ist rund um die Uhr damit beschäftigt, den Baum und sogar seine Umgebung von Insekten wie Wanzen, Zikaden, Motten, Käfern und anderen Pflanzenschädlingen zu reinigen. Sogar junge Schösslinge anderer Pflanzen, die im näheren Umkreis der Akazie wachsen, werden von den *Pseudomyrmex*-Arbeiterinnen so schwer beschädigt, dass sie eingehen. Die Vielfalt solcher Symbiosen zwischen Pflanzen und Ameisen, die oft zu einer völligen Abhängigkeit beider Partner führen, ist gewaltig. Inzwischen kennt man mehrere Hundert Pflanzenarten, die aus Pflanzenorganen entwickelte spezielle Strukturen besitzen, um Ameisen Unterschlupf zu bieten. Die Mannigfaltigkeit der Ameisenpartner in diesen Symbiosen ist vergleichbar groß.

DIE URAMEISEN

Über diese unglaublichen Anpassungsstrategien der Ameisen und ihre Nestbauten ließen sich Bücher füllen, mich interessiert aber besonders die Frage, wie das alles in der Frühevolution der Ameisen begonnen hat. Keine Zweifel kann es daran geben, dass bereits die Stammart der Ameisen, die »Urameisenart«, eusozial gelebt hat. Es gab also bereits Arbeitsteilung zwischen verschiedenen Kasten hinsichtlich Reproduktionsverhalten und Nahrungsbeschaffung. Die Stammart der Ameisen selbst allerdings ist naturgemäß schon lange ausgestorben und lässt sich daher nur theoretisch rekonstruieren. Mit diesem Dilemma hat man es in der biologischen Systematik immer zu tun, egal, mit welcher Tiergruppe man arbeitet. Bei der Stammbaumrekonstruktion ist man daher auch in erster Linie gar nicht an der Stammart interessiert, sondern man geht einen anderen Weg. Man sucht unter den heute noch lebenden Ameisen die Arten, die mit großer Wahrscheinlichkeit viele der bereits bei der

Stammart vorhandenen Merkmale bis heute erhalten haben. Gesucht wird also diejenige der heute lebenden Ameisengruppen, die die größte Zahl an urtümlichen Merkmalen besitzt und von der wir aus diesem Grund mit Fug und Recht annehmen können, dass sie die Schwestergruppe zu allen anderen Ameisen ist. Eine enorm wichtige Frage in der Ameisensystematik, und hier gehen die Meinungen der Wissenschaftler auseinander.

Im Jahr 2008 veröffentlichten Christian Rabeling, Jeremy M. Brown und Manfred Verhaagh, drei Ameisenforscher aus Deutschland und den USA, eine Entdeckung, die die bisherigen Vorstellungen über die Ameisenphylogenie völlig über den Haufen warf. Manfred Verhaagh, der am Naturkundemuseum in Karlsruhe die entomologische Abteilung leitet, hatte bereits 1999 zusammen mit einem brasilianischen Kollegen im Amazonas-Regenwald in der Nähe von Manaus zwei Arbeiterinnen einer Ameisenart entdeckt, die eindeutig noch nicht beschrieben war. Auch wenn das Herz eines Taxonomen bei der Entdeckung neuer Arten immer höherschlägt, kann man eine x-beliebige neue Ameisenart kaum als Sensation bezeichnen. Zu viele noch unbeschriebene Arten warten überall auf der Welt auf ihre Entdeckung, und selbst die Museumssammlungen sind voll mit noch ungehobenen taxonomischen Schätzen. Dieses Mal aber waren diese zwei winzigen blassen Arbeiterinnen wirklich etwas Besonderes. Unglücklicherweise aber trockneten die Alkoholgläschen mit den beiden Ameisen während eines Fluges nach São Paulo aus, und alle Bemühungen, die am Boden der Gläser eingetrockneten Tiere zu retten, waren vergeblich. Die beiden seltsamen Ameisen waren verloren.

Das änderte sich im Mai 2003. Zu dieser Zeit war Christian Rabeling, der heute in Arizona in der Arbeitsgruppe von Bert Hölldobler forscht, als Austauschstudent mehrere Monate in Manaus. Er berichtete mir, wie er die seltsame Ameisenart wiederfand: »Am 9. Mai 2003 war es dann soweit. Ich hatte im Wald Blattschneiderameisennester kartiert und es wurde bereits dämmerig. Ich saß am Boden und sortierte meine Ausrüstung, als mir eine einzelne Arbeiterin durchs Blickfeld lief. Die Ameise kam mir seltsam vor, und daher steckte ich sie in ein Gläschen. Als ich im Labor ankam, hatte ich sie bereits wieder vergessen. Erst am Wochenende, als ich die Hosentaschen entleerte, um die Hose zu waschen, fiel mir das Gläschen mit der komischen Ameise wieder in die Hände. Am Nach-

Die hypothetische Lebensweise von *Martialis heureka* in einem unterirdischen Erdtunnel. Barrett A. Klein, 2012.

mittag desselben Tages saß ich noch längere Zeit im Labor, um mithilfe von Boltons ›Identification Guide to the Ant Genera of the World‹ die Ameise zu bestimmen. Am Ende des Tages war ich frustriert, da ich nicht einmal die Unterfamilie sicher bestimmen konnte. Also entschloss ich mich, ein paar wackelige Fotos durchs Binokular zu schießen und diese an Manfred Verhaagh nach Karlsruhe zu schicken. Der Betreff der E-Mail war: ›Seltsames Tier‹. Manfred war überglücklich, dass die verloren geglaubte Ameise wiederentdeckt war. Zu dem Zeitpunkt hatten wir aber noch keine Ahnung, dass es sich um eine neue Unterfamilie (die erste neue Unterfamilie heute lebender Arten seit 80 Jahren!) und die Schwestergruppe der Ameisen handelte.«

Bereits die morphologische Analyse der nun einzigen vorliegenden Ameise zeigte also, dass sie in keine der bisherigen Unterfamilien der Ameisen passte. Anhand eines einzigen Beines konnten die Wissenschaftler schließlich die DNA extrahieren und analysieren. Rabeling und Verhaagh nannten die neue Art *Martialis heureka* und gaben in der Originalbeschreibung auch gleich zur Namensentstehung Auskunft. Sie hatten den bekannten Ameisenspezialisten Stefan P. Cover und Edward O. Wilson über ihre Entdeckung berichtet. Aufgrund der ungewöhnlichen Merkmalskombination, die sie noch nie zuvor bei einer Ameise gesehen hatten, rief Wilson aus, es handle sich wohl um eine Ameise vom Planeten Mars. Entsprechend hatten sie den Gattungsnamen *Martialis* gewählt, der sinngemäß »vom Mars stammend« bedeutet. Der Artname *heureka* ist der bekannte altgriechische Ausruf für »ich habe es gefunden« und steht für die spannende Wiederentdeckung der Art durch Rabeling.

Sowohl die morphologischen Merkmale als auch die genetische Analyse zeigten, dass *Martialis heureka* beziehungsweise die neu beschriebene Unterfamilie Martialinae die lang gesuchte Schwestergruppe aller übrigen Ameisen ist.[37] Wenig später wurde diese Hypothese wieder infrage gestellt, als eine erneute Analyse von Rabelings und Verhaags molekularen Daten mithilfe anderer Rechenverfahren zeigte, dass eine andere, bereits vorher als urtümlichste Ameisengruppe gehandelte Unterfamilie, die Leptanillinae, doch die Pole Position im Stammbaum der Ameisen als heute noch lebende Urameise verdient. Die Martialinae wurden darauf auf Platz 2 verwiesen, waren also die Schwestergruppe aller Ameisen ohne die Leptanillinae.[38] Noch neuere Analysen allerdings, die zum jetzigen Zeitpunkt noch nicht veröffentlicht sind, legen eine dritte Möglichkeit nahe, nämlich dass die Leptanillinae und die Martialinae einander nächstverwandt und gemeinsam die Schwestergruppe aller übrigen Ameisen sein könnten.[39]

Ob *Martialis heureka*, die Leptanillinae oder beide zusammen die heute lebenden Urameisen sind, ist für die Ameisenspezialisten eines der spannendsten Probleme der Insektenstammesgeschichte. Für die Frage nach der mutmaßlichen Lebensweise der Stammart der Ameisen allerdings spielt das eine untergeordnete Rolle. Die Individuen beider Gruppen sind kleine, blinde, blasse Ameisen, die unterirdisch leben und nur nachts zur Jagd an die Oberfläche kommen. Natürlich nur sofern bekannt. Die drei Individuen von *Martialis heureka* konnten nicht lebend beobachtet werden, da sie aber schlanke Beine besitzen, die wohl für besondere Grabaktivitäten ungeeignet sind, ist anzunehmen, dass sie in bereits existierenden Hohlräumen vielleicht unter verrottendem Holz ihre Nester anlegen. Die übereinstimmenden Merkmale in Körperbau und Lebensweise von *Martialis heureka* und den Leptanillinae machen es wahrscheinlich, dass auch die eigentliche Urameise, die Stammart aller heute lebenden und bereits ausgestorbenen Ameisen, eine solche Lebensweise geführt haben dürfte. In einfachen, unterirdischen Höhlen begann die Erfolgsgeschichte der Ameisen, und von hier entwickelte sich die faszinierende Vielfalt von Nestbauweisen der Ameisen im Wechselspiel zwischen Stachel und Staat.

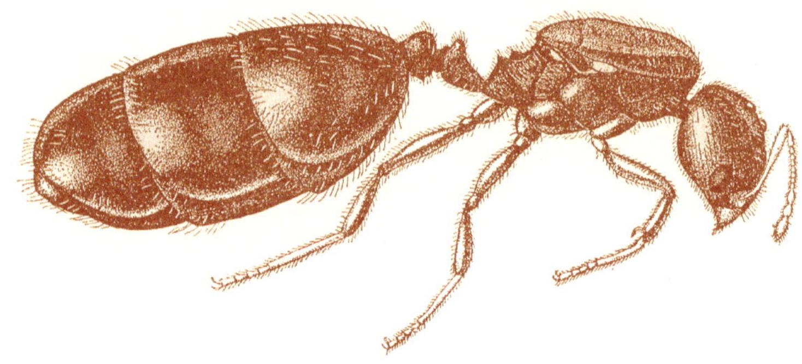

KAPITEL 7

STAAT

Vom Vorteil des Zusammenlebens

Die individuenreichen Staaten der sozialen Faltenwespen, Bienen und Ameisen gehören zu den auffälligsten von Insekten verursachten Naturerscheinungen überhaupt. Nur die Termiten, die einzige hochsoziale Gruppe von Insekten, die keine Hymenopteren sind, können den sozialen Hautflüglern beinahe das Wasser reichen. Wespen-, Bienen- und Ameisennester nehmen häufig gewaltige Ausmaße an, und die Bewohner treten in immensen Individuenzahlen in vielen Lebensräumen auf. Auch in unserer Kulturlandschaft und selbst in Städten sind die Honigbiene und einige soziale Wespen und Ameisen auffällig und allgegenwärtig. Besonders in den Tropen sind sie die wichtigsten Räuber anderer Wirbellosen, und in endlosen Scharen durchkämmen Ameisenarbeiterinnen die Wälder auf der Suche nach Nahrung für den immer hungrigen Staat. Ameisen gelten als heimliche Herrscher des Regenwaldes und übernehmen dort eine zentrale ökologische Funktion.

Innerhalb der stechenden Insekten stellen die hochsozialen Arten den einen Endpunkt eines großen evolutiven Bogens dar, der bei den einzeln lebenden, solitären Arten beginnt und über viele Zwischenformen bis zu den staatenbildenden Arten verläuft. An dieser Stelle bietet es sich an, den Begriff der Eusozialität etwas genauer zu erläutern, da er für ein Verständnis der Evolution von Tiergemeinschaften hilfreich ist. Er wurde von dem US-Bienenforscher Charles D. Michener (1918–2015), der als einer der produktivsten Bienenforscher überhaupt gelten kann, im Jahr 1969 eingeführt. Eusozialität ist die am höchsten integrierte Form des Zusammenlebens von Tieren einer Art.[1] Sie bezeichnet soziale Verbände, für die folgende Kriterien kennzeichnend sind:

- Individuen derselben Art und häufig derselben Familie kooperieren miteinander bei der Aufzucht des Nachwuchses.
- Es gibt eine reproduktive Arbeitsteilung, sodass üblicherweise ein weibliches Geschlechtstier das Eierlegen komplett übernimmt und die mehr oder minder sterilen Arbeiterinnen, die meist den größten Anteil im Staat ausmachen, für die Aufzucht des Nachwuchses, die Nahrungsbeschaffung, den Nestausbau und alle anderen anfallenden Tätigkeiten zuständig sind.
- Im Nest leben zur selben Zeit mindestens zwei Generationen, sodass die Nachkommen zumindest zeitweilig ihren Eltern helfen.

Die Arbeitsteilung drückt sich bei vielen Arten durch die Ausbildung von morphologisch unterschiedlichen Kasten aus, die an ihre spezifischen Aufgaben angepasst sind. Sozialstrukturen mit morphologisch unterscheidbaren Kasten nennt man häufig hoch eusozial, während Arten, deren die Arbeitsteilung durchführende Individuen morphologisch gleich sind und sich nur im Verhalten unterscheiden, als primitiv eusozial bezeichnet werden.

Bei aculeaten Hymenopteren kommen verschiedene Stufen sozialen Lebens vor, bei denen die drei Hauptkriterien für Eusozialität in unterschiedlicher Weise kombiniert werden. Michener unterscheidet folgende Stufen von Eusozialität:

- solitär: Keines der drei Kriterien kommt vor.
- subsozial: Die Erwachsenen kümmern sich zumindest zeitweilig um ihren Nachwuchs.
- kommunal: Mitglieder derselben Generation nutzen eine gemeinsame Nestanlage, ohne bei der Brutpflege zu kooperieren.

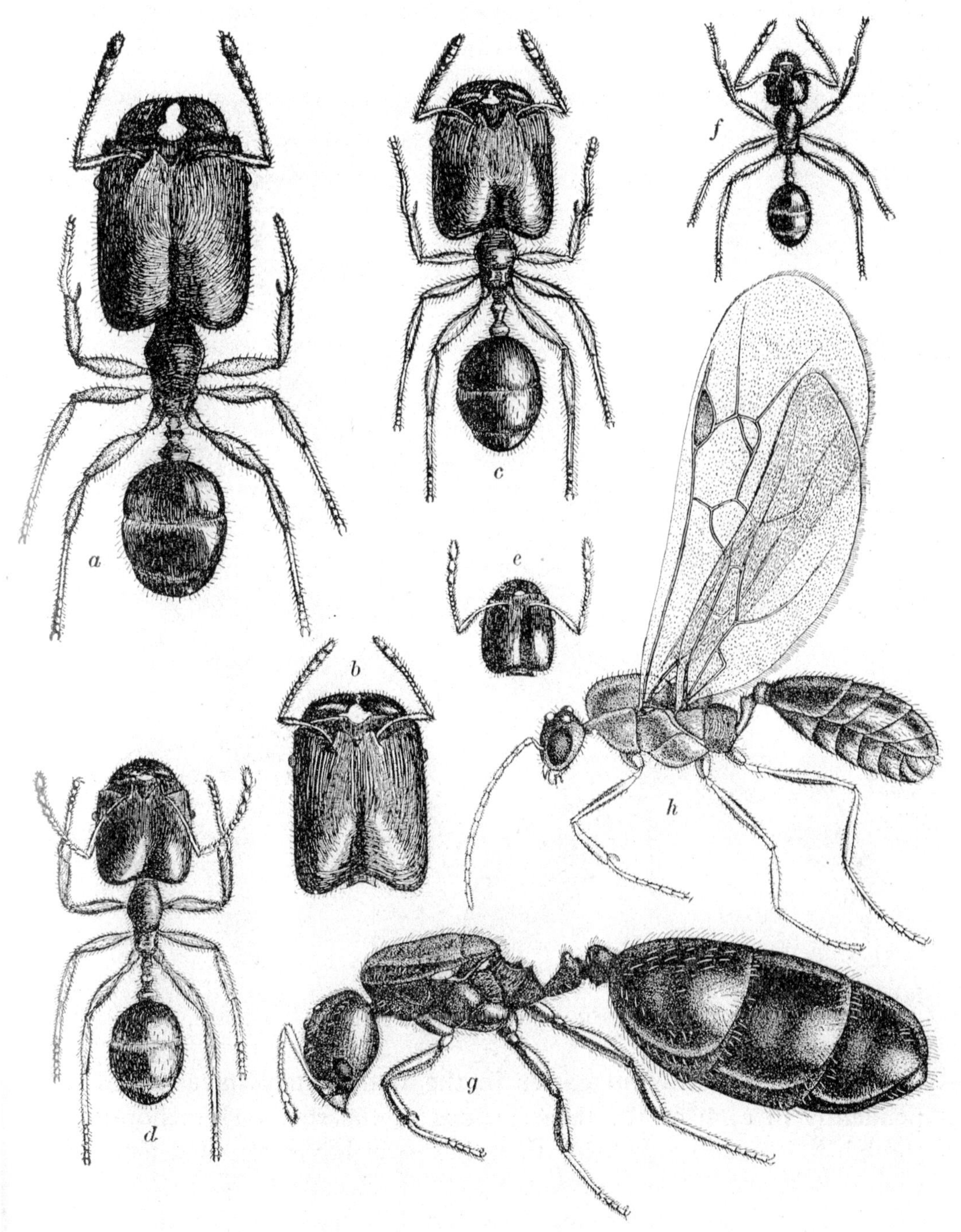

Die Vielfalt der Kasten bei der Ameisenart *Pheidole tepicana*. a: Soldat, b–f: verschiedene Arbeiterinnen, g: flügelloses Weibchen, h: Männchen. William Morton Wheeler, 1910.

- quasisozial: Mitglieder derselben Generation nutzen eine gemeinsame Nestanlage und kooperieren bei der Brutpflege.
- semisozial: Wie quasisozial, aber mit reproduktiver Arbeitsteilung, bei der eine sterile Arbeiterkaste die Nachkommen der reproduktiven Kaste versorgt.
- eusozial: Wie semisozial, aber generationenübergreifend, sodass die Nachkommen ihre Eltern unterstützen.

Eusozialität kommt bei sozialen Wespen der Familie Vespidae, bei sozialen Bienen und bei Ameisen vor. Grabwespen haben üblicherweise eine solitäre Lebensweise, allerdings mit einem breiten Spektrum an subsozialen und kommunalen Formen des Zusammenlebens. Die einzigen bekannten Grabwespen mit echter Eusozialität gehören in die Gattung *Microstigmus*, aber das wissen Sie ja bereits aus dem Kapitel »Raum«. Robert W. Matthews, ein US-Wespenforscher, hatte bei Untersuchungen an der Art *Microstigmus comes* aus Costa Rica nachgewiesen, dass sie die Kriterien für Eusozialität erfüllt: Die meisten Nester haben drei bis acht, manchmal sogar bis 18 Weibchen, die bei der Versorgung der Larven mit Springschwänzen (Collembola) und bei der Verteidigung des Nestes zusammenarbeiten. Ein klarer Fall von Kooperation. Eines der Weibchen besitzt grundsätzlich die besser entwickelten Ovarien und ist also mutmaßlich reproduktiv dominant. Also reproduktive Arbeitsteilung. Und schließlich sind einige der Weibchen im Nest früher geschlüpft als andere, und damit gibt es mehr als eine Generation zur selben Zeit im Nest. Die drei Kriterien für echte Eusozialität sind also erfüllt, und damit sind die *Microstigmus*-Arten innerhalb der rund 10 000 solitär lebenden Grabwespenarten die einzigen, die vollkommen unabhängig von anderen sozialen Arten eine eigene Form der Eusozialität evolviert haben.

EIN WESPENNEST IM JAHRESVERLAUF

Unsere gut bekannten einheimischen Faltenwespenarten wie die Deutsche und die Gemeine Wespe stehen stellvertretend für eine Form des Soziallebens, wie es typisch für soziale Arten in den gemäßigten Breiten ist. Die Struktur dieses Soziallebens wird deutlich, wenn man sich den Jahreszyklus eines typischen Wespenstaates anschaut, wie er überall in

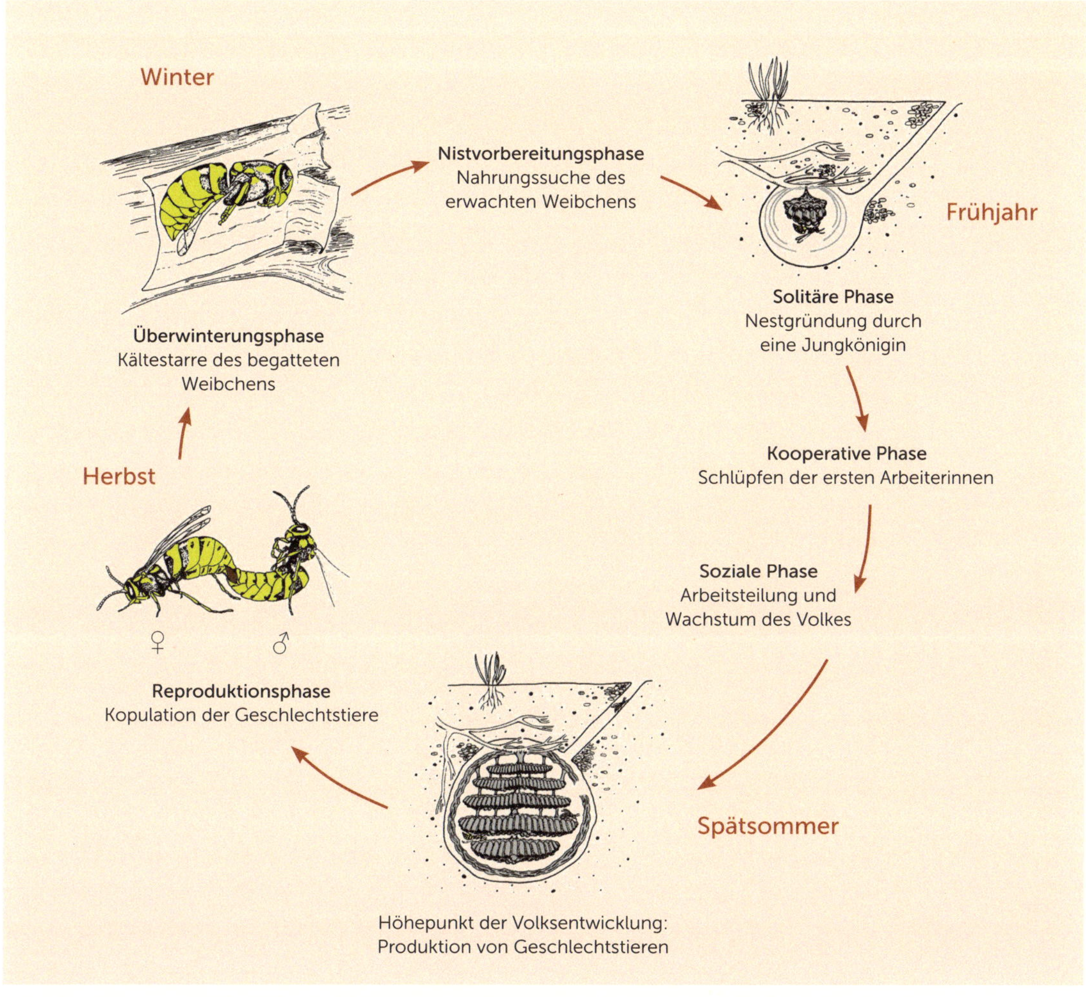

Schematischer Jahreszyklus der sozialen Faltenwespen in den gemäßigten Breiten.

Mitteleuropa vorkommen kann. Der Jahreszyklus ist dabei recht einheitlich auf die Jahreszeiten abgestimmt. Insgesamt existiert bei uns ein Wespennest je nach Witterung fünf bis sechs Monate. Die Deutsche und die Gemeine Wespe sind als Kulturfolger in viele Länder der Erde verschleppt worden, und in geografischen Regionen, in denen es ganzjährig milde Temperaturen und ausreichend Nahrung gibt, kommen auch mehrjährige Nester vor. Es gehört sicherlich zur Alltagserfahrung der meisten Menschen in unseren Breiten, dass die Wespenstaaten und ihre Papiernester nur einjährig sind und in jedem Jahr neu angelegt werden. Was allerdings zwischen dem Baubeginn eines neuen Nestes im Frühjahr und dem unausweichlichen Zugrundegehen im Spätherbst eines jeden Jahres passiert, ist nicht leicht zu verfolgen, da es vorwiegend im Verborgenen passiert. Üblicherweise unterscheidet man sechs Hauptphasen der Entwicklung eines Wespenstaates: die Überwinterungsphase, die Nistvorbereitungsphase, die solitäre Phase, die kooperative Phase, die soziale Phase und die Reproduktionsphase.

Nur die im Herbst begatteten Jungköniginnen überwintern und überdauern die kalte Jahreszeit in Kältestarre an einem möglichst frostgeschützten Ort, wie zum Beispiel unter Rinde, in einem Reisighaufen oder in einer Baumhöhle. Sie nehmen dabei eine charakteristische Körperhaltung an, bei der die Flügel, Beine und Fühler eng an den Körper gezogen werden.[2] In der winterlichen Kältestarre ist die Stoffwechselaktivität der Königin stark herabgesetzt und auf die lebenserhaltenden Funktionen reduziert.

Je nach Temperatur erwachen die Königinnen zwischen Ende April und Mai, was, wie der Wespenforscher Friedrich Schremmer schrieb, der Zeit der Schlehdornblüte entspricht. Sie haben bis dahin ihre Fettreserven, die sie im Lauf des Sommers angelegt und die sie über den Winter gebracht haben, weitestgehend aufgebraucht. Aus diesem Grunde machen sich die jungen Königinnen nach dem Erwachen als Erstes auf die Suche nach energiereichen Futterquellen. Das sind vor allem Nektar von früh blühenden Pflanzen und zuckerhaltige Baumsäfte, die sie durch das Annagen von Bäumen selbst gewinnen. Erst zwei bis drei Wochen nach dem Erwachen beginnen die Weibchen nach einem geeigneten Ort für die Nestgründung zu fahnden. In dieser Zeit sieht man manchmal die Königinnen, die deutlich größer als die vertrauten Arbeiterinnen sind, in Gärten und an Häusern herumfliegen und Löcher inspizieren.

Sobald die Jungkönigin einen geeigneten Platz gefunden hat, beginnt sie ein kleines Nest aus wenigen Zellen anzulegen. Dazu sammelt sie Holzfasern, die sie zu einem Brei zerkaut, aus dem sie die ersten Zellen des Nestes baut. Diese ersten Zellen werden von einer ein- bis dreischichtigen Papierhülle umschlossen. Aus den von der Königin gelegten Eiern, die aus dem Spermavorrat der vorwinterlichen Paarung befruchtet werden, schlüpfen ausschließlich Arbeiterinnen. Bis die erste Arbeiterinnengeneration geschlüpft ist, muss die Königin alle notwendigen Tätigkeiten vom Nestbau bis zur Fütterung der Larven alleine durchführen. Sind die Arbeiterinnen schließlich geschlüpft, übernehmen sie diese Arbeiten. Die Königin legt dabei kontinuierlich ein Ei in jede Nestzelle, und nach dem Schlupf der Larven füttern die Arbeiterinnen die Larven mit einem Brei aus frisch gefangenen und zerkauten Insekten oder anderem tierischen Fleisch.

Ab einer gewissen Nestgröße kommt es zur kompletten reproduktiven Arbeitsteilung, indem sich die Königin ganz auf das Eierlegen beschränkt und die Arbeiterinnen alle sonstigen Aufgaben übernehmen. Durch die gemeinsamen Aktivitäten erhöht sich die Zahl der Nestzellen und damit die Zahl der Arbeiterinnen kontinuierlich. Die Waben wachsen durch Anbau weiterer Zellen in die Breite, während zugleich etagenweise neue, mit Stielen miteinander verbundene Waben angelegt werden.

Je nach Witterungsverlauf erreicht ein Wespenvolk seinen jahreszeitlichen Höhepunkt mit der größten Zahl an Arbeiterinnen Ende August oder in der ersten Septemberhälfte. Dann beginnen die Arbeiterinnen mit der Aufzucht von Geschlechtstieren. Die Männchen, die aus unbefruchteten Eiern entstehen, treten ein bis zwei Wochen vor den Weibchen auf. Aus den befruchteten Eiern entstehen sowohl Arbeiterinnen als auch Königinnen, allerdings werden die Königinnenlarven anders gefüttert und in eigenen, größeren Königinnenzellen herangezogen. Etwas Ähnliches kennt man auch von Honigbienen. Larven, die zu Königinnen heranreifen sollen, werden von den Arbeiterinnen mit einem speziellen körpereigenen Drüsensekret gefüttert, das als »Gelée royale« bezeichnet wird. Nach dem Schlupf verlassen die Wespengeschlechtstiere das Nest und paaren sich miteinander. Der dadurch entstehende Spermienvorrat wird in einem speziellen Abschnitt des Genitaltrakts der Weibchen verwahrt, in dem die Spermien über ein Jahr befruchtungsfähig bleiben.

Die frisch befruchteten Jungweibchen bereiten sich auf die Überwinterung vor, indem sie weiter Nahrung aufnehmen und sich ausreichende Fettreserven für den langen Winterschlaf anlegen. Die Zahl der Arbeiterinnen im Nest nimmt währenddessen kontinuierlich ab, und durch Futtermangel gehen letztlich die noch vorhandenen Larven, die Arbeiterinnen und schließlich auch die Königin zugrunde. Das über den Sommer zu ansehnlicher Größe angewachsene Papiernest zerfällt zusehends mangels Pflegearbeiten. Nester werden übrigens nicht wieder genutzt, sondern im Frühjahr immer neu angelegt. Kommt es im nächsten Jahr am selben Ort erneut zu Nestbauaktivitäten, liegt dies wahrscheinlich daran, dass der Nistplatz besonders geeignet ist und erneut von einer jungen Königin zufällig entdeckt wurde.

ENTSTEHUNG VON SOZIALVERHALTEN BEI WESPEN

Die soziale Struktur innerhalb eines Wespennestes ist deutlich weniger spezialisiert als die eines Honigbienennestes. So kommen bestimmte, für Honigbienen charakteristische Phänomene bei Wespen nicht vor: Mehrjährigkeit (Bienennester existieren zum Teil viele Jahre); Nestgründung durch Schwärmen (die schwärmenden Bienenköniginnen nehmen viele Arbeiterinnen mit); schnelles Eingehen des Nestes durch »Weisellosigkeit« (Wespennester werden bei Verlust der Königin langsam dezimiert, weil keine neuen Arbeiterinnen nachproduziert werden, ohne dass sich das unmittelbare Verhalten der Arbeiterinnen anfänglich ändert); »Drohnenschlacht« (die nach der Befruchtung der Königin nicht mehr benötigten Wespenmännchen werden nicht aktiv getötet, sondern verlassen für immer das Nest) und eine strenge Aufgabenteilung (sie kommt bei Wespen nicht in dem Maße vor).

Zur evolutiven Entstehung von Sozialverhalten bei Wespen gibt es mehrere Hypothesen. Die bekannteste ist dabei die sogenannte »Polygyne-Familien-Hypothese«, die insbesondere auf die US-Evolutionsbiologin Mary Jane West-Eberhard zurückgeht.[3] Polygyn stammt von den griechischen Worten »poly« für viel und »gyne« für Frau ab und bedeutet in diesem Fall die Nestgründung durch mehrere fortpflanzungsfähige Weibchen. Diese Hypothese geht von einem anfänglich solitären Stadium aus, in dem ein Weibchen eine größere Menge an Futtertieren in sein Nest trägt, in das es zuvor ein Ei gelegt hat. Im zweiten Stadium der Entstehung von Eusozialität entsteht eine »kastenlose, polygyne Familiengruppe«, bei der eine Nestanlage von mehreren Weibchen und einigen Töchtern gemeinsam genutzt wird, ohne dass es dabei zur Ausbildung unterschiedlicher Kasten kommt. Erste Schritte zu einer funktionellen Arbeitsteilung finden im nächsten Schritt in Form von unterschiedlichem Reproduktionserfolg statt.

Solche Unterschiede zwischen den Weibchen eines Nestes können zum Beispiel durch eine unterschiedliche Körpergröße verstärkt werden. Stärkere Mitglieder der Nestgruppe können sich bei der Konkurrenz zum Beispiel um Eiablagemöglichkeiten besser behaupten. Verlierer aus diesen Konkurrenzsituationen in einem Nest können immer noch ihre »Fitness« erhöhen, indem sie sich um die Aufzucht ihrer Schwestern kümmern, die einen erheblichen Teil ihrer eigenen Gene besitzen. Diese alternative Reproduktionsstrategie, die darin besteht, die eigenen Gene nicht über den eigenen Nachwuchs, sondern über nahe Verwandte weiterzugeben, spielt bei Hymenopteren eine bedeutende Rolle. Dazu später mehr. Über ein Stadium mit rudimentärer Ausbildung von Kasten, bei dem sich manche Weibchen Königinnen-ähnlich verhalten, indem sie mehr Eier als andere legen und weniger auf Futtersuche gehen, wird schließlich das Stadium der vollen Sozialität erreicht. Erst hier kommt es dauerhaft zum Auftreten solcher »Konkurrenzverlierer«, die überhaupt keine eigenen Eier mehr legen und den alternativen Weg der Unterstützung ihrer Schwestern beschritten haben. Die Arbeiterkaste ist entstanden.

SOZIALITÄT BEI BIENEN

Sozialität tritt bei Bienen in vielen verschiedenen Erscheinungsformen und in vielen verschiedenen Teilgruppen auf. Echte Eusozialität aber kommt nur bei wenigen Bienengruppen vor, nämlich bei den Apidae, zu denen die Honigbiene, die Hummeln und die stachellosen Bienen gehören, und bei einigen Schmal- oder Furchenbienen (Halictidae). Wissenschaftler schätzen, dass etwa 10 Prozent aller Bienenarten eusozial sind.[4] Die unter allen eusozialen Tierarten am besten untersuchte Tierart ist sicherlich die Honigbiene *Apis mellifera*, die durch die Vielzahl an verfügbaren Daten ein wichtiger Bezugspunkt bei vergleichenden Untersuchungen bei Bienen darstellt. Das Sozialleben der Honigbiene ist besser untersucht als das jeder anderen Bienenart, und zumindest in seinen Grundzügen dürfte das Leben in einem Bienenstock vielen Menschen vertraut sein. Weitaus weniger bekannt aber ist das Verhalten von Bienenarten, die viel einfachere, stammesgeschichtlich wahrscheinlich urtümliche Formen des sozialen Lebens zeigen. Solche Lebensweisen sind deshalb interessant, weil sie Indizien dafür liefern, wie Sozialität bei Bienen überhaupt entstanden ist.

Die Furchenbienen, wissenschaftlich Halictidae, stellen für diese Fragen eine interessante Untersuchungsgruppe dar. Ihren Namen verdanken die Bienen einer auffälligen furchenähnlichen Linie auf der fünften Rückenplatte des Hinterleibs, die aus kurzen Haaren besteht und von langen, dichten Haaren umgeben ist. Sie sind mit etwa 3500 bekannten Arten die zweitgrößte Bienenfamilie, wovon etwa 830 Arten als eusozial gelten können.[5] Furchenbienen zeigen eine weitaus höhere Vielfalt und Flexibilität in den Ausprägungen eusozialen Lebens als jede andere eusoziale Bienengruppe.[6] Die nordamerikanische Furchenbienenart *Lasioglossum (Dialictus) zephyrus* könnte nach der Meinung von E. O. Wilson ein solches heute lebendes Modell einer einfachen, frühen Form sozialen Lebens bei Bienen sein.[7]

Der Lebenszyklus eines Nestes von *Lasioglossum (Dialictus) zephyrus* beginnt wie bei den sozialen Wespen mit überwinternden, im Herbst des Vorjahres befruchteten Weibchen. Die Bienenweibchen allerdings schlüpfen aus Kammern des Erdnestes, das im Vorjahr noch von der mütterlichen Nestgemeinschaft besiedelt war. Manche der frisch geschlüpften Weibchen bleiben im alten Nest, viele aber suchen sich auf sandigen Flächen eine geeignete Stelle, um ein neues Nest anzulegen. Eine solche Gründungskönigin gräbt dann ein kleines, aus drei oder vier Zellen bestehendes Nest im Boden und befüllt die Zellen mit einer aus Pollen geformten Kugel, auf die sie ein Ei ablegt. Nachdem sie die ersten Zellen in dieser Weise hergerichtet und schließlich versiegelt hat, stellt sie jede Aktivität ein und wartet. Etwa Ende Mai schlüpft dann die erste Generation von Töchtern und Söhnen. Die Töchter beginnen unmittelbar nach dem Schlupf, Futter zu suchen, das Nest zu vergrößern und weitere Gänge und Zellen anzulegen, in die sie wiederum jeweils eine Pollenkugel legen. Die Gründerin belegt danach wiederum jede Pollenkugel mit einem Ei. Bereits jetzt kann man von einer einfachen Form von Eusozialität sprechen. Die Situation verkompliziert sich allerdings recht bald. Die frisch geschlüpften Töchter und Söhne beginnen sich zu paaren. Nachdem etwa Mitte Juni die Gründungskönigin gestorben ist, beginnen die frisch begatteten Jungweibchen, Eier zu legen. Dadurch kommt es zu einer Situation, die Michener eine »ungute Oligarchie von Schwestern« nennt. Die befruchteten Eierlegerinnen konkurrieren um die Pollenkugeln, und häufig werden Eier schon vor Fertigstellung der Kugeln abgelegt. Etwa zur Sommermitte erreicht das Nest seine maximale Ausdehnung und weist bis zu 85 belegte Zellen und 45 erwachsene Weibchen auf. Die Produktion von Männchen nimmt im Lauf des Jahresverlaufs zu. Frisch geschlüpfte Männchen verlassen das Nest, um sich mit den später erscheinenden Weibchen zu verpaaren. Im Spätherbst

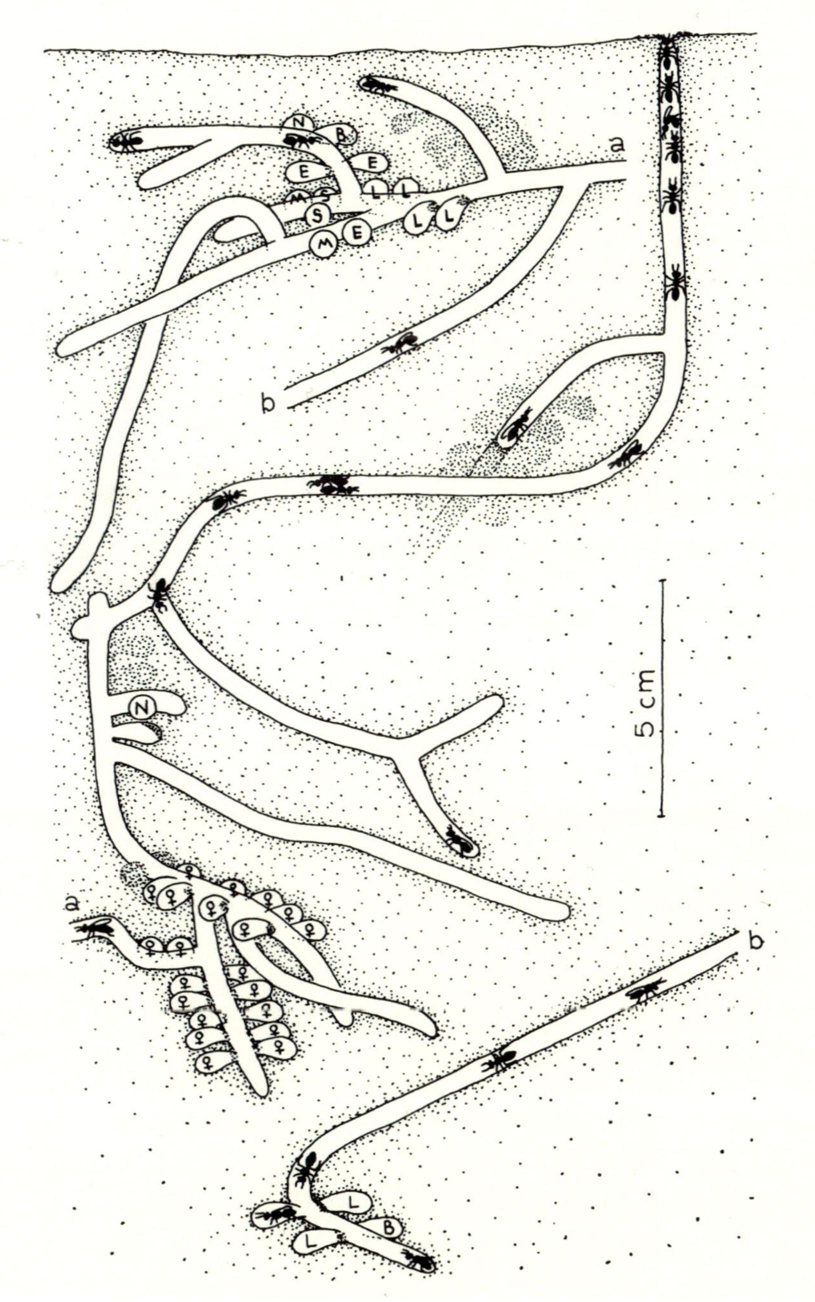

Ein Erdnest von *Lasioglossum (Dialictus) zephyrus.* Susanne W. T. Batra, 1966.

beginnen die jungen, begatteten Weibchen, sich in die Winterruhe zu begeben. Der Jahreszyklus schließt sich.

Das Sozialverhalten von *Lasioglossum (Dialictus) zephyrus* ist eine sehr einfache Form von Eusozialität. Die eierlegenden Weibchen unterschieden sich äußerlich kaum von den Arbeiterinnen, und es gibt keine unmittelbare Kommunikation und Interaktion zwischen den Nestmitgliedern bis auf die unausweichlichen Begegnungen in den Gängen des Nestes. Allerdings konnte Michener zeigen, dass die von einzelnen Tieren durchgeführten Tätigkeiten Signalcharakter für andere Tiere haben. Wenn beispielsweise ein Weibchen eine Zelle fertig konstruiert hat, führt das dazu, dass ein anderes eine Pollenkugel anlegt, was ein drittes Tier wiederum dazu veranlasst, ein Ei auf die Pollenkugel abzulegen, was schließlich die Versiegelung der Zelle auslöst. Und so weiter und so weiter.

Diese recht urtümliche Form der Sozialität scheint für manche Furchenbienenarten charakteristisch zu sein. Auf der anderen Seite allerdings gibt es Arten, die mehrjährige Nester mit bis zu 500 Arbeiterinnen mit weitaus deutlicher differenzierten Kasten errichten. Interessant ist, dass nach neuesten Untersuchungen mittels genetischer Methoden Sozialität zwei- bis viermal innerhalb der Halictidae unabhängig voneinander entstanden ist.[8] Mehrfach sind Arten zudem wieder zur solitären Lebensweise zurückgekehrt, nachdem ihre Vorfahren bereits Sozialität erfunden hatten. Das wiederum führt zu der Situation, dass die nächsten Verwandten einiger sozialer Halictiden-Arten nicht-soziale Halictiden-Arten sind.[9]

Diese einfache Form sozialen Bienenlebens unterscheidet sich gravierend vom Leben in einem Honigbienenstaat. Bereits die Nestgründung läuft fundamental anders ab. Während bei den Halictiden ein einzelnes befruchtetes Weibchen die ersten Zellen errichtet, schwärmt die alte Königin mit einem erheblichen Teil des riesigen Volkes aus. Jeder Schwarm fliegt nur eine kurze Distanz, um sich *en masse* vorübergehend an einer nahe gelegenen Stelle zu versammeln. Suchbienen schwärmen aus, um einen geeigneten permanenten Nistort zu lokalisieren, dessen Position sie dem Schwarm mithilfe des Schwänzeltanzes mitteilen. Darüber hinaus ist ein Honigbienenstaat mehrjährig, was ihm die Möglichkeit gibt, zu enormer Größe heranzuwachsen. Bis zu 80 000 Arbeiterinnen kommen im Extremfall vor. Ein solcher Riesenstaat will ernährt werden, und so müssen die Arbeiterinnen mögliche Nahrungsressourcen in einem weiten Umkreis um den Stock lokalisieren. Um diese wiederum effizient nutzen zu können, sind Kommunikationsmechanismen wie der Schwänzeltanz entwickelt worden. Die Arbeitsteilung bei Honigbienen ist außerordentlich strikt, und die Königin, deren Tätigkeit sich auf das Eierlegen beschränkt, unterscheidet sich in ihrer Gesamterscheinung gravierend von den Arbeiterinnen. Diese durchlaufen im Jahresgang eine Reihe von unterschiedlichen Tätigkeitsfeldern. Eine Arbeiterin beginnt nach ihrem Schlupf mit verschiedenen Innendiensttätigkeiten wie der Pflege der Brutzellen, dem Füttern der Larven, dem Bauen neuer Zellen, dem Verarbeiten des eingetragenen Nektars und des Pollens und schließlich dem Wachdienst. Erst danach wird sie im Außendienst eingesetzt und unternimmt Sammelflüge, um Pollen, Nektar, Harz und Wasser in das Nest zu transportieren. Ganz anders ist auch der Nestbau, der bei Halictiden im Boden stattfindet, während die Honigbienen aus den von ihnen selbst produzierten Wachsplättchen die bekannten, großen Wachswaben anfertigen.

Wie oft bei den Bienen höheres Sozialleben evolviert wurde, ist Gegenstand lebhafter Diskussionen. So gibt es eine ganze Reihe von Ähnlichkeiten im Sozialleben von Honigbienen und stachellosen Bienen, die beide zu den Apidae gehören. Molekulare Untersuchungen allerdings legen nahe, dass sich die hoch entwickelte Form sozialen Lebens in beiden Gruppen unabhängig voneinander entwickelt hat.[10] Sicher ist in jedem Fall, dass Eusozialität mehrfach bei Bienen entstanden ist.

AUF DER SUCHE NACH DER URAMEISE

Ameisen sind die einzige Familie innerhalb der Hautflügler, die von ihrem evolutiven Beginn an eusozial war. Solitäre Ameisen gibt es nicht, allerdings sind verschiedene Arten sekundär zu Sozialparasiten geworden. Die Vielfalt an unterschiedlichen Formen des Soziallebens bei Ameisen ist immens, und sie bilden aufgrund einer Vielzahl von anatomischen und verhaltensbiologischen Anpassungen sehr unterschiedliche ökologische Nischen.[11] Ameisen dominieren dabei besonders die tropischen Lebensräume durch eine ungeheure Menge an Arbeiterinnen, die beinahe überall zu finden sind. Wissenschaftliche Untersuchungen haben gezeigt, dass Ameisen in der obersten Kronenschicht des Amazonas-Regenwaldes von Peru rund 70 Prozent der dort lebenden Insekten ausmachen.[12] Es wird geschätzt, dass das Gewicht aller Ameisen weltweit dem Gesamtgewicht aller Menschen der Erde entspricht.[13] Man kann davon ausgehen, dass erst ihre soziale Natur die Ameisen derart erfolgreich gemacht hat. Eine einzelne Ameise ist ein kleines Geschöpf, aber in der Gemeinschaft von vielen sind sie enorm wirkungsvoll. Erst die hoch entwickelte altruistische Lebensweise hat den Ameisen den entscheidenden Konkurrenzvorteil gebracht. Das Individuum gilt nichts, nur die Gemeinschaft zählt. Mit Fug und Recht kann man diese überindividuelle, soziale Einheit eines Ameisenvolkes als »Superorganismus« bezeichnen, ein Begriff, der 1910 von dem US-Ameisenforscher William Morton Wheeler (1865–1937) geprägt wurde.

So faszinierend die Vielfalt der ungewöhnlichen Formen sozialen Lebens bei den Ameisen auch ist, Sie ahnen es, einen Systematiker wie mich interessiert ganz besonders, wie all das seinen Ursprung nahm, wie also die Stammart aller Ameisen, die »Urameise«, gelebt hat. Wie ich schon vorher erläutert hatte, gibt es keine Möglichkeit, die Urameise direkt zu finden und zu untersuchen. Natürlich ist sie längst erloschen, da sie Ausgangspunkt für ganze Ketten von Artspaltungen gewesen ist und so evolutiver Ausgangspunkt für die gesamte ausgestorbene und heute noch existierende Ameisenvielfalt war.

Aus der Kenntnis der heutigen Diversität und der Kenntnis etwaiger Fossilien kann man mit einer gewissen Wahrscheinlichkeit rückschließen, wie die Stammart der Ameisen ausgesehen und wie sie sich verhalten hat. Entsprechende Fossilien zu finden, die der Stammart mutmaßlich ähnlich sind, ist naturgemäß Glückssache. Es ist beinahe unmöglich, Fossilien systematisch zu finden, und man muss hoffen, dass an geeigneten Fundstellen einmal Exemplare auftauchen, die helfen, wichtige Fragen zu klären. Und den Ameisensystematikern war das Glück tatsächlich hold. 1966 fanden Edmund Frey und seine Frau ein Bernsteinstück in Cliffwood, New Jersey. Das Stück enthielt zwei Ameisenarbeiterinnen, und über Umwege gelangte das Stück schließlich auch in die Hände von Edward O. Wilson. Zusammen mit zwei Kollegen veröffentlichte Wilson nur ein Jahr später die Beschreibung von *Sphecomyrma freyi*. Das Fundstück gehörte zu einem Bernsteintyp, der als New-Jersey-Bernstein bezeichnet wird und rund 90 Millionen Jahre alt ist.

Dieser Bereich in der früheren bis mittleren Kreidezeit war immer noch von Dinosauriern bevölkert, und es würde noch rund 25 Millionen Jahre dauern, bis die ersten Säugetiere das Licht der Welt erblickten. Zu diesem Zeitpunkt im Mesozoikum, dem Erdmittelalter, hatten sich die Blütenpflanzen bereits zu einer enormen Artenfülle entwickelt, was wiederum Ausgangspunkt für die Entstehung zahlreicher Insektengruppen war. In dieser für die Evolution aller Insekten und auch der Hautflügler besonders aktiven Zeit lebte *Sphecomyrma*, die Urameise. Oder sagen wir besser *eine* Urameise, denn erstens können wir aus grundsätzlichen Gründen den Beweis nicht führen, ob ein bestimmtes Fossil genau zur Stammart einer Gruppe gehört. Zweitens aber, und das ist bei *Sphecomyrma* besonders wichtig, kann dieses Fossil nicht zur Stammart aller Ameisen gehören, weil es mit seinen rund 90 Millionen Jahren viel zu jung ist. Aktuelle Stammbaumhypothesen zeigen plausibel, dass die Ameisen in der frühesten Kreidezeit etwa vor 115 bis 135 Millionen Jahren ihren Ursprung hatten.[14]

Sphecomyrma zeigt eine ganze Reihe von anatomischen Strukturen, die im Kontext der zuvor publizierten Hypothesen zur Merkmalsevolution der Ameisen als urtümlich gelten müssen. Sie besitzt ein einzigartiges Mosaik aus Merkmalen von heutigen Ameisen, Merkmalen, die man von Wespenvorfahren der Ameisen erwarten würde, und einigen Merkmale, die irgendwie zwischen Ameisen und Wespen liegen. So sind die Mandibeln, die Oberkiefer, sehr kurz und zweizähnig, was ein Wespenmerkmal ist. Die Taille, ist zwar ameisenähnlich, »jedoch in vereinfachter Form, als ob sie sich erst vor kurzem entwickelt hätte«, so Hölldobler und Wilson in einem später publizierten Buch.[15] Interessant ist, dass *Sphecomyrma* einen auffallend stark entwickelten Stachel besitzt, und Hölldobler und Wilson stellten sich vor, »wie in archaischen Zeiten Schwärme von *Sphecomyrma*-Arbeiterinnen kleine Dinosaurier vertrieben, die zu nahe an ihrem Nest vorbeigekommen sind.«[16]

Mag auch *Sphecomyrma* nicht die eine Urameise sein, ist sie doch diejenige unter allen bekannten Ameisen, die eine recht große Menge von Merkmalen konserviert hat, die mutmaßlich bereits die Stammart aller Ameisen besaß. Und das macht diesen Fund für die Ameisensystematik so wichtig und spannend. Die Entdeckung von *Sphecomyrma* hatte also ein Fenster in die Vergangenheit geöffnet und uns einige erhellende Details über die frühe Ameisenevolution preisgegeben. Auch wenn wegen der beiden flügellosen Arbeiterinnen von vornherein klar war, dass *Sphecomyrma* bereits sozial gelebt hat, ist über die Details ihrer Sozialstrukturen nichts bekannt. Und es ist auch nicht zu erwarten, dass selbst künftige Sensationsfunde von dreidimensionalen Bernsteinameisen in der Lage sein werden, uns erschöpfende Auskunft über die Details des Soziallebens der Ameisen zu geben.

Seit jeher träumen die Ameisenforscher deshalb davon, eine noch heute irgendwo auf der Erde lebende Ameisenart zu entdecken, die ein urtümliches Sozialleben zeigt, das der Lebensweise der mysteriösen Stammart am nächsten kommt. Es ist nicht unwahrscheinlich, dass es eine solche Ameisenart tatsächlich gibt, denn es sind in anderen Tiergruppen schon »lebende Fossilien« entdeckt worden, die Merkmalszustände über die Zeit konserviert haben, die die Wissenschaftler bereits aus der Frühzeit der Evolution dieser Tiere kennen oder zumindest erwarten. Denken Sie an den Quastenflosser *Latimeria chalumnae,* dessen spezifische Merkmale man bereits durch Fossilien kannte, die zwischen 70 und 400 Millionen Jahre alt sind. Es war eine Sensation, als 1938 der erste lebende Quastenflosser an der südafrikanischen Küste gefangen wurde. Nachdem 1952 weitere Quastenflosser gefunden worden waren, gelang es einer deutschen Forschergruppe um Hans Fricke vom Max-Planck-Institut für Verhaltensphysiologie, mithilfe des Tauchboots »Geo« lebende Quastenflosser zu beobachten und ihr Verhalten zu dokumentieren. Ich kann mich noch gut erinnern, wie ich das erste Mal einen lebendigen Quastenflosser in einem von Frickes Unterwasserfilmen sah. Gänsehaut erzeugend.

Und auf einen derartigen Quastenflosser aus der Welt der Ameisen hoffen die Ameisenforscher seit Langem. *Martialis heureka,* die winzige Ameise aus dem Amazonas-Regenwald, die Christian Rabeling und Manfred Verhaagh entdeckten, hat das Zeug dazu. Allerdings gibt es bislang nur ein einziges Tier in einem Alkoholgläschen. Vielleicht gelingt es in der Zukunft, dem Verhalten dieser Art auf die Spur zu kommen. Ein Ameisen-Quastenflosser ist *Martialis* daher wohl doch nicht, besonders da sie in unmittelbarer Konkurrenz mit den Leptanillinae um die Position als urtümlichste Ameisen steht.

EINFACHE SOZIALSTRUKTUREN BEI AMEISEN

Besonders im Hinblick auf die Kenntnisse über das Verhalten müssen andere Ameisen den Vergleich mit dem Quastenflosser nicht scheuen. Hier ist besonders die Art *Nothomyrmecia macrops* zu nennen, die zu den Bulldoggenameisen oder Myrmeciinae gehört, die mit etwa 90 Arten in zwei Gattungen nur in Australien und Neuguinea vorkommen. Bereits die schiere Körpergröße von bis zu 45 Millimetern verleiht ihnen eine urtümliche Erscheinung. *Nothomyrmecia macrops* besitzt mit ihrer einfachen Wespentaille und den gezähnten, sehr langen Mandibeln einige Wespenmerkmale. Nachdem die Art 1934 anhand zweier Museumsexemplare aus dem Westen Australiens von dem Ameisenforscher John S. Clark (1885–1956) als neue Gattung und neue Art beschrieben worden war, blieb sie mehrere Jahrzehnte verschollen. 1951 hatte zwar William L. Brown (1922–1997), ein anderer bekannter Ameisenspezialist, die besondere Bedeutung als potenzielle Urameise entdeckt, sie aber selbst nicht finden können. Über die Jahre wurden verschiedene Versuche unternommen, sie am ursprünglichen Typusfundort zu entdecken, aber vergeblich. Erst 1977 gelang es einer Gruppe von Ameisenforschern um William Brown ganz unverhofft, eine erste lebende Arbeiterin von *Nothomyrmecia macrops* zu finden. Unverhofft deshalb, weil die Gruppe wegen einer Autopanne liegen geblieben war und bei Nachttemperaturen von 10 Grad Celsius jede Hoffnung auf erfolgreiches Ameisensammeln aufgegeben hatte.[17] Bei einer solchen Temperatur sind sowohl die meisten Insektenarten als auch die meisten Insektenforscher nicht mehr aktiv. Durch die erzwungene Pause entdeckten die Forscher, dass es sich bei *Nothomyrmecia macrops* um eine Kalt-Wetter-Ameise handelt und dass ihre Wiederentdeckung deshalb so lange auf sich warten ließ, weil die Forscher immer bei falschen, von den meisten anderen Ameisenarten bevorzugten Umgebungstemperaturen gesucht hatten. Nachdem dieses Rätsel gelöst war, gelang es, Nester der Art zu finden und sie lebend zuerst im Freiland, dann schließlich sogar in Gefangenschaft zu beobachten.

Nach Hölldobler und Wilson waren »die Erkenntnisse über die Biologie von *Nothomyrmecia macrops* … nicht sehr aufregend«.[18] Ihre soziale Organisation war sehr einfach und entsprach den Erwartungen. Köni-

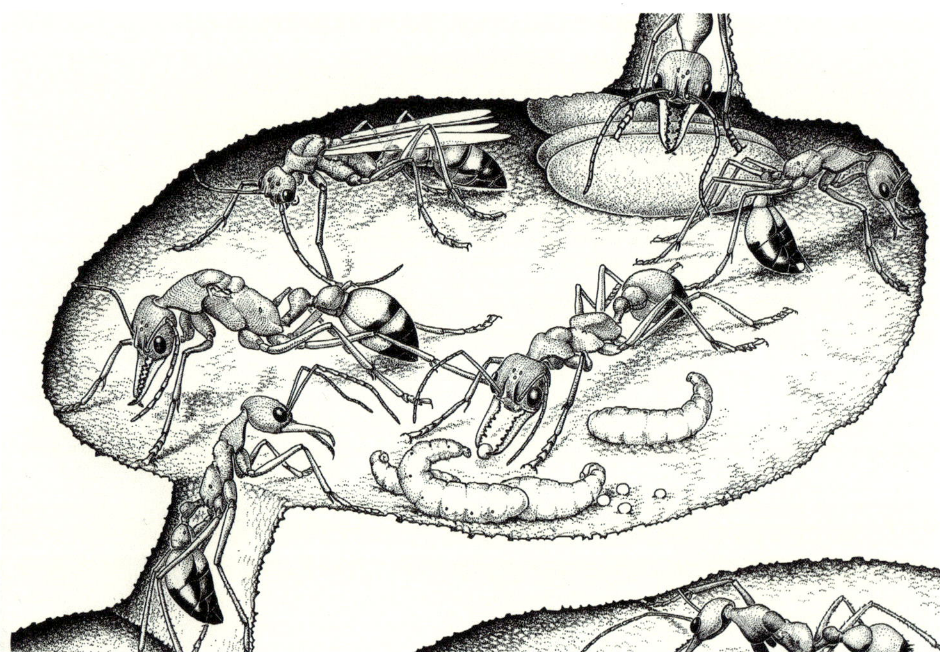

Ein Blick in eine Nestkammer der urtümlichen Ameisenart *Myrmecia gulosa.* Oben links ein geflügeltes Männchen, darunter die Königin. Alle anderen sind Arbeiterinnen bei verschiedenen Tätigkeiten. Edward O. Wilson, 1971.

ginnen und Arbeiterinnen unterscheiden sich äußerlich kaum, und alle Arbeiterinnen haben dieselben Aufgaben. Die Nester bleiben mit bis zu 100 Tieren recht klein. Die Eier, die die Königin legt, werden einfach auf dem Nestboden verstreut und nicht wie bei höheren Ameisen zu Haufen gestapelt. Interessanterweise suchen die Arbeiterinnen zwei Arten von Futter, nämlich zuckerhaltigen Nektar für die eigene Ernährung und fleischliche Nahrung in Form von Insekten zur Versorgung der Larven. Ein solches Verhalten ist typisch für Wespen. Zwischen den Arbeiterinnen gibt es kaum Kommunikation. Sie suchen alleine Futter und bringen es auch alleine zum Nest, ohne andere Arbeiterinnen zu rekrutieren. Beutetiere, üblicherweise kleine Insekten, werden angegriffen und mit dem Stachel gestochen. Die chemische Verständigung beschränkt sich darauf, vor Feinden zu warnen und Nestgenossinnen von fremden *Nothomyrmecia*-Arbeiterinnen zu unterscheiden. Das Nest besteht aus einfachen, mit Tunneln verbundenen Erdkammern.

Nothomyrmecia macrops repräsentiert damit eine Entwicklungsstufe, die wahrscheinlich die ersten Ameisen des Erdmittelalters bereits besaßen. Vieles aus ihrem Verhaltensspektrum und ihrer äußeren Gestalt erinnert an Wespen. Man würde erwarten, dass solitäre Wespen, die dazu übergegangen sind, mit ihren Schwestern zu kooperieren, dies in einer ähnlichen Weise tun würden wie *Nothomyrmecia macrops*. Sie hatten damit wichtige erste Schritte zur Evolution von Eusozialität vollzogen: Die Mutter bleibt nach der Eiablage bei ihrem Nachwuchs, selbst wenn der bereits erwachsen ist. Daran schließt sich eine reproduktive Arbeitsteilung an, bei der die Töchter der Königin ihre eigene Fortpflanzung immer weiter herunterfahren, um sich schließlich ganz auf die Unterstützung ihrer Mutter und ihrer Schwestern zu fokussieren.

Auf dieser einfachen Stufe sozialen Lebens konnte sich im Lauf der Zeit die ungeheure Vielfalt an komplexen Lebensmodellen bei Ameisen entwickeln. Seien es die Honigtopfameisen mit ihren zu Versorgungsgefäßen abgestellten Arbeiterinnen, die obligatorischen Sozialparasiten, die vollkommen von der Sklavenhaltung abhängig sind, die pilzzüchtenden Ameisen oder die in Kolonnen jagenden Treiberameisen, sie alle gehen auf eine Ameisenart zurück, die weit zurück in der frühen Kreide erfolgreich den ersten Schritt in ein soziales Miteinander wagte.

WARUM GIBT ES SO VIELE SOZIALE HAUTFLÜGLER?

Nachdem Sie nun in groben Zügen einige wesentliche Aspekte und besonders den stammesgeschichtlichen Beginn des Soziallebens von Wespen, Bienen und Ameisen kennengelernt haben, bleibt eine Frage weiterhin offen. Warum hat all das stattgefunden? Worin liegt der Vorteil des Soziallebens, und warum tritt bei den Insekten höhere Sozialität, abgesehen von den Termiten, ausschließlich bei Hymenopteren auf, dort aber gleich mehrfach? Sie haben die Hauptkennzeichen von Sozialität bereits kennengelernt. Es sind die Kooperation, die reproduktive Arbeitsteilung und das Miteinander von mehreren Generationen. Die Voraussetzung für eine solche Form des Soziallebens ist das Vorhandensein einer Arbeiterkaste, die ihre eigene Fortpflanzungsfähigkeit aufgibt, um ihre Mutter und ihre Schwestern zu unterstützen. Sie sind sogar dazu bereit, ihr eigenes Leben zu opfern, wenn es dem Überleben der Gemeinschaft dient.

Diese Form der Selbstaufopferung wird üblicherweise als Altruismus bezeichnet. Seit Langem wird unsere Vorstellung von Evolution von der Annahme bestimmt, dass es im ureigensten Interesse eines jeden Organismus ist, die eigenen Gene in die nächste Generation weiterzugeben. Die immerwährende Konkurrenz um Ressourcen aller Art, wie Geschlechtspartner, Futter, Wohnraum, und das Bedürfnis des Organismus, Sieger in einem solchen Wettstreit um genetische Vorherrschaft zu sein, werden als Triebfedern evolutiver Prozesse gesehen. Wie aber kann echte Uneigennützigkeit im Tierreich entstehen, wenn alles auf Egoismus hinausläuft? Und wie können selbstlose Arbeiterinnenkasten, wenn sie doch steril sind und ihre Gene nicht weitergeben können, evolutionsstabil sein? Und mehr noch, wie können Arbeiterinnenkasten evolvieren und diese enorme Zahl an unterschiedlichen Anpassungen hervorbringen, wenn sie doch am Reproduktionsgeschehen keinen Anteil haben?

Bereits Charles Darwin hat dieses Problem bewegt. Sein Hauptwerk »On the Origin of Species«, dessen vollständiger Titel »On the Origin of Species by Means of Natural Selection, or the Preservation of Favoured Races in the Struggle for Life« lautet, hat wie kein anderes wissenschaftliches Werk unser Verständnis von der Natur derart nachhaltig verändert. Ernst Mayr, einer der bekanntesten Evolutionsbiologen des 20. Jahrhunderts, behauptete, dass es »vermutlich … in der Ideengeschichte kein originelleres, komplexeres und kühneres Konzept als Darwins mechanistische Erklärung der Anpassung«[19] der Arten an ihre Umwelt gibt. Darwin hatte das mehr als 500 Seiten starke Buch als Zusammenfassung eines umfangreicheren Werks verfasst, das aber nie geschrieben wurde. Mit seinem Buch hatte Darwin nicht nur unseren Blick auf die Natur grundlegend revolutioniert, sondern auch das Selbstverständnis des Menschen. Nach dem 24. November 1859, dem Erscheinungsdatum, war in der Biologie nichts mehr, wie es war.

Darwin hatte über Jahrzehnte eine umfangreiche Sammlung von Indizien und Belegen zusammengetragen, aus denen er einen Mechanismus ableitete, wie in der Natur Arten aus anderen Arten entstehen. Seine Theorie erwies sich als ausgesprochen erfolgreich und erklärte konsistent viele in der Natur beobachteten Zusammenhänge. Seine Evolutionstheorie besteht aus mehreren Beobachtungen und einigen Annahmen, die man vereinfacht so darstellen kann:[20]

- Reproduktion: Alle Arten produzieren so viele Nachkommen, dass ihre Population theoretisch immer stärker anwachsen würde.
- Konkurrenz: Die natürlichen Ressourcen, die jedem Organismus zur Verfügung stehen, sind begrenzt. Da mehr Individuen erzeugt werden, als aufgrund der begrenzten Ressourcen überleben können, konkurrieren die Individuen um diese Ressourcen. Es entbrennt ein »Kampf ums Dasein«, aus dem aus jeder Generation nur ein kleiner Teil überlebt.
- Variation: Populationen einer Art zeigen eine enorme Variabilität: Keine zwei Individuen einer Art sind einander absolut gleich. Ein großer Teil der Variabilität ist erblich.
- Vererbung: Im »Kampf ums Dasein« hängt das Überleben von der vererbten Konstitution der Individuen ab. In ihrer Umwelt begünstigende Merkmalsausstattungen führen dazu, dass solche Individuen mit größerer Wahrscheinlichkeit überleben und ihre Gene in die nächste Generation weitergeben.
- Evolution: Im Verlauf von vielen Generationen führt dieser natürliche Auslesevorgang zu einer fortwährenden und allmählichen Abänderung der Population und schließlich zur Erzeugung neuer Arten.

Durch Selektion findet also eine natürliche Auslese der Individuen einer Art statt, die durch Zufall besser an die Umweltbedingungen angepasst sind als ihre Artgenossen. Langfristig kommt es so zur Bildung neuer Arten und damit zu Evolution. Über die genetischen Grundlagen der Vererbung konnte Darwin nur wissen, was die Züchtungspraxis besonders von Haustieren an Erkenntnissen gebracht hatte. Mit der Entwicklung der modernen Genetik im Lauf des 20. Jahrhunderts konnten die Mechanismen der zufälligen Merkmalsveränderung als Grundlage des Selektionsprozesses erklärt werden. Neben Mutationen, also spontanen, dauerhaften Veränderungen des Erbguts spielt die Rekombination für die Erzeugung der Varianten unter den Nachkommen eines Elternpaares eine zentrale Rolle. Bei der Befruchtung werden die Chromosomen der väterlichen Spermien mit den Chromosomen der mütterlichen Eizelle vermischt und so die auf den Chromosomen lokalisierten Gene in den Nachkommen neu geordnet. Bei dem Chromosomensatz des Menschen, der aus 23 Chromosomenpaaren besteht, können die dort vorhandenen

Gene in etwa 70 Billionen verschiedenen Anordnungen rekombiniert werden.[21] Diese enorme Zahl macht deutlich, dass es bei sexueller Fortpflanzung beinahe unmöglich ist, zufällig zwei genetisch vollkommen identische Nachkommen zu erzeugen, von eineiigen Mehrlingen einmal abgesehen.

Vor dem Hintergrund seiner Theorie blieb dennoch manches für Darwin rätselhaft. Zu einem ihm besonders schwierig erscheinenden Problem schrieb er in »On the Origin of Species«: »Ich will hier nicht auf diese mancherlei Fälle eingehen, sondern nur bei einer besonderen Schwierigkeit stehen bleiben, welche mir anfangs unübersteiglich und meiner ganzen Theorie wirklich verderblich zu sein schien. Ich will von den geschlechtlosen Individuen oder unfruchtbaren Weibchen der Insektencolonien sprechen; denn diese Geschlechtslosen weichen sowohl von den Männchen als den fruchtbaren Weibchen in Bau und Instinkt oft sehr weit ab und können doch, weil sie steril sind, ihre eigentümliche Beschaffenheit nicht selbst durch Fortpflanzung weiter übertragen.«[22]

Darwin hatte also offenkundig ein Problem mit den sozialen Insekten und ihren sterilen Kasten, die ihre Gene nicht durch Fortpflanzung an ihre Nachkommen weitergeben. Wie, fragte sich Darwin, kann es durch natürliche Selektion zu der erstaunlichen morphologischen Vielgestaltigkeit der sexfreien Kasten kommen, wenn die sexuelle Reproduktion doch offenkundig von eminenter Bedeutung für die Bildung neuer Formen ist?

VERWANDTENSELEKTION

Eines der Grundprobleme, das Darwin mit den sozialen Insekten hatte, liegt in seiner Annahme, dass sich in der Natur alle in einem ununterbrochenen Kampf um die vorhandenen Ressourcen befinden. Ein Hauen und Stechen mit dem Ziel, einen Vorteil für sich selbst herauszuschlagen. Der Sieger aus diesem ununterbrochenen Wettkampf wird mit der Weitergabe seiner Gene belohnt. Jeder Organismus ist also auf seinen Vorteil in diesem Spiel des Lebens bedacht, was Darwin zu der Schlussfolgerung veranlasste, »dass kein Instinkt aufgeführt werden kann, welcher zum ausschließlichen Vorteil eines andern Tieres entwickelt ist, wenn auch Tiere von Instinkten anderer Nutzen ziehen«.[23]

Anders gesagt: Er hielt es für biologisch unmöglich, dass ein Tier selbstlos einem anderen hilft, ohne dadurch selbst seine Nachkommenzahl zu erhöhen. Altruismus wäre aber ein Verhalten, bei dem nur der Empfänger durch die Hilfeleistung die Zahl seiner Nachkommen erhöht, der Gebende aber einen Fortpflanzungsnachteil erfährt. Mithin wäre Altruismus nicht möglich. Wie also kann ein solches Helferverhalten mittels natürlicher Selektion entstehen?

Darwin entwickelte dazu eine eigene Theorie. Er nahm an, dass die natürliche Selektion im Fall sozialen Lebens nicht auf der Ebene des Einzelorganismus wirkt, sondern auf der Ebene der Familiengruppe. Wenn eine Familiengruppe ununterbrochen mit anderen Familiengruppen in Konkurrenz um wichtige Ressourcen steht, dann wird die Entstehung von sterilen Arbeiterinnen, die selbstlos zum Wohle der eigenen Familie leben, nicht nur denkbar, sondern genetisch sogar wahrscheinlich. So könnten zum Wohle der Familie sterile Arbeiterinnen geopfert werden, und dennoch würden ihre Gene in ihren Familienmitgliedern weiterexistieren. Darwin verglich die Situation mit einem »Rindviehzüchter«. Tiere mit den gewünschten Eigenschaften, wie gut durchwachsenes Fleisch, werden der Zuchtgruppe entnommen und geschlachtet. Die weitere Zucht findet dann aber wieder mit derselben Zuchtgruppe statt, aus der das geschlachtete Tier stammt und dessen Mitglieder einen Teil des geschlachteten Stieres weiterhin besitzen. Und indem die natürliche Selektion auf die fruchtbaren Ameisen wirkt, so Darwin, könnte ohne Weiteres eine neue Art entstehen, die eine unfruchtbare Arbeiterinnenkaste mit bestimmten, das Überleben der Familie begünstigenden Eigenschaften besitzt. Darwin hatte damit gezeigt, dass die Existenz von selbstlosen Arbeiterinnen bei Ameisen keine grundsätzliche Schwierigkeit für seine Theorie der natürlichen Selektion darstellt, auch wenn ihm die Vielgestaltigkeit der Arbeiterinnen weiterhin rätselhaft blieb.

Damit hatte er das Prinzip der sogenannten Verwandtenselektion in einer einfachen Form entwickelt. Wie sich diese Theorie allerdings auf genetischer Ebene begründen lässt, konnte Darwin noch nicht sagen. Die Lösung brachte beinahe genau 100 Jahre später die Theorie der Gesamtfitness von William Donald Hamilton (1936–2000), einem britischen Evolutionsbiologen. Hamilton ging von einer harten Kosten-Nutzen-Analyse aus, einem in der Evolutionsbiologie wichtigen Prinzip. Grundannahme ist auch hier, dass ein Organismus bestrebt ist, möglichst viele seiner Gene in die folgenden Generationen zu bringen. Die meisten sich sexuell reproduzierenden Arten wie der Mensch besitzen einen doppelten Chromosomensatz. Der eine Chromosomensatz stammt von der Mutter, der andere vom Vater. Die beiden Chromosomen eines Chromosomenpaares werden als homolog bezeichnet, und entsprechend sind auch die einander komplementären Gene auf den beiden Chromosomen homolog. Die Gene können in verschiedenen, durch Genmutationen hervorgerufenen Varianten auftreten, die man Allele nennt. Es sind letztlich die Allele, die bei der Rekombination des mütterlichen und väterlichen Erbgutes miteinander neu vermischt werden.

Allele, also Genvarianten, die dafür sorgen, dass sich ihr Träger mit größerem Erfolg fortpflanzt, werden in der Folgegeneration mit größerer Wahrscheinlichkeit vertreten sein als Allele, die keinen ähnlich positiven Einfluss auf den Reproduktionserfolg ihres Trägers haben. In der Evolutionsbiologie spricht man in diesem Fall von Fitness oder Individualfitness, was den relativen Anteil der Gene eines Individuums an den Genen der nächsten Generation meint. Jedes Individuum ist also bestrebt, seine Fitness zu erhöhen.

Bei diploiden Organismen mit zwei Chromosomensätzen wird bei der Reproduktion nur der halbe Chromosomensatz an jeden Nachkommen weitergegeben, denn die andere Hälfte bekommt er vom anderen Elternteil. Dies bedeutet wiederum, dass nur die Hälfte aller elterlichen Gene an jeden einzelnen Nachkommen weitergegeben werden kann. Hamilton wies darauf hin, dass bei der Abschätzung des Selektionserfolgs eines Gens, also der Zunahme seines Auftretens in der Folgegeneration, nicht alleine die Individualfitness berücksichtigt werden darf. Außer den eigenen Nachkommen sind noch andere Organismen im System, die ebenfalls die eigenen Gene besitzen, nämlich alle anderen blutsverwandten Angehörigen. Jeder von ihnen besitzt zu unterschiedlichen Anteilen auch einen Teil der eigenen Gene, den er über die gemeinsamen Vorfahren erhalten hat. Der Grad der genetischen Verwandtschaft spielt dabei die entscheidende Rolle bei der Abschätzung, wie hoch der indirekte Beitrag von Verwandten am Auftreten der eigenen Gene in der nächsten Generation ist. Um also die Gesamtfitness eines Individuums zu bestimmen, muss man neben der Individualfitness, also der relativen Zahl eigener Nachkommen, auch die Nachkommen der Verwandten berücksichtigen.

RECHNEN MIT GENEN

Um das genauer zu verstehen, schauen wir uns zuerst einmal die Verwandtschaftsbeziehungen zwischen diploiden Organismen an, also solchen, bei denen beide Eltern jeweils einen doppelten Chromosomensatz besitzen, so wie das auch bei uns Menschen ist. Da jeder Mensch die Hälfte seiner Gene von seiner Mutter und die andere Hälfte von seinem Vater erhält, überträgt ein jedes Elternteil 50 Prozent seiner genetischen Information an jeden Nachkommen. Dieser Verwandtschaftsgrad wird üblicherweise durch einen Koeffizienten ausgedrückt, der bei einhundertprozentiger Übereinstimmung der genetischen Information einer 1,0 entspricht. Damit ist bei diploiden Organismen der Verwandtschaftsgrad zwischen Eltern und ihren Kindern 0,5. Zwischen Geschwistern wiederum ist der Verwandtschaftsgrad ebenfalls 0,5. Das liegt daran, dass jedes Kind statistisch gesehen die Hälfte seiner Gene vom Vater bekommt und die andere Hälfte von seiner Mutter. Es ist also statistisch gesehen davon auszugehen, dass 50 Prozent der Gene zwischen den Geschwistern gleich sind. Die Wahrscheinlichkeit, dass zwei Geschwister denselben Satz an Genen bekommt, ist damit 0,5. Paart sich eines der Kinder mit einem anderen Geschlechtspartner, erhalten deren Kinder wiederum die Hälfte ihrer Gene, was in Bezug auf die ursprüngliche Elterngeneration die Hälfte der ursprünglichen Hälfte bedeutet, also ein Viertel. Großeltern und Enkel haben somit einen Verwandtschaftsgrad von 0,25. Cousinen und Cousins wiederum, die nur die Hälfte der Hälfte der Hälfte der ursprünglichen Information teilen, besitzen entsprechend einen Verwandtschaftsgrad von einem Achtel oder 0,125.

Man erhöht den Anteil der eigenen Gene in der nächsten Generation also nicht nur dadurch, dass man eigene Kinder in die Welt setzt, sondern auch, indem man seinen Verwandten hilft, deren Gene erfolgreich weiterzugeben. Der Genetiker John B. S. Haldane brachte es überspitzt auf den Punkt, dass er in den Fluss springen würde, wenn er dadurch zwei Brüder oder acht Cousinen retten könnte. Da man 50 Prozent der Gene mit seinen Brüdern teilt und 12,5 Prozent mit seinen Cousinen, muss man nur eine genügend hohe Zahl an Brüdern oder Cousinen retten, um den Verlust der eigenen Gene durch den Ertrinkungstod wieder wettzumachen.

Wie schon mehrfach betont, funktioniert dies nur bei diploiden Organismen. Dies ist allerdings bei Hymenopteren ganz anders. Bei ihnen besitzen zwar die Weibchen einen doppelten Chromosomensatz, sie sind also diploid, die Männchen allerdings haben nur einen einfachen Chromosomensatz, sie sind haploid. Aus diesem Grund nennt man das Fortpflanzungssystem der Hautflügler haplodiploid. Weibchen entstehen dabei immer aus befruchteten und Männchen immer aus unbefruchteten Eiern. Was bedeutet das nun für die Verwandtschaftsbeziehungen innerhalb des Fortpflanzungssystems von Wespen, Bienen und Ameisen? Dies zeigt die Abbildung auf der gegenüberliegenden Seite. Das Männchen gibt seinen einfachen Chromosomensatz vollständig an seine weiblichen Nachkommen weiter. Der Verwandtschaftsgrad zwischen einem Vater und seinen Töchtern beträgt also 100 Prozent und damit 1,0. Die Mutter dagegen gibt wie gewohnt die Hälfte ihres doppelten Chromosomensatzes an ihren Nachwuchs, sodass wir hier wiederum eine Verwandtschaft von 0,5 haben. Da die Schwestern den ganzen Satz von ihrem Vater und nur den halben Satz von ihrer Mutter erhalten haben, beträgt ihr Verwandtschaftsgrad untereinander 0,75. Würde sich eine der Töchter wiederum mit einem haploiden Männchen paaren, würde der Verwandtschaftskoeffizient zwischen ihr und der eigenen Tochter erneut 0,5 betragen.

Die wichtigste Konsequenz aus der Haplodiploidie ist also, dass jedes Weibchen mit jeder seiner Schwestern näher verwandt ist (0,75) als mit seiner Mutter (0,5) und seinen eigenen Töchtern (0,5). Geht es also darum, möglichst viele eigene Gene weiterzugeben, macht es unter diesen Umständen Sinn, seine Eltern mit aller Kraft scheinbar selbstlos darin zu unterstützen, möglichst viele Geschwister zu produzieren und selbst auf Nachkommen zu verzichten. So geht die Rechnung zugunsten des altruistischen Helferverhaltens auf.

Hamilton hat daraus geschlussfolgert, dass Haplodiploidie die Entstehung und den Erhalt sozialer Gesellschaften mit Kastenbildung erklärt. Es nimmt daher auch nicht wunder, dass der bei Weitem größte Teil hochsozialer Tiergesellschaften bei den Hymenopteren vorkommt. Bis auf Arten, die als Sozialparasiten das Sozialleben aufgegeben haben, sind alle mehr als 11 000 Ameisenarten in unterschiedlichen Ausprägungen sozial, und auch bei den Wespen und Bienen zeigen mehrere Tausend Arten einen sozialen Lebenstyp.

Immer wieder wird die besondere Bedeutung dieses als »Hamiltons Regel« bezeichneten Prinzips infrage gestellt, weil auch diploide Orga-

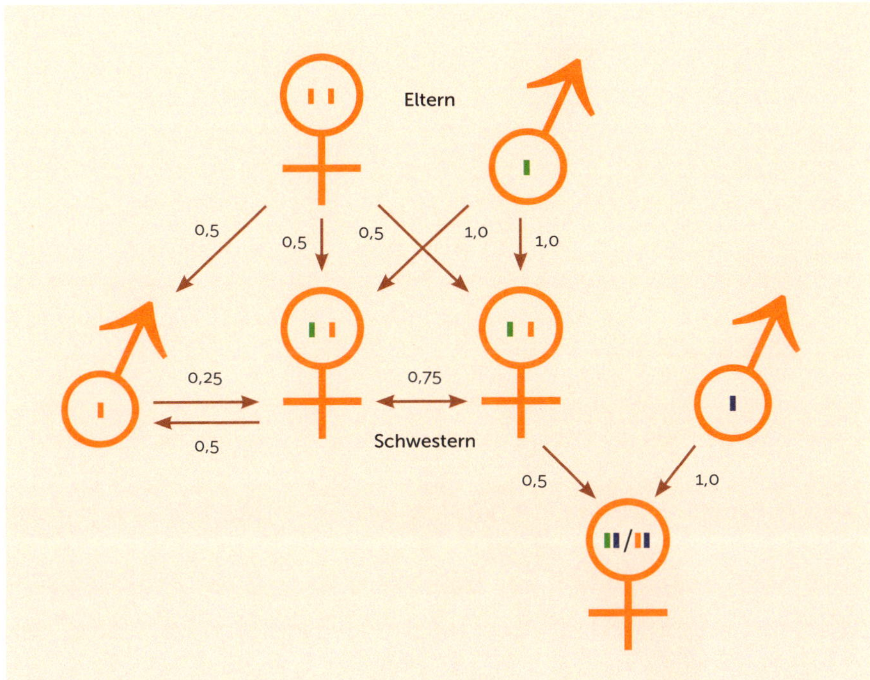

Die Verwandtschaftsgrade zwischen Individuen mit haplodiploider Geschlechtsbestimmung. Weibchen besitzen einen doppelten Chromosomensatz, während Männchen nur über einen einfachen Chromosomensatz verfügen. Die Zahlen geben die genetische Übereinstimmung als Maß für den relativen Verwandtschaftsgrad an. So gibt ein Männchen seine gesamte genetische Information an seine Nachkommen weiter, sodass zwischen dem Vater der Elterngeneration und seinen Kindern ein Verwandtschaftsgrad von 1,0 besteht. Interessant ist dabei, dass Schwestern miteinander näher verwandt sind (0,75) als diese jeweils mit ihrer Mutter (0,5) und ihren eigenen Kindern (0,5).

nismen wie die Termiten hochsoziale Staaten anlegen, auf der anderen Seite aber bei Weitem nicht alle Hymenopteren dies tun. Schließlich funktionieren die hohen Verwandtschaftskoeffizienten nur unter der Annahme der Monogamie, dass also alle Schwestern denselben Vater haben, was aber nicht notwendigerweise der Fall ist. Sehr wahrscheinlich aber ist die Monogamie für die hochsozialen Arten ein evolutiv ursprüngliches Paarungssystem, sodass es wahrscheinlich ist, dass die Haplodiploidie nach Hamiltons Gesamtfitnesstheorie zumindest die Entstehung von Sozialität begünstigt.

KAPITEL 8

SCHMERZ

Von Stacheln und Giften

In den Wüsten Argentiniens kommen viele Wespenarten vor, die besonders unangenehm stechen können. Eine dieser Gruppen, über die später noch zu berichten sein wird, sind die Mutilliden, die Spinnenameisen. Ihre Weibchen sind flügellos und gelten als ausgesprochen schmerzhaft stechende Wespen. In den USA werden manche von ihnen auch als »cow killer« bezeichnet, was andeutet, dass der Schmerz eines Mutilliden-Stichs eine Kuh von den Beinen holen kann. Mir ist diese Erfahrung bislang erspart geblieben, aber ich kenne zahlreiche Geschichten über die Schmerzhaftigkeit der Mutillidenweibchen. Und war dementsprechend vorsichtig, als ich das erste der großen, schwarz-weißen, wunderschönen Weibchen der Gattung *Traumatomutilla* in Argentinien sah.

Meine Leidenschaft für taxonomische Namen hatte mich damals bereits dazu veranlasst, dem Ursprung des ungewöhnlichen Namens *Traumatomutilla* auf die Spur kommen zu wollen. Ein wenig hatte ich gehofft, dass sich der Name darauf beziehen könnte, dass die Konfrontation mit einem Weibchen dieser Gattung durch die Schmerzhaftigkeit des Stiches ein traumatisches Erlebnis ist, aber eigentlich war ich nicht überrascht, dass die Etymologie, die Wortherkunft, doch eine ganz andere ist. Beschrieben wurde *Traumatomutilla* von dem französischen Entomologen

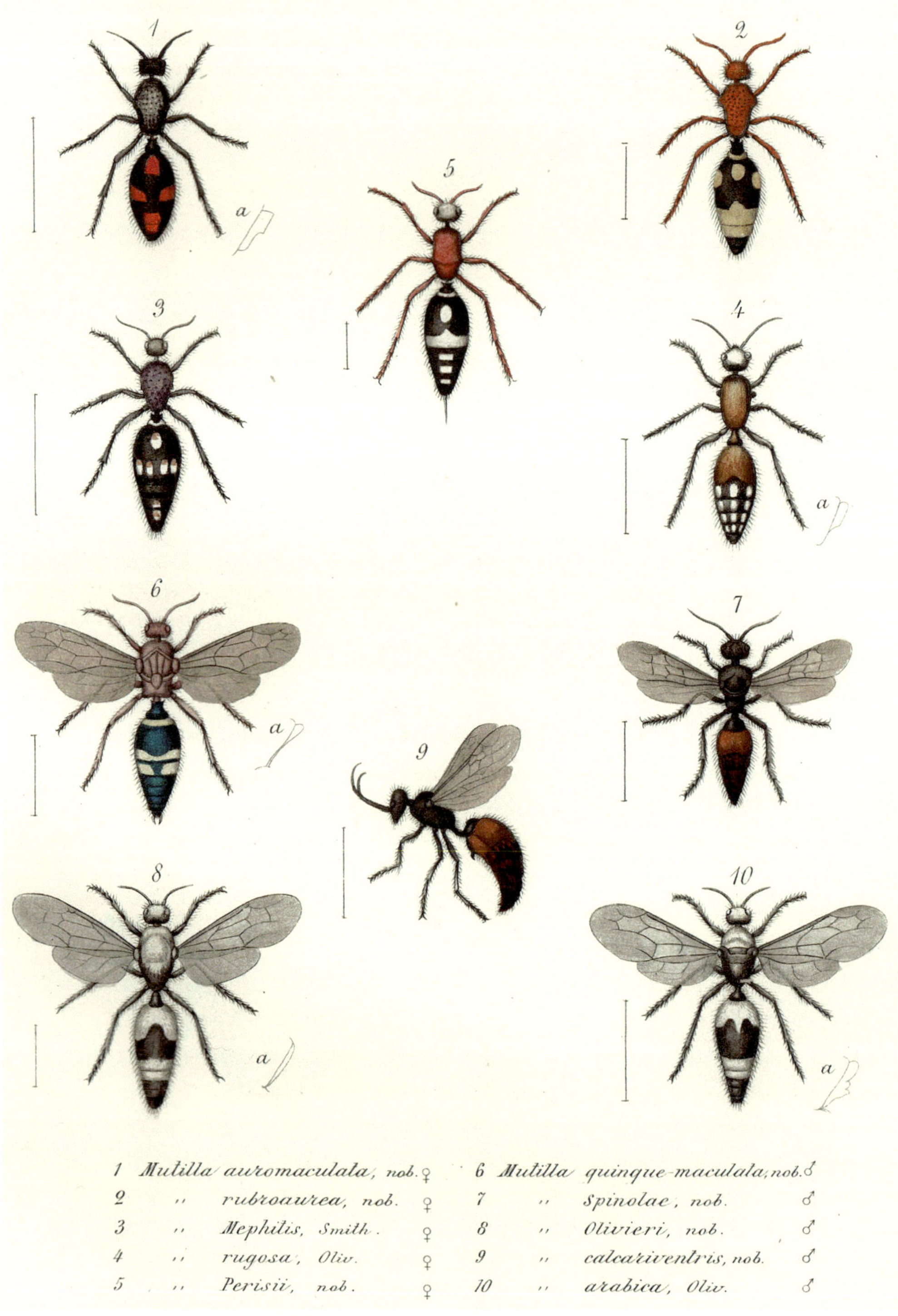

Ungeflügelte Weibchen und geflügelte Männchen von Spinnenameisen (Mutillidae). Frédéric Jules Sichel und Oktawiusz Radoszkovsky, 1869–1870.

Ernest André (1838–1911), der den Namen und einige neue Arten 1901 in der »Zeitschrift für Systematische Hymenopterologie und Dipterologie« veröffentlichte. André begründete seine Namenswahl so: Viele Arten besitzen zwei oder vier blutrote Flecken auf dem Hinterleib, die ihn an Verletzungen erinnerten. Verletzung oder Wunde heißt auf Griechisch *trauma*. Daher der Name. Ein traumatisches Sticherlebnis hätte mir besser gefallen, aber wahrscheinlich hat der Franzose André keine der *Traumatomutilla*-Arten jemals lebend zu Gesicht bekommen.

Die schiere Körpergröße der Arten dieser Gattung ist wahrlich imposant, und da ich wusste, dass Mutilliden den im Vergleich zu ihrer Körpergröße längsten Stachel aller stechenden Insekten haben, konnte ich mir in etwa ausmalen, was der Stich einer solchen Spinnenameise bedeuten würde. Erstaunlicherweise fangen manche Wespenspezialisten die wendigen Mutilliden-Weibchen, die ohne Flügel über den Boden laufen und deshalb nur schwer mit einem Insektennetz erbeutet werden können, einfach mit ihren Fingern. Die dafür nötige Technik ist, die wehrhaften Weibchen schnell und kräftig zwischen Daumen und Zeigefinger zu halten und dann möglichst schnell hin und her zu rollen. Die Idee dabei ist, dass sie durch das Rollen keine Gelegenheit haben, zuzustechen. Die Rechnung scheint aufzugehen, denn meines Wissens überstehen meine Kollegen solche Fangaktionen unbeschadet. Ich denke aber nicht im Traum daran, ihnen nachzueifern.

In meiner vorsichtigen Zurückhaltung dem Stachel der Spinnenameisen gegenüber wurde ich nicht unwesentlich dadurch gestärkt, dass ich in Argentinien einen schmerzhaften Konflikt mit einer Wespe hatte, von dem ich zuvor schon kurz berichtet hatte. Auf einigen blühenden Tamarisken mitten in der argentinischen Wüste flogen zahlreiche kleinere und größere Wespen und Bienen herum, und zwischen ihnen immer wieder die riesigen Weibchen der Vogelspinnen jagenden Wegwespengattung *Pepsis*. Es kam, wie es kommen musste. Ich hatte gerade eines der Weibchen im Netz, als ich unvorsichtig wurde. Ich umfasste den Netzbeutel ungefähr auf halber Höhe mit meiner Hand, um die sich darin befindlichen Insekten an der Flucht zu hindern, als mir ein unbeschreiblicher Schmerz durch einen Finger schoss. Das *Pepsis*-Weibchen, die einzige nennenswert große Wespe im Netz, hatte mich durch die Gaze hindurch erwischt. Netz und Fanggefäß fielen sofort zu Boden, und meine ganze Existenz schien in meinem rechten Zeigefinger zusammenzuschrumpfen. Es ging überraschend schnell, bis der Schmerz spürbar nachließ, und nur wenige Minuten nach dem Stich spürte ich nur noch ein leichtes Pochen. Allerdings schwoll mein Zeigefinger in den nächsten Stunden auf den Umfang einer kleinen Salami an und blieb für mehrere Tage unförmig. Meiner Widersacherin allerdings nützte ihr beherzter Verteidigungsstich recht wenig. Als ich das Fangnetz vor Schreck fallen ließ, blieb der Beutel dabei so umgeschlagen, dass das mächtige Weibchen gefangen blieb. Sie befindet sich heute in der Sammlung des Museums für Naturkunde, und ich kann unter den vielen *Pepsis* in der Sammlung noch genau sagen, welches Tier es damals gewesen ist.

Auch wenn der Schmerz wirklich beeindruckend war, bin ich mir doch sicher, dass es sich nur um einen »Streifschuss« handelte, weil das Gewebe des Insektennetzes die Wucht des Stiches abbremste. Aber es reichte mir auch so. Ich nehme an, dass der Schmerz noch viel stärker gewesen wäre, hätte mich der Stachel ungebremst getroffen. Justin Schmidt, der Insektenstichkenner *par excellence,* zu dem später noch mehr zu erzählen sein wird, hat aus der Literatur Beschreibungen des Schmerzes nach *Pepsis*-Stich zusammengetragen, kann aber auch aus eigener Anschauung davon berichten. Gefragt, was man tun soll, wenn man von einem *Tarantula hawk* gestochen wird, antwortet Justin üblicherweise mit »hinlegen und schreien«.[1] Auch wenn er damit deutlich machen möchte, dass der Schmerz wirklich wahnwitzig ist, steckt darin doch auch ein sinnvoller Hinweis. Der sofortige Schmerz ist bei einem vollen Treffer derart peinigend und die Sinne benebelnd, dass die Gefahr besteht, dass der Gestochene sich selbst verletzt, wenn er weiter herumläuft. Eine normale motorische und sensorische Koordination ist in den ersten Minuten einfach nicht möglich. Von einer solchen Schmerzintensität war ich bei meinem Konflikt mit der Wespe allerdings weit entfernt.

PEPSIS – GROSSE WESPE, GROSSER SCHMERZ

Die großen Wegwespen der Gattung *Pepsis* sind mit die auffälligsten Insekten in den Wüsten der Neuen Welt. In der Alten Welt gibt es keine *Pepsis*-Arten, aber dort werden sie durch die ganz ähnliche Gattung *Hemipepsis* ersetzt, die eine weltweite tropische Verbreitung hat. *Pepsis*-Arten werden in den USA *Tarantula hawks* genannt, Vogelspinnenfalken, und tatsächlich jagen sie als Beute für ihre Jungen Theraphosiden, also Vogelspinnen. Die Spinne ist häufig deutlich größer als die Wegwespe, die ihre Beute sowohl in den unterirdischen Bauten der Spinnen aufspürt als auch, wenn die Spinne frei herumläuft. In der Regel stechen die Wespen ihre Beute effektiv in die Bauchseite und versetzen die Spinne dadurch schnell in eine vollständige und dauerhafte Paralyse.[2]

Bemerkenswert an *Pepsis*-Arten ist, dass sie eine sehr auffällige Lebensweise führen. Sie haben eine enorme Körpergröße, sind auffallend schwarz, rot-schwarz oder orange-schwarz gefärbt, fliegen nicht allzu schnell herum und sitzen oft minutenlang auf Nektar spendenden Blüten. *Pepsis* lässt sich leicht mit einem Netz fangen, und viel schwieriger wird es für geschickte natürliche Räuber wie Vögel auch nicht sein, eine Wespe zu erbeuten. Und dennoch zeigen Untersuchungen, dass der Fressdruck durch Räuber gering ist. Es ist naheliegend zu vermuten, dass dieser enorme Schmerz, der auch unter den Wespen und Ameisen seinesgleichen sucht, potenzielle Feinde dazu veranlasst, einen weiten Bogen um *Pepsis* zu machen. Aber was ist dieser Schmerz, und welche Wirkung hat er auf das Opfer?

Schmerz ist ein Sinnes- und Gefühlserlebnis, das dem Körper die Gefahr von potenziellen Schäden oder sogar drohendem Tod signalisiert.[3] Schmerz selbst bedeutet keinen Schaden. Schmerz fungiert als »Schadensfrühwarnsystem«, das bei Aktivierung zu Schutzreaktionen führt, die es dem Körper erlauben, frühzeitige Maßnahmen zu ergreifen, ohne dass es zu schwerwiegenden Schäden kommt. Solche Frühwarnsysteme besitzen alle Tiere, um sich aus gefährlichen und potenziell schädigenden Situationen herausmanövrieren zu können. Für jede Tierart gibt es dabei ein physiologisches und ökologisches Optimum, also einen Bereich, der den Bedürfnissen des Organismus am besten entspricht. Verlässt ein Organismus diesen Optimalbereich, wird ihm dies das körpereigene

Frühwarnsystem signalisieren, und es kommt zu Handlungen, um zurück in den Optimalbereich zu gelangen. Nehmen wir als Beispiel den Faktor Temperatur. Auch wenn gleichwarme Tiere wie Vögel und Säugetiere gegenüber Temperaturschwankungen toleranter sind als wechselwarme Tiere wie Amphibien und Fische, haben auch sie einen bevorzugten Temperaturbereich. Steigt die Temperatur, löst dies eine Kette von immer stärker werdenden Empfindungen aus. Zuerst kommt Unbehagen, dann vielleicht Unwohlsein, begleitet von physiologischen Reaktionen wie Schwitzen. Steigt die Temperatur weiter, steigt auch die physiologische Belastung, und das Bedürfnis wächst, die Situation zu ändern. Als Mensch kommt man dann langsam in einen Bereich, den man als unerträglich und quälend empfindet. Aber würde man hier schon von Schmerz sprechen?

Vielleicht würde dies mancher tun, aber gemeint ist doch etwas anderes als echter Schmerz. Der tritt erst mit der nächsten Stufe ein, wenn die Temperatur so stark steigt, dass der Körper Schaden davontragen würde. Verbrennungen und Verbrühungen zum Beispiel lösen Schmerzen aus, die als die unerträglichsten beschrieben werden, die man kennt. Offensichtlich wissen wir ziemlich genau, wann wir echten Schmerz empfinden, davor aber gibt es einen individuellen und schwer zu fassenden Übergangsbereich zwischen Unwohlsein und echtem Schmerz.

Zudem ist Schmerz auch nicht immer eine unerfreuliche Erfahrung. So spielt Schmerz bei bestimmten sexuellen Praktiken eine zentrale Rolle und kann durch die Stärke der Sinnesreizung positive Empfindungen auslösen. Oder denken Sie an das unwiderstehliche Bedürfnis aus Kindheitstagen, an einem bereits beweglichen, aber noch recht festsitzenden Milchzahn zu wackeln. Der Schmerz ist da, aber man kann dem Bedürfnis nicht widerstehen, immer weiter zu machen. Zu viel allerdings nicht, aber dennoch immer leicht in den Schmerzbereich hinein.[4] Schmerz kann also eine Empfindung sein, die wir nicht nur tolerieren, sondern die wir sogar wohlig schaudernd genießen können. Unser Zentralnervensystem kann offensichtlich mithilfe unseres Bewusstseins Schmerz bewerten und ihn unterdrücken oder zumindest tolerieren. Schmerz ist also nicht nur eine lebenswichtige und fundamentale Funktion des lebenden Tieres, die zentralnervöse Verarbeitung des Schmerzes und seine Wahrnehmung beim Menschen sind zudem ein hochkomplexes Phänomen.

Wird echter Schmerz empfunden, führt dies in der Regel zu einer Ausweich- oder Vermeidungshandlung. Solche Maßnahmen laufen zuallererst reflexhaft ab, mit dem unbewussten Versuch, der Situation zu entkommen. Dem Griff auf die heiße Herdplatte folgt beispielsweise das sofortige Zurückziehen der Hand ohne jedes Nachdenken. Neben solchen Reflexreaktionen hat der Mensch zusätzlich die Möglichkeit, bewusst schmerzstillende Maßnahmen zu ergreifen, zum Beispiel durch das Einnehmen von Schmerzmitteln.

Wie sieht die Sache nun bei *Pepsis* aus? Der Stachel eines *Pepsis*-Weibchens ist sehr lang, gebogen, kräftig sklerotisiert und nadelspitz. An der Basis des ziemlich komplizierten Stechapparats befinden sich enorm kräftige Muskulatur und ein großes Giftreservoir, das von einer dicken Muskelschicht umgeben ist. Die Wespe ist so in der Lage, schnell und kraftvoll eine große Menge Gift in eine Vogelspinne, einen Feind oder einen unvorsichtigen Entomologen zu injizieren. Die unmittelbare Schmerzreaktion ist – wie schon ausführlich beschrieben – überwältigend. Die Toxizität, also die Giftigkeit des Wespengiftes, ist nahezu null, während das Schmerzsignal so stark ist wie bei kaum einem anderen Tier. Statt wie erwartet Tod, Paralyse oder körperliche Schäden folgen zu lassen, sinkt das Schmerzniveau bereits nach drei Minuten auf ein erträgliches Maß ab, und nur kurze Zeit später ist der Schmerz beinahe schon Geschichte. Und hinterlässt, wie Justin Schmidt schreibt, ein emotional und physisch erschöpftes Opfer.

Was bleibt, ist die Erinnerung. Die aber währt lange und führt wahrscheinlich für den Rest des Lebens dazu, dass das gestochene Opfer einen weiten Bogen um jede *Pepsis* macht. Ziel erreicht.

Menschen werden von *Pepsis*-Weibchen nur selten gestochen. Die Wespen sind furchterregend groß, sodass die meisten Menschen ihnen instinktiv ausweichen. Es sind eher die unvorsichtigen und übereifrigen Entomologen, die die Nähe der Tiere suchen und gestochen werden. Dank ihrer Größe sind sie aber im Netz gut zu sehen und relativ sicher zu entnehmen. Absichtlich wird sich wahrscheinlich niemand stechen lassen, würde man zumindest denken.

Der US-amerikanische YouTube-Blogger Coyote Peterson allerdings hat es vor laufender Kamera getan. Peterson, dessen eigentlicher Vorname Nathaniel ist, betreibt mehrere YouTube-Kanäle, die sich allesamt mit Naturthemen befassen.[5] Er inszeniert sich dabei als Abenteurer und Naturentdecker. »Brave Wilderness«, sein bekanntester YouTube-Kanal, hat mehr als acht Millionen Abonnenten, und insgesamt kommt Peterson auf mehr als eine Milliarde Aufrufe. Gerne zeigt er sich in seinen Filmen in der Auseinandersetzung mit gefährlichen Tieren, und besonders die Clips, in denen er sich von Insekten mit den schmerzhaftesten Stichen hat stechen lassen, haben ihn bekannt gemacht. Und dazu gehört auch der Stich einer *Pepsis.*[6] Mit einer starken Pinzette greift er ein großes Weibchen und drückt es kräftig auf die Unterseite seines Unterarms, eine weichhäutige, schmerzsensible Körperregion. Das Tier sticht zu, und Peterson krümmt sich auf dem Wüstenboden. Da er in Anwesenheit der Kamera auch ansonsten in übertrieben wirkender Nachdrücklichkeit und Dramatik die Gefährlichkeit der Situationen heraufbeschwört, hebt sich Petersons Reaktion nicht übermäßig von seiner inszenierten Dramatik anderer Szenen ab. Aber glauben kann man es ihm schon. In einem anderen Video lässt sich Peterson noch zudem von einer Arbeiterin der Riesenameise *Paraponera clavata* stechen, der sogenannten 24-Stunden-Ameise oder im Englischen »bullet ant«, also »Gewehrkugelameise«.[7]

WIE MAN SCHMERZ MISST

Ebenso wie *Pepsis* gehört *Paraponera* zu denjenigen Hymenopteren, deren Stich die obere Grenze des möglichen Schmerzspektrums markiert. Im Gegensatz zu *Pepsis* aber hält der enorme Schmerz der 24-Stunden-Ameise stundenlang an, und das Video zeigt sehr glaubwürdig, welche lang anhaltenden Schmerzen Peterson empfindet. Es ist schon ein wenig speziell, derartige Schmerzen mit Absicht zu erleiden.

Während Coyote Peterson im Rahmen seiner Blogs sein Wissen über Natur und Tiere in theatralischer Übertreibung an seine Abonnenten vermittelt, haben sich manche Wissenschaftler systematischer mit Insektenstichen und ihrer Schmerzhaftigkeit auseinandergesetzt. Besonders bemerkenswert ist die Leistung von Michael L. Smith, einem US-amerikanischen Bienenforscher. Nachdem er von einer Honigbiene in seinen Hoden gestochen worden war, beschloss Smith, am eigenen Leib zu erforschen, wie unterschiedlich das Schmerzempfinden an verschiedenen Körperstellen ist. Es ist allgemein bekannt, dass es einen erheblichen Unterschied macht, ob man von einer Biene oder Wespe an der

Lippe oder dem Oberschenkel gestochen wird. Smith, überrascht davon, dass der Hodenstich weniger schmerzhaft war, als er erwartet hatte, wählte 25 verschiedene Körperpositionen aus und ließ sich an jeder der Stellen jeweils dreimal im Lauf von fünf Wochen stechen. Dazu dokumentierte er sein subjektives Schmerzempfinden auf einer Skala von 1 bis 10, wobei 10 für den stärksten Schmerz steht. Das Ergebnis seines Selbstversuchs in der Reihenfolge von Smiths persönlicher Schmerzempfindung sieht so aus:[8]

Schädel	2,3	Handoberseite	5,3
Spitze der Mittelzehe	2,3	Fußoberseite	6,0
Oberarm	2,3	Oberkörper	6,7
Gesäß	3,7	Spitze des Mittelfingers	6,7
Wade	3,7	Brustwarze	6,7
Unterer Rücken	4,0	Achsel	7,0
Oberschenkel	4,7	Wange	7,0
Handgelenk	4,7	Handfläche	7,0
Fußunterseite	5,0	Hoden	7,0
Unterarm	5,0	Penisschaft	7,3
Kniebeuge	5,0	Unterlippe	8,7
Nacken	5,3	Nasenloch	9,0
Hinter dem Ohr	5,3		

Es ist sicherlich plausibel anzunehmen, dass Smiths persönliche Skala verallgemeinert werden kann, wenn auch sicherlich mit individuellen Schwankungen. Die geringsten Schmerzen verursacht ein Bienenstich demnach am Schädel, an der Mittelzehenspitze und dem Oberarm, die stärksten am Penis, an der Unterlippe und dem Nasenloch. In Interviews machte Smith deutlich, dass die Schmerzen bei einem Stich in die Nase die bei Weitem unangenehmsten seien. Wäre er gezwungen, sich erneut in den Penis oder die Nase stechen zu lassen, würde er, so Smith, jederzeit den Penis wählen.[9]

Ein derartig heroischer Einsatz für die Wissenschaft verdient zweifellos Anerkennung, und die erhielt Smith durch die Verleihung des IG-Nobelpreises im Jahr 2015. Dabei handelt es sich um eine humoristische Auszeichnung, die manchmal auch als Anti- oder Spaß-Nobelpreis bezeichnet wird.[10] Geehrt werden mit diesem Preis, der jährlich kurz vor der Bekanntgabe der echten Nobelpreisträger verliehen wird, Forschungsarbeiten, die neuartig sind und die »Menschen zuerst zum Lachen und dann zum Nachdenken bringen«. Der Name IG-Nobelpreis ist ein englisches Wortspiel und leitet sich von dem englischen Wort »ignoble« ab, was unehrenhaft und schändlich bedeutet.

Smith also bekam für seine aufopfernden Selbstversuche mit Bienenstichen 2015 den Spaß-Nobelpreis in der Kategorie Physiologie und Entomologie verliehen, musste ihn sich allerdings mit einem anderen Wissenschaftler teilen, der ebenfalls vielfach die Schmerzhaftigkeit von Hautflüglerstichen am eigenen Leib erfahren hatte. Justin Schmidt ist ein US-Entomologe, der sich seit Jahrzehnten mit stechenden Hymenopteren, ihren Stichen und ihren Stachelgiften beschäftigt. Er lebt und arbeitet in Tucson, Arizona, im Südwesten der USA, also einem der Gebiete der Erde mit einer enormen Vielfalt an stechenden Insekten. Niemand kennt sich derart mit Hymenopteren-Stichen aus wie Justin. Im Lauf seiner wissenschaftlichen Arbeit ist er von 83 verschiedenen Bienen-, Wespen- und Ameisenarten gestochen worden. Nicht absichtlich, wie er immer wieder betont. Erst 2016 hat er die Essenz seines wissenschaftlichen Lebens in Buchform herausgegeben und ein knallig gelb-schwarzes Buch mit dem schönen Titel »The Sting of the Wild« veröffentlicht. Untertitel: »Die Geschichte des Mannes, der für die Wissenschaft gestochen wurde«. Hier bereits wird impliziert, Justin habe ähnlich wie Smith den Stich so vieler Insektenarten wissentlich in Kauf genommen, wenn er nicht sogar gestochen werden wollte. »Nun«, sagte Justin in einem seiner vielen Interviews nach Erscheinen seines Buches, »›wollen‹ hat zwei Facetten. Ich *will* zwar die Daten haben, aber ich *will* dabei nicht gestochen werden«.[11] Sein Bemühen um die relevanten Informationen zur Schmerzhaftigkeit der Stiche muss zweifellos intensiv sein, denn von ungefähr kassiert man nicht die Stiche von mehr als 80 verschiedenen Arten aller Schmerzstufen.

Persönlich getroffen habe ich Justin Schmidt erstmals zufällig auf der Willcox-Playa in Arizona, meinem Wespen-Eldorado. Ich stand an der sandigen Blue-Sky-Road mitten in den gleißend hellen Sanddünen. Um mich herum nur Hitze, spärliche Vegetation und Wespen. Nur sehr wenige Autos verirren sich hierher, und meist sind es Rancher, die in der Regel schnell an mir vorbeifahren, meinen Gruß mit dem emporgehaltenen Insektennetz mit einer schnellen Handbewegung erwidern und in einer Staubwolke zwischen den Sandhügeln verschwinden. Dieses Mal aber sah ich ein ungewöhnliches Fahrzeug langsam und schwankend aus der Ferne auf mich zukommen. Es fuhr sichtlich nicht auf einer der einigermaßen befestigten Sandstraßen, sondern schien mitten auf der Sandfläche der Willcox-Playa entlangzuschleichen. Beim Näherkommen entpuppte es sich als schon recht betagter VW-Bus mit Campingausstattung, der mir ganz und gar nicht geländegängig vorkam. Stoisch fuhr der Fahrer die holprige Piste entlang, um gleich neben mir zu halten. Netze schwingende Entomologen erkennen einander. Justin und ich kannten uns zwar bereits oberflächlich von Tagungen, und unsere jeweiligen Publikationen zu Wespen waren uns auch vertraut. Aber hier mitten im Nirgendwo war es schon etwas Besonderes. Wir stellten fest, dass die Willcox-Playa unser beider favorisierter Fangplatz ist, und hatten uns viel zu erzählen.

Justin Schmidts Buch »The Sting of the Wild« erwies sich als Erfolgsprojekt. Im Lauf der ersten Monate nach Erscheinen des Buches gab Justin mehr als 150 Interviews für Zeitschriften, Radio und Fernsehen. Er trat vielfach im amerikanischen Fernsehen auf und wurde sogar nach Hamburg zur deutschen Talkshow von Markus Lanz eingeladen. Mit dabei üblicherweise einige *Pepsis* in einem Glas, die die Zuschauer allein durch ihre Körpergröße schaudern lassen. Schmidts Frau, eine gebürtige Chinesin, begleitet ihn oft auf Buchlesungen und singt zu diesem Anlass chinesische Lieder über Bienen und Ameisen. Schmidt pflegt in diesem Zusammenhang damit zu kokettieren, dass die Lieder seiner Frau das Highlight seiner Lesungen seien.

JUSTIN SCHMIDT, DER CONNAISSEUR DES SCHMERZES

Justin Schmidts Liebe zu den Insekten erwachte bereits früh in seiner Jugend in Pennsylvanien, und neben der kindlichen Begeisterung für naheliegende Naturobjekte wie Schmetterlinge und Käfer war er schon als Junge fasziniert von den leuchtend bunten sozialen Wespen seiner Heimat.[12] An der Universität von Georgia studierte er Chemie, um eines Tages festzustellen, dass er weder die Chemiker noch den Geruch von Chemielaboren mochte.[13] In jedem Fall aber fehlte ihm die lebendige

Natur in der Chemie, und Murray Blum, ein Professor der Universität, bot ihm schließlich die einmalige Gelegenheit, das, was er konnte, nämlich Chemie, mit dem, was er mochte, nämlich stechende Insekten, in einem Forschungsprojekt zu kombinieren. Schmidt begann über die chemische Zusammensetzung des Giftes der sehr unangenehm stechenden Ernteameisen der Gattung *Pogonomyrmex* zu forschen. Arten dieser Gattung werden neben anderen Ameisengattungen auch als Ernteameisen bezeichnet, weil sie sich vorwiegend von Pflanzensamen ernähren.

Die rund 60 Arten kommen ausschließlich in den trockenen Gebieten der Neuen Welt vor, etwa 20 davon in den USA. Ameisen dieser Gattung können durchweg mehrfach und schmerzhaft zustechen. Schmidt belud also seinen Camping-VW-Bus mit Schaufeln, Plastikgefäßen und allem, was er an Ausrüstung noch benötigte, und fuhr mit seiner ersten Frau Debbie, ebenfalls eine Studentin der Universität von Georgia, los, um möglichst viele Arten von *Pogonomyrmex* zu sammeln. Der Plan war denkbar einfach: Ameisen finden, Nest ausgraben, Ameisen, Nistmaterial und Sand in Plastikboxen füllen, und zurück zum Labor, um dort die Forschungsarbeit durchzuführen. Bereits in Georgia allerdings machten sie beim Ausgraben eines Ameisennests Bekanntschaft mit dem berüchtigten Stachel ihres Untersuchungsobjekts. Der Schmerz des *Pogonomyrmex*-Stiches war nicht wie der hinlänglich bekannte Schmerz eines Honigbienenstiches. Er kam mit Verspätung, war dann aber wirklich schmerzhaft. Stechend und qualvoll. Und entwickelte sich zu einem pulsierenden Schmerz, den seine Frau, die ebenfalls in Mitleidenschaft gezogen wurde, als einen »tiefen, reißenden Schmerz«, beschreibt, »als ob jemand unter der Haut die Muskeln und Bänder zerreißt, nur dass der Schmerz mit jeder Schmerzwelle anhielt«. Obwohl Schmidt in seiner Jugend vielfach gestochen worden war, war dieser Schmerz ungewöhnlich. Und er hielt im Gegensatz zu den Stichen von Honigbienen, Faltenwespen und Hornissen, die er gut kannte, überraschend lange an. Erst nach vier Stunden ließen die Schmerzen bei den beiden allmählich nach, und erst nach acht Stunden waren sie ganz verschwunden.

Schmidt war fasziniert, zumindest nachdem er wieder klar denken konnte. Ein Forschungsprogramm manifestierte sich in seinem Kopf, eines, das die biochemische Zusammensetzung, die Physiologie und die biologische Funktion von Insektengiften für die Hymenopteren und ihre Opfer im Mittelpunkt hatte. Auf der Suche nach weiteren *Pogonomyr-*

mex-Arten fanden sie die wohl am schmerzhaftesten stechende Art, die Maricopa-Ernteameise *Pogonomyrmex maricopa,* auf der Willcox-Playa.

Die Maricopa-Ernteameise baut enorme unterirdische Nester in den sandigen Bereichen der Willcox-Playa und ist im Südwesten der USA eine der häufigsten *Pogonomyrmex*-Arten. Ihre Nestanlagen beherbergen bis zu 20 000 Arbeiterinnen, die rund um den Nesteingang einen oft kreisrunden Bereich vollkommen vegetationsfrei halten. *Pogonomyrmex maricopa* besitzt das Gift mit der höchsten Toxizität unter allen Insekten. Maricopa-Ameisengift ist etwa 20-mal giftiger als Honigbienengift und rund 35-mal giftiger als das Gift der Westlichen Diamant-Klapperschlange. Es reichen zwölf Stiche von *Pogonomyrmex maricopa,* um ein Säugetier von zwei Kilogramm Körpergewicht zu töten.

Mit *Pogonomyrmex* nahm also Justin Schmidts Faszination an Insektengiften und am Schmerz seinen Anfang und hat bis heute nicht nachgelassen. Furore hat er dabei mit dem »Schmidt-Schmerz-Index« gemacht, einer Skala für die Schmerzhaftigkeit von Wespen-, Bienen- und Ameisenstichen, und es war der Schmidt-Schmerz-Index, der ihm zu Popularität und letztlich auch zum IG-Nobelpreis verhalf. Spätestens mit seinem Buch »The Sting of the Wild« gilt er in der Presse als »Connaisseur des Schmerzes«[14] und als »Entomologe, der für die Wissenschaft litt«.[15]

DER SCHMIDT-SCHMERZ-INDEX

Der Schmidt-Schmerz-Index ist in einer Fassung bekannt geworden, in der Schmidt die einzelnen Schmerzstufen in einer humoristischen Form verbal beschreibt. Die Skala umfasst die Stufen 1,0 bis 4,0, wobei stechende Insekten, deren Stiche keinerlei Schmerzen auslösen, weil sie zum Beispiel die menschliche Haut nicht durchdringen, ausgespart werden. Die niedrigste Stufe beschreibt damit den kleinstmöglichen spürbaren Schmerz durch den Stich eines aculeaten Hautflüglers. Stufe 4 ist der stärkste nachgewiesene Schmerz, und nur drei Arten dürfen sich rühmen, eine glatte Vier oder, wie es Schmidt manchmal überspitzt, eine Vier plus zu haben. Dies sind die schon vorgestellten *Pepsis* und die 24-Stunden-Ameise *Paraponera clavata.* Dazu kommt noch *Synoeca septentrionalis,* die »warrior wasp«, zu Deutsch die Kampfwespe, eine soziale Faltenwespe aus Mittel- und Südamerika. Zwischen diesen Maxima ordnet Justin Schmidt die Schmerzhaftigkeit der von ihm selbst erfahrenen Stiche auf einer relativen Skala ein. Nicht zufällig liegt dabei die Honigbiene auf einem Platz 2, stellt also den mittleren Referenzwert zwischen den beiden Extremwerten dar. Schon ein ordentlicher Schmerz, aber es geht weniger, und erst recht geht noch mehr. Die poetischen Beschreibungen wirken auf den ersten Schritt zwar amüsant, aber auch irgendwie befremdlich, weil er Analogien bemüht, die man üblicherweise selbst noch nie erfahren hat. Ich zumindest weiß nicht, wie es sich anfühlt, wenn ein Elektrogerät in das eigene Badewasser fällt, oder wie es ist, mit einem rostigen Sieben-Zentimeter-Nagel in der Ferse über glühende Kohlen zu laufen. Da kann man eigentlich nur schmunzeln. Auf der anderen Seite aber sind diese Beschreibungen Ausdruck der Tatsache, dass sich das Schmerzempfinden objektiv kaum messen lässt. Schmidts farbenfrohe Beschreibungen sind Versuche, das Ausmaß des Schmerzempfindens trotz aller Subjektivität plastisch zu beschreiben. Und vor diesem Hintergrund funktionieren sie doch recht gut. »Explosiv und anhaltend. Dein Schreien klingt wahnsinnig. Heißes Öl aus einer Fritteuse läuft über deine ganze Hand« (die Spinnenameise *Dasymutilla klugii,* Schmerzstufe 3) ist eindeutig schmerzhafter als »Schnell, schneidend und entschlossen. Deine Fingerspitze wurde von einer Autotür eingeklemmt« (die Holzbiene *Xylocopa californica,* Schmerzstufe 2).

Schmerz hängt von vielen Faktoren ab, wie beispielsweise von der Körperstelle des Stiches, der Tageszeit, der gesamten physiologischen Situation des Gestochenen und von der individuellen Schmerzempfänglichkeit. Michael L. Smith versuchte durch seinen systematischen Ansatz mehrere dieser Faktoren dadurch zu kontrollieren, dass er der einzige Proband war und sich an dokumentierten Körperstellen mehrfach stechen ließ. Ein solcher experimenteller Versuch ist bei den vielen Arten, mit denen Justin Bekanntschaft machte, nicht möglich. Um also all der Subjektivität im Schmerzempfinden Herr zu werden, ging Justin Schmidt die Sache ebenso subjektiv an und verwendete drastische Beschreibungen, die der Leser sicherlich empirisch nicht nachvollziehen kann, die aber dennoch ihren Zweck erfüllen. Von Stufe 1,0 bis 4,0 nimmt das Unbehagen deutlich zu, und dass der Tanz auf glühenden Kohlen mit einem rostigen Nagel in der Ferse etwas unerträglich Schmerzhaftes ist, bleibt unbestritten. Hätte Schmidt sich um nüchterne Beschreibungen mit wis-

Holzbienen der Gattung *Xylocopa* gehören zu den größten und auffälligsten Bienen weltweit. William Jardine, 1840.

senschaftlicher Anmutung bemüht, wäre er mangels objektiver Kriterien sicherlich in die Kritik geraten. Mit seinen amüsant-gruseligen Beschreibungen, die an Haikus, die populären, meist dreizeiligen japanischen Kurzgedichte erinnern sollen, wie die *New York Times* einmal schrieb,[16] erreicht er genau sein Ziel: Mit jeder Stufe wird dem Leser klarer, dass er das niemals erleben möchte.

Dies ist die Schmidt-Schmerz-Skala mit einigen ausgesuchten Beispielen:

1,0	Leicht, flüchtig, fast fruchtig. Als ob ein winziger Funke ein einziges Haar auf dem Arm ansengt.	kleine Bienenarten
1,2	Scharf, plötzlich, etwas beunruhigend. Als ob man über einen Flokatiteppich läuft, sich statisch auflädt und einen elektrischen Schlag bekommt.	Feuerameise (*Solenopsis*)
1,8	Ein seltener, stechender, irgendwie hoher Schmerz. Als ob jemand eine Heftklammer in deine Wange schießt.	Knotenameisen
2,0	Reichhaltig, herzhaft und heiß. Als ob W. C. Fields [ein US-amerikanischer Schauspieler] eine Zigarre auf deiner Zunge auslöscht.	Deutsche und Gemeine Wespe (*Paravespula germanica* und *vulgaris*)
2,0	Wie ein abgebrochener Streichholzkopf, der auf deiner Haut abbrennt.	Honigbiene (*Apis mellifera*), Hornisse (*Vepsa crabro*)
3,0	Ätzend, brennend und unerbittlich. Als ob jemand einen Bohrer benutzt, um einen eingewachsenen Zehennagel freizulegen, oder man einen Becher mit Salzsäure über eine Schnittwunde schüttet.	Ernteameise (*Pogonomyrmex*), Feldwespe (*Polistes*)
4,0	Heftig, blendend, schockierend elektrisch. Als ob jemand einen laufenden Haartrockner in dein Schaumbad fallen lässt.	*Pepsis*
4,0	Reiner, intensiver, strahlender Schmerz. Als ob man über glühende Kohlen läuft und dabei einen sieben Zentimeter langen rostigen Nagel in der Ferse stecken hat.	24-Stunden-Ameise (*Paraponera*)

Die Liste findet sich als Anhang in Justin Schmidts Buch. Und beinahe jede der Arten hat ihr eigenes kleines Haiku.

Hinter dieser Art der Darstellung steckt allerdings seriöse Forschung. Bereits 1984 hatte Justin in einer wissenschaftlichen Zeitschrift über Insektenbiochemie erstmals einen Prototyp des Schmerz-Index vorgestellt.[17] In einem unter anderem von ihm herausgegebenen Buch über

Verteidigungsmechanismen von Insekten entwickelte ihn Justin weiter, indem er die Schmerzdauer und verschiedene toxikologische Parameter von Giften zahlreicher Hymenopteren aus eigenen Untersuchungen und aus der Literatur miteinander verglich.[18]

DIE FUNKTION DES STACHELS

Was ist nun aber eigentlich der Stachel der Hymenopteren anatomisch gesehen? Viele Menschen sind überrascht zu hören, dass nicht alle Bienen und Wespen stechen können, einmal abgesehen von den etwas bekannteren stachellosen Bienen der Tropen. Aber darüber hinaus stechen bei Weitem nicht alle stechenden Hymenopteren, denn einen Stachel besitzen nur die Weibchen. Männchen fehlt der Stachel, und das hat einen einfachen Grund. Der Stachel der Weibchen hat sich aus dem weiblichen Ovipositor entwickelt, dem Eilegeapparat der Insekten. Solche Eilegeapparate, die die Gestalt überdimensionaler Injektionsapparate für Eier besitzen, kennen viele Menschen von unseren heimischen Schlupfwespen, deren Weibchen häufig einen weit aus dem Hinterleib ragenden Eilegestachel besitzen. Der kann schon recht furchterregend aussehen und den Eindruck vermitteln, ein wehrhaftes Verteidigungsinstrument zu sein. Dazu kommt noch, dass Schlupfwespen, nimmt man diese an sich ungefährlichen Insekten in die Hand, unter der Bedrohung anfangen, heftig mit ihrem Ovipositor den Widersacher zu malträtieren. Es fällt schwer, der Versuchung zu wiederstehen, die sich wehrende Wespe aus Furcht freizulassen. Dies auch besonders, weil der »Stich« des Eilegeapparats sehr großer Arten durchaus spürbar sein kann. Auch manche Heuschrecken und andere Insekten besitzen einen deutlich sichtbaren, oft nadel-, sichel- oder schwertförmigen Eilegeapparat. Aus einem solchen Eilegeapparat also hat sich der Stachel der Wespen, Bienen und Ameisen entwickelt.

Wie der Ovipositor auch, ist der Stachel keine solide, röhrenförmige Injektionskanüle wie bei einer Spritze. Stattdessen besteht der Stachel aus drei lanzettförmigen Elementen, die an ihren Längskanten miteinander verfalzt sind. Die zwei oberen Elemente sind beweglich und werden als Stechborsten bezeichnet. Das dritte, unbewegliche Element, die Stachelrinne, liegt unter dem Stechborstenpaar und dient den Stechborsten

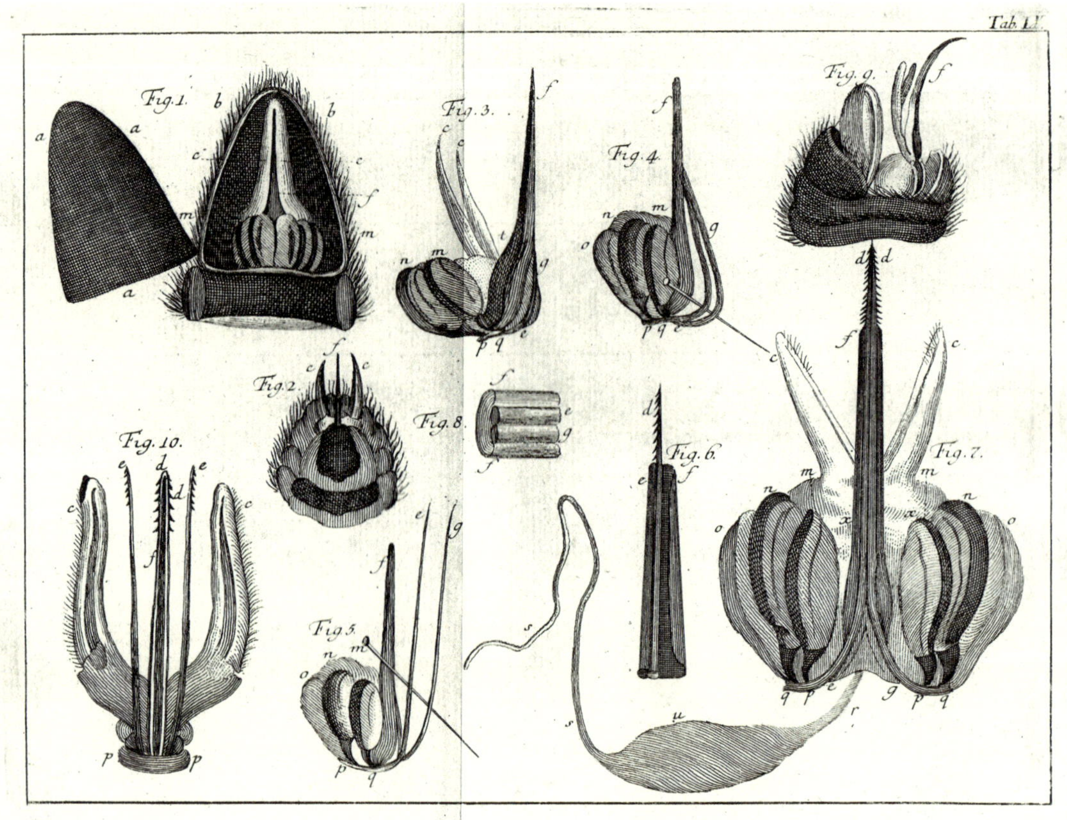

Eine der ältesten Darstellungen des Feinbaus des Stachelapparats und der Giftblase der Honigbiene aus »Physicalisch-oeconomische Geschichte der Bienen« von Carl Christoph Oeldhafen von Schöllenbach, 1734–1742.

als Führung. Die beiden Stechborsten sind bei vielen Arten an ihrer Spitze bezahnt. Sie bewegen sich beim Stich gegeneinander, und erst dadurch gelingt es einem so kleinen Tier überhaupt, die widerstandsfähige Haut eines Säugetiers zu durchdringen. Der Stich läuft dabei folgendermaßen ab: Zuerst wird nur eine der beiden Stechborsten durch Muskelkraft in die Haut des Opfers gestochen. Die verankerte Stechborste dient daraufhin als Widerlager für das Eindringen der anderen Stechborste, die dann tiefer in die Haut vorstößt. Im nächsten Schritt dient nun die zweite, tiefer eingedrungene Stechborste als Widerlager für ein weiteres, tieferes Eindringen der ersten Stechborste. Durch das schnelle Hin und Her der beiden Stechborsten »fräst« sich der Stachel von selbst immer tiefer in die Haut hinein.

Seitlich wird die Stechborsten-Stachelrinnen-Einheit von zwei Elementen flankiert, die als Stachelscheide bezeichnet werden. Die Stachelscheide besitzt eine abgerundete Spitze und dringt beim Stich nicht in das Gewebe des Opfers ein. An ihrer Spitze befinden sich zahlreiche Sinnesorgane, mit deren Hilfe das Insekt den Stich genau platzieren kann.

Zum Stachelapparat gehören neben diesen und noch einigen anderen Hartteilen auch noch verschiedene Giftdrüsen und ein Giftreservoir, die sich tiefer im Körper befinden. Bei jeder Vorwärtsbewegung der Stechborsten streift eine Verdickung an der Basis der beweglichen Teile des Stachels am Ausführgang des Giftreservoirs entlang. Dabei wird eine kleine Portion des Giftes aus dem Reservoir herausgequetscht. Über eine Rinne zwischen Stechborsten und Stachelrinne gelangt das Gift schließlich mithilfe der Stechborsten in die Stichwunde.[19] Bei vielen Arten besitzt das Giftreservoir eine kräftige Muskulatur, die das Gift mit Gewalt herausdrücken und schneller und in größeren Mengen zum Einsatz bringen kann.

WIE UNTERSCHEIDEN SICH WEIBLICHE VON MÄNNLICHEN WESPEN?

Silke Mosel, eine meiner Doktorandinnen, hat sich in ihrer Dissertation ausgiebig mit der Anatomie des Stachelapparats der Grabwespen und einiger Bienen beschäftigt. Sie hat dafür die sklerotisierten Teile des Stachelapparats, also diejenigen Elemente, die von einer festen Chitinschicht umgeben und damit hart sind, von 110 Grabwespenarten und zum Vergleich von vier Bienenarten untersucht. Ein solcher Stachel ist ein hochkomplexer Apparat, der eine Vielzahl von chitinisierten Elementen umfasst. Mindestens sieben paarweise vorhandene Elemente bilden den Hauptteil, die wiederum durch Muskeln und Bänder zu einem funktionierenden Injektionsgerät verbunden sind. Die einzelnen Elemente des Stachelapparats haben sich aus Teilen des weiblichen Genitalapparats der Hinterleibssegmente 7, 8 und 9 entwickelt. Bei einer erwachsenen weiblichen Wespe sieht man äußerlich nur sechs Hinterleibsringe, die in eine Rücken- und eine Bauchplatte unterteilt sind. Alle danach kommenden, von außen nur bei anderen, besonders bei urtümlicheren Insekten sichtbaren Segmente liegen bei aculeaten Hymenopteren im Inneren des Körpers. Aus ihnen hat sich der Stachelapparat entwickelt.

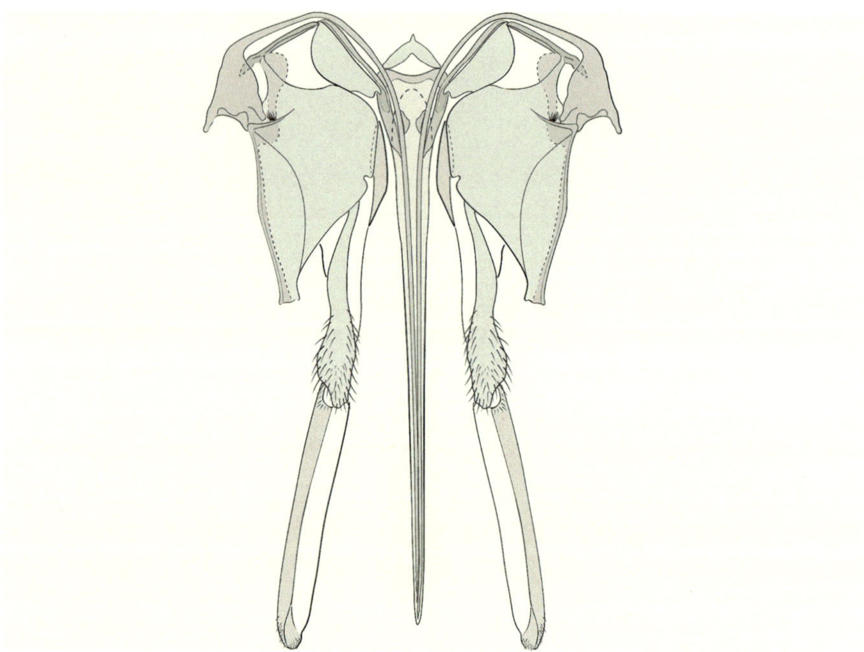

Die Hauptelemente des Stachelapparats der Grabwespe *Chlorion lobatum* von der Bauchseite her gesehen. In der Mitte nach unten zeigend liegt der eigentliche Stachel mit Stachelrinne und Stechborsten, rechts und links flankiert von der großen Stachelscheide. Silke Mosel, 2014.

Äußerlich sind übrigens Weibchen und Männchen von Wespen, Bienen und Ameisen oft nicht leicht zu unterscheiden. Alle Strukturen, die etwas mit der Beschaffung von Larvennahrung oder Nestbau zu tun haben, gibt es nur bei Weibchen, da sich die Männchen niemals an diesen Tätigkeiten beteiligen. Das kann bei der Unterscheidung helfen. Sieht man zum Beispiel bei einer Biene eine Einrichtung zum Pollensammeln, sei es die verbreiterte Schiene des Hinterbeins oder eine Bauchbürste, kann es sich nur um ein Weibchen handeln. Die Weibchen der im Boden grabenden Wespen besitzen darüber hinaus einen starken Grabkamm an der Außenseite der Vorderbeine, was ebenfalls ein Erkennungszeichen für Weibchen ist. Nur einige Gruppen zeigen einen extremen Sexualdimorphismus, indem die Weibchen beispielsweise flügellos, die Männchen aber geflügelt sind. Die Spinnenameisen sind dafür ein Beispiel. Auf der anderen Seite heißt das Fehlen solcher Strukturen aber nicht, dass man kein Weibchen vor sich hat. Die parasitischen Kuckucksbienen sammeln keine Pollen und besitzen daher die entsprechenden Sammelorgane nicht, und den Weibchen holznistender Wespen fehlt ein auffälliger Grabkamm. Nicht selten ist auch die Hinterleibsform geschlechtsspezifisch. Oft haben die Männchen eine breitere Hinterleibsspitze, während das letzte Hinterleibssegment der Weibchen spitz zuläuft. Davon aber gibt es viele Ausnahmen.

In diesem Zusammenhang kann das Verhalten ebenfalls ein guter Indikator für das Geschlecht sein. Weibchen bauen Nester und jagen Beute oder sammeln Pollen, Männchen tun dies nicht. Blütenbesuch allein hilft hier allerdings nicht, weil auch Männchen für die eigene Ernährung Blüten als Pollen- und Nektarquelle besuchen.

Zwei fast hundertprozentig sichere Unterscheidungsmerkmale zwischen Weibchen und Männchen stechender Hautflügler aber gibt es, die auch von professionellen Hymenopterologen verwendet werden. Wie schon gesagt, besitzen die Weibchen der meisten aculeaten Hymenopteren sechs von außen sichtbare Hinterleibsringe, die man in der Regel gut abzählen kann. Männchen besitzen im Gegensatz dazu sieben sichtbare Hinterleibssegmente, was daran liegt, dass zur Bildung der männlichen Genitalien ein Segment weniger verwendet wurde als für die Bildung der weiblichen Genitalien. Hinterleibsringe zählen ist eine fast immer verlässliche Unterscheidungsmöglichkeit. Fast noch sicherer ist das Abzählen der Antennenglieder. Grundsätzlich besitzen Weibchen alles in allem zwölf Antennenglieder, Männchen dagegen 13. Meine einfache, etwas plumpe Merkregel, die ich meinen Studenten manchmal mitgebe, ist, dass die Männchen sowohl bei den Hinterleibsringen als auch bei den Antennengliedern einen Zipfel mehr als die Weibchen haben. Nicht sehr stilvoll, zugegeben, aber so merkt es sich jeder.

Natürlich gibt es auch von der Weibchen-12-und-6- und Männchen-13-und-7-Regel Abweichungen. Die Männchen der meisten Schabenwespen besitzen nur drei sichtbare Hinterleibssegmente, und die Männchen mancher Grabwespengattungen kommen nur auf 12 Antennensegmente, weil zwei aufeinanderfolgende Segmente verschmolzen sind. Nun gut, wenn das eine Merkmal nicht funktioniert, meist tut es das andere. In beiden Fällen aber benötigt man mindestens eine gute Lupe, besser noch ein Mikroskop. Und natürlich ein ruhiges Tier. Alles nicht ganz einfach zu bekommen, und so tut man im Alltag vielleicht gut daran, ohne genaue Prüfung immer erst einmal davon auszugehen, dass man ein stechendes Weibchen vor sich hat. Denn der ultimative Geschlechtertest ist der direkte: in die Hand nehmen. Folgt der Schmerz, ist es ein Weibchen.

DIE ANATOMIE DES STACHELS

Damit zurück zum Stachelapparat. Seine Hartteile haben sich aus chitinisierten Elementen des weiblichen Geschlechtsapparats entwickelt, genau genommen aus dem ursprünglichen Ovipositor, dem Eilegeapparat. Durch diese gravierende Funktionsänderung ist es den Weibchen stechender Hautflüglern nicht mehr möglich, ihre Eier durch den Stachel abzulegen. Bei den meisten Insekten liegt die Öffnung der inneren Genitalien eigentlich jenseits der achten Bauchplatte des Hinterleibs. Diese achte Platte allerdings ist bei Wespen, Bienen und Ameisen in die Bildung des Stachelapparats mit einbezogen worden. Bei den aculeaten Hymenopteren ist daher die Eilegeöffnung vom Hinterrand der achten zum Hinterrand der siebten Bauchplatte vorverlegt worden und befindet sich damit als sekundäre Öffnung an der Basis des Stachelapparats.

Silke Mosels Doktorarbeitsprojekt stand vor einigen Schwierigkeiten, denn einen solchen Stachelapparat zu untersuchen ist keine einfache Sache. Wie gesagt, handelt es sich um eine ziemlich komplexe dreidimensionale Struktur aus zahlreichen Elementen. Hinzu kommt, dass der Stachelapparat meist auch noch sehr klein ist. Vielleicht haben Sie bereits einmal einen Honigbienenstachelapparat gesehen, nachdem er sich in Ihre Haut bohrte, dort stecken blieb und aus der Biene herausgerissen wurde. Wenn man trotz des Schmerzes die nötige Ruhe aufbringt, kann man die bräunlichen Chitinstrukturen und die pulsierende Giftblase gut erkennen. Einzelne Elemente außer dem Stachel lassen sich allerdings kaum ausmachen. Honigbienenarbeiterinnen mit ihrer Körperlänge von 12 bis 15 Millimetern sind nun allerdings gar nicht mal so klein, und man kann sich vorstellen, dass der Stachelapparat einer nur fünf Millimeter großen Wespe entsprechend winzig ist.

Silke Mosel hatte sich auf die chitinisierten Elemente des Stachelapparats konzentriert, da diese sich durch ihre Härte und Stabilität leichter präparieren und darstellen lassen und es dazu bereits viel Vergleichslite-

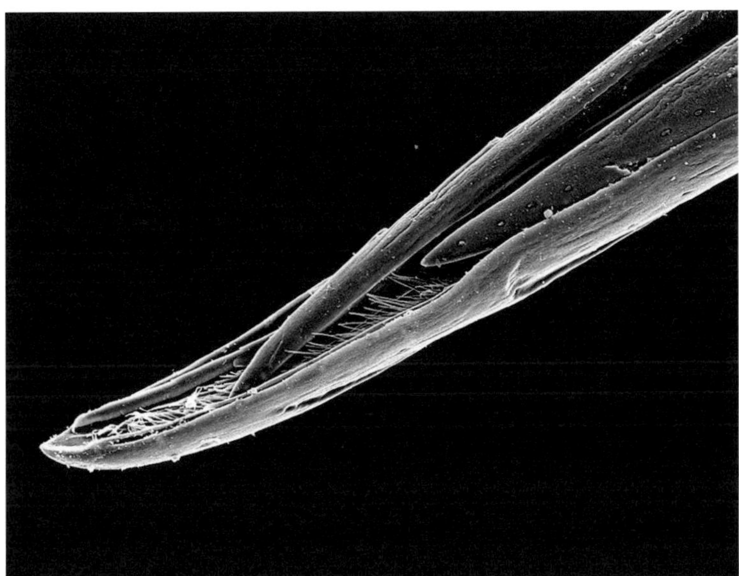

Die Spitze des Stachels der Grabwespe *Sceliphron caementarium*. Das untere, lange, rinnenförmige Element ist die Stachelrinne, die beiden kürzeren, spitzen Elemente sind die Stechborsten. Silke Mosel, 2014.

ratur gab. Für die lichtmikroskopische Untersuchung hat sie den ganzen Stachelapparat aus den toten Tieren erst einmal herauspräpariert. In der Regel macht man dies, indem man die umgebenden Platten der Hinterleibsringe mit einer feinen Pinzette abhebt. Dann liegt der Stachelapparat vor einem, wenn auch dicht eingepackt in Muskulatur und verschiedene weißliche Gewebestücke.

Bei großen Wespen und Bienen hat Mosel dann mit einer extrem feinen Pinzette die Muskeln und alle anderen Weichteile vorsichtig zwischen den Hartteilen herausgezupft. Alles in Alkohol, versteht sich, damit die Strukturen nicht austrocken und dabei schrumpfen und sich verziehen, aber auch für die dauerhafte Konservierung.

Bei kleineren Arten wurde der ganze herauspräparierte Stachelapparat für einige Stunden in eine schwache Lösung von Kaliumhydroxid gelegt. Das ist eine Flüssigkeit, die traditionell in der Entomologie eingesetzt wird, um weichhäutige Strukturen wie Muskeln und Membranen ab- beziehungsweise aufzulösen, ohne dass die Hartelemente in Mitleidenschaft gezogen werden. Wenn schließlich nur noch die Ske-

Die Spitze einer Stechborste der parasitischen Grabwespe *Stizoides fenestratus* mit der widerhakenartigen Bezahnung. Die Breite der Stechborste beträgt beim ersten Zahn etwa 0,03 Millimeter. Silke Mosel, 2014.

lettelemente übrig waren, versuchte Silke vorsichtig, die einzelnen Elemente voneinander zu trennen, um sie dann einzeln oder in überschaubareren Gruppen zu untersuchen. Sie interessierte sich dabei für die relative Lage der einzelnen Elemente zueinander, die Form der Elemente, eventuelle Bezahnungen des Stachels und was auch immer an Unterschieden und Gemeinsamkeiten beim Vergleich zwischen den Arten auffällig war.

Tatsächlich weisen die Teile des komplexen Stachelapparats eine er-

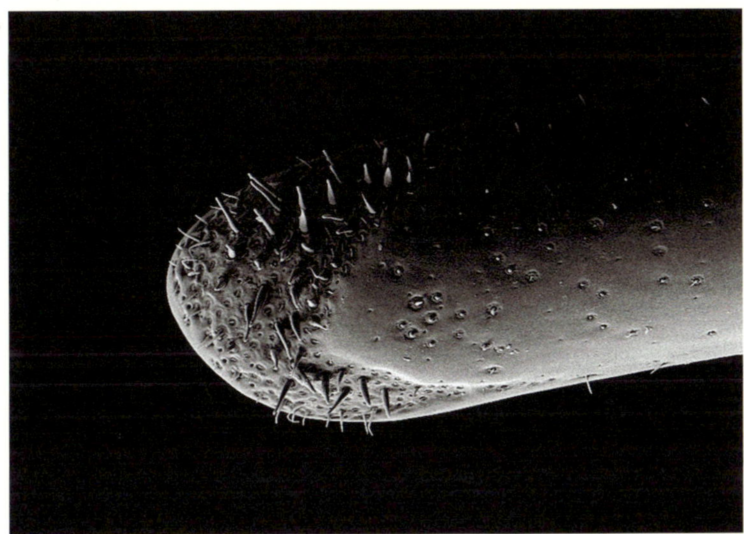

Die Spitze der Stachelscheide der Grabwespe *Larra anathema.* Die kleinen kreisförmigen Strukturen, in deren Mitte sich meist dicke oder dünne Borsten befinden, sind Sinnesorgane. Die Breite der Stachelscheide beträgt 0,16 Millimeter. Silke Mosel, 2014.

staunlich hohe gestaltliche Vielfalt innerhalb der Grabwespen auf. Alleine die zwei Paar Valvulae, die zusammen den Stachel bilden, sehen bei verschiedenen Arten sehr unterschiedlich aus. Sie können in mannigfacher Weise gekrümmt und bezahnt sein, dick oder dünn, und über ihre gesamte Länge in unterschiedlicher Weise dünner werden.

Diese Vielgestaltigkeit hat unter anderem sicherlich funktionelle Gründe. Das bedeutet, dass unterschiedliches Stichverhalten oder verschiedene Beutetypen (erinnern Sie sich, Grabwespen stechen, um ihre Beute zu lähmen) zu den verschiedenen Stachelformen geführt haben. Silke Mosel konnte zeigen, dass kleptoparasitische Grabwespen einen ungekrümmten Stachel besitzen, und dass bei den jagenden Grabwespen die Krümmung des Stachels mit der Mobilität und Größe der Beutetiere deutlich zunimmt. Zahn- oder widerhakenartige Strukturen besitzen viele Grabwespen, und besonders Arten, die weichhäutige Beute wie zum Beispiel Blattläuse fangen, besitzen solche Hakenstrukturen, von denen vermutet wird, dass sie dazu dienen, den Stachel in der weichen Beute länger zu verankern. Eine besondere Beutetransportmethode besitzen die sogenannten Fliegenspießwespen der Grabwespengattung *Oxybelus*, die ihre Fliegenbeute während des Fluges aufgespießt auf ihrem Stachel transportieren. Auch wenn die Wespen die gefangenen Fliegen zusätzlich mit ihren Hinterbeinen festhalten, ist ihr Stachel stark bezahnt, um das Herausrutschen während des Transports zu verhindern.

GIFTCOCKTAILS

Der einzige Zweck eines Stachels ist die Injektion von Gift. Das Gift von Wespen, Bienen und Ameisen ist eine ziemlich komplizierte Mischung aus vielen verschiedenen Substanzen mit jeweils spezifischen Eigenschaften. Die Komponenten und ihre relativen Anteile sind in den einzelnen Gruppen recht unterschiedlich. Das Gift der Honigbiene ist biochemisch und pharmakologisch besonders gut untersucht worden.[20] Es besteht zum größten Teil aus Peptiden, also Eiweißmolekülen, die etwa die Hälfte des Trockengewichts des Giftes ausmachen. Dazu kommen noch 58 Enzyme, größere Mengen an Aminosäuren, Fettsäuren, Zucker, verschiedenen Salzen und anderen Stoffen. In manchen Ameisengiften gibt es außerdem noch giftige Alkaloide. Diese sind auch der Grund dafür, dass beispielsweise der Stich der Feuerameisen der Gattung *Solenopsis* zu dem namengebenden, fürchterlichen Brennen auf der Haut führt. Durch die dadurch ausgelöste Freisetzung von Histaminen kommt es zu gravierender Quaddelbildung und unter Umständen zu Nekrosen, also zum Absterben der betroffenen Haut. Unter den Peptiden ist das Melittin, ein aus 26 Aminosäuren bestehendes Molekül, der Hauptbestandteil. Melittin, dessen Name sich von dem griechischen Wort *melitta* für Biene ableitet, führt auf der zellulären Ebene zur Schädigung von Zellmembranen und zum Zelltod. Es wurde auch bei manchen sozialen Wespen nachgewiesen.

Die Stärke des Schmerzes, der durch die Injektion dieses hochkomplexen Giftcocktails ausgelöst wird, hängt von vielen Faktoren ab. Zum Beispiel entfaltet das Gift seine Wirksamkeit erst, wenn es in das Gewebe jenseits der schützenden Haut gelangt. Auf die Haut aufgetragen oder in die Blutbahn injiziert, führt Hymenopterengift nicht zu Schmerzreaktionen. Selbst das Gift von *Pepsis* wird schmerzfrei vertragen, wenn es intravenös oder sogar in die Bauchhöhle injiziert wird.[21] Naheliegenderweise spielt auch die Menge des in das Opfer gelangten Giftes eine große Rolle. Diese Menge wird naturgemäß auch durch die Körpergröße des stechenden Tieres bestimmt. So gibt die Honigbiene pro Stich eine Giftmenge von etwa 150 Milligramm ab, während *Pepsis formosa* auf 2500 Milligramm kommt. Recht ordentlich sind auch die Asiatische Riesenhornisse *Vespa mandarinia* mit 1100 Milligramm, und der Zikadentöter *Sphecius grandis*, eine Grabwespe, kommt immerhin noch auf 220 Milligramm. Die für die Schmerzhaftigkeit ihrer Stiche bekannten Mutilliden haben eine für ihre Körpergröße recht große Giftmenge von 420 Milligramm (bei *Dasymutilla klugii*). Die ebenfalls äußerst schmerzhaft stechende Maricopa-Ernteameise *Pogonomyrmex maricopa* bringt es nur auf 25 Milligramm, woran man sehen kann, dass nicht alleine die schiere Menge ausschlaggebend ist.[22]

Um den Effekt des Stiches zu optimieren, legen es die stechenden Weibchen darauf an, möglichst viel ihres Giftes in ihr Opfer zu injizieren. Das kann sich als schwierig herausstellen, da Säugetiere, Vögel und andere größere Feinde schnell sind und versuchen, sich behände der bedrohlichen Gegner zu entledigen. Um also schnell größere Giftmengen in ihre Opfer zu platzieren, haben die Insekten verschiedene Strategien entwickelt. Zum einen besitzen viele Arten starke Muskulatur um ihre Giftblase herum, die durch kräftige Kontraktionen das Gift förmlich herausspritzen lässt. Bei manchen sozialen Wespen kann man manchmal sehen, wie das Gift als feines Spray in die Luft abgegeben wird, und auch viele Ameisen sprühen ihr Gift erkennbar dem Gegner entgegen.

Eine andere evolutive Erfindung zur Injektion einer großen Giftmenge ist die sogenannte Stachelautotomie. Das kennen viele Menschen durch eigene schmerzhafte Erfahrungen. Dabei bleiben die mit kräftigen, nach hinten gerichteten Zähnen versehenen Stechborsten des Stachels in der Haut des Opfers stecken. Versucht das stechende Insekt zu fliehen oder wird von seinem Opfer abgestreift, wird der Stachelapparat inklusive Giftblase aus dem Körper der Wespe, Biene oder Ameise herausgerissen. Der Stachel bleibt in der Haut des Gegners stecken, und durch Kontraktion der Muskulatur der Giftblase pumpt der herausgerissene Stachelapparat weiterhin Gift in das Opfer. Diese Muskelkontraktion wird durch ein Ganglion, einen Nervenknoten, gesteuert, der sich im Stachelapparat befindet. Macht man als Mensch den Fehler, vor Schmerz und Schreck den kleinen, in der Haut steckenden Stachelapparat mit Pinzettengriff der Finger herausziehen zu wollen, drückt man das verbliebene Gift erst recht in die eigene Haut. Besser ist es, zu versuchen, den pulsierenden Stachelapparat mit einer von der Haut weggehenden Wischbewegung aus der Haut zu ziehen.

Stachelautotomie und der durch die schwere Verletzung unausweichlich folgende Tod des Insekts ist ein Phänomen, für das die Honigbiene bekannt ist. Zugleich verbindet sich damit auch immer die Frage, ob auch soziale Wespen nach dem Stich sterben. Zumindest ist das eine der mir am häufigsten gestellten Fragen. Tatsächlich können unsere heimischen Faltenwespen vielfach stechen, da Stachelautotomie bei ihnen nicht auftritt. Dennoch ist die Honigbiene bei Weitem nicht die einzige Art, bei der der Stachel beim Stich aus dem Körper gerissen wird und das Weibchen danach stirbt. So kennt man Stachelautotomie von manchen tropischen Faltenwespen und auch von einigen Arten der Ernteameisengattung *Pogonomyrmex*.

Dies alles lässt vermuten, dass Schmerz einer der Schlüssel ist, um die Evolution der Stechfähigkeit und des Stachels zu verstehen. Schmerz hat für stechende Insekten den großen Vorteil, dass der Angreifer ein sofortiges und unmittelbares Feedback bekommt. Der Schmerz setzt innerhalb von Millisekunden ein und löst sofort eine Abwehr- oder Fluchtreaktion aus. Damit dieser Verteidigungsmechanismus über die einmalige Erfahrung hinaus wirksam und damit evolutiv relevant ist, bedarf es der Fähigkeit des Angreifers, aus dieser Erfahrung zu lernen. Für stechende Insekten ist das Risiko, bei einer unmittelbaren Konfrontation mit einem Räuber getötet zu werden, trotz des Stachels enorm groß. Dem stechenden Individuum, dem es gelingt, den Feind in die Flucht zu schlagen, nützt daher sein Einsatz persönlich meist herzlich wenig. Stachel oder nicht, es stirbt mit großer Wahrscheinlichkeit. Der Sinn dieses Einsatzes wird erst auf der Ebene der Gruppe offenkundig, da der Räuber mit großer Wahrscheinlichkeit seine Lektion gelernt hat und sich von den Nestgenossinnen und dem Nest auch künftig fernhalten wird. Hierzu machen sich die stechenden Insekten das Langzeitgedächtnis von Säugetieren und Vögeln zunutze. Erst wenn sich ein Räuber auch noch geraume Zeit nach seiner Konfrontation mit einem schmerzhaften Stich an diese Erfahrung erinnert, wird er künftig derselben Art aus dem Weg gehen.

Den Tod des Angreifers könnte man als ultimative Verteidigung sehen. Der Vorteil für die Verteidiger liegt auf der Hand: Ein Individuum, das wahrscheinlich eine angeborene Neigung dazu hat, trotz der Warnfärbung der Wespen und der Verteidigungsstiche ein Nest zu attackieren, wird durch seinen Tod aus dem Genpool der Räuberpopulation entfernt und kann daher die entsprechenden Gene nicht an seine Nachkommen weitergeben. Es scheint aber unwahrscheinlich zu sein, dass es Hymenopterenarten gibt, deren Verteidigungsstrategie auf den Tod des Angreifers abzielt. Die Abwehr eines lernfähigen Räubers erreicht sein Ziel genauso. Der Tod ist eher ein ungewollter Kollateralschaden, wenn Räuber von sehr vielen Wespen, Bienen oder Ameisen gestochen werden, wenn der Räuber eine sehr geringe Körpergröße im Verhältnis zur Giftmenge hat oder wenn es durch die Stiche zu einem anaphylaktischen Schock durch eine Überreaktion des Immunsystems kommt.

DIE GIFTIGKEIT DES GIFTES

Viele Menschen interessieren sich aus verständlichen Gründen dafür, wie gefährlich Hymenopteren-Stiche sind. Viel zitiert und dennoch falsch: »Drei Hornissen-Stiche töten einen Menschen, sieben ein Pferd«.[23] Hin und wieder wird von extremen Stichzahlen berichtet, die Menschen überleben. So hat nach dem »Guinness Buch der Rekorde« ein Mann 2433 Bienenstiche überlebt, aber das sind anekdotische Extremfälle, die selten sind. Schwere klinische Symptome treten meist bereits nach etwa 50 Bienenstichen auf, lebensbedrohliche toxische Reaktionen bei 100 bis 500 Stichen.[24] Die tatsächliche körperliche Reaktion auf das Gift von Wespen, Bienen und Ameisen hängt dabei von einer Vielzahl von Faktoren ab, so vom physiologischen Gesamtzustand der gestochenen Person, von ihrem Alter, von ihrem Gewicht und ihrer Größe, aber auch von der Tagesform und manchen anderen Parametern. Alter scheint eine wichtige Größe zu sein, denn sowohl besonders junge als auch besonders alte Menschen reagieren heftig auf Stiche. So sterben in Japan pro Jahr etwa 40 Menschen an Stichen der Japanischen Riesenhornisse, von denen der überwiegende Teil allerdings über 70 Jahre alt ist.

Dass die Toxizität des Giftes für den Menschen nicht das gravierendste Problem ist, kann man unter anderem daran erkennen, dass der weitaus größte Teil der Todesfälle durch Hautflüglerstiche durch einen einzelnen Stich verursacht wird. Nach den Statistiken gehen von den Todesfällen, die durch Wespen, Bienen und Ameisen verursacht wurden, 60 bis 84 Prozent auf einen Einzelstich zurück, 10 bis 20 Prozent auf zwei bis 50 Stiche, und nur 2 bis 4 Prozent auf mehr als 50 Stiche. Entgegen den Erwartungen lassen sich die meisten Sterbefälle nicht auf allergische Reaktionen zurückführen, sondern auf akute Veränderungen im Atmungs- und Kreislaufsystem. Dabei ist die Überlebenszeit bei tödlichen Angriffen sehr gering. Je nach Studie erlagen 60 bis über 90 Prozent der durch Stiche getöteten Patienten innerhalb der ersten Stunde dem Angriff.[25]

Im Gegensatz zur Schmerzhaftigkeit eines Stiches lässt sich die Toxizität des Hymenopterengiftes objektiv messen und vergleichen. Dazu wird bei giftigen Substanzen der LD_{50}-Wert ermittelt, die sogenannte »mittlere letale Dosis«, die ein Maß für die Giftigkeit einer Substanz darstellt. Im Tierversuch wird Mäusen oder Ratten die giftige Substanz in verschiedenen Dosen verabreicht. Wenn die Hälfte der Tiere stirbt, ist die dazu nötige Giftdosis die mittlere letale Dosis. Sie wird meist in Milligramm Gift pro Kilogramm Körpergewicht des getöteten Organismus angegeben. Die Methode, den LD_{50}-Wert auf diese Weise zu ermitteln, ist zugegebenermaßen ziemlich fies, sie wird heute aber weiterhin eingesetzt.

Für eine ganze Reihe stechender Hautflügler liegen die LD_{50}-Werte vor, sodass man die Giftigkeit der Stiche verschiedener Arten miteinander vergleichen kann. Die gut untersuchte Honigbiene ist dabei ein guter Referenzpunkt. Der LD_{50}-Wert liegt bei 2,8 Milligramm Gift pro Kilogramm Körpergewicht des Opfers. Zum Vergleich: Unsere einheimische Hornisse *Vespa crabro* hat einen LD_{50}-Wert von 10. Wieder in Milligramm Gift pro Kilogramm Körpergewicht, was also bedeutet, dass man rund viermal so viel Hornissengift braucht, um die Giftwirkung einer Honigbiene zu erzielen. Oder anders gesagt, Bienengift ist rund viermal so giftig wie ornissengift.

Wie sieht es aber bei anderen stechenden Wespen, Bienen und Ameisen aus? Hier die LD_{50}-Werte einiger Arten:[26]

Pepsis formosus	65	*Polybia rejecta*	16
Dasymutilla klugi	71	*Paravespula pensylvanica*	11
Sphecius grandis	46	*Vespa luctuosa*	1,6
Polistes arizonensis	2,0	*Pogonomyrmex maricopa*	0,125

Zur Erinnerung: je kleiner der LD_{50}-Wert, desto giftiger eine Substanz. Bereits aus dieser kleinen Liste kann man Verschiedenes ableiten. Zuallererst fällt auf, dass die beiden Arten, die für ihren besonders schmerzhaften Stich bekannt sind, nämlich der schon so oft erwähnte Vogelspinnenjäger *Pepsis* und die Spinnenameise *Dasymutilla,* die bei Weitem höchsten Werte besitzen. Trotz enormer Schmerzhaftigkeit ist die Giftwirkung ihrer Stiche also minimal. Vor dem Hintergrund, dass Schmerz ein Warnsignal für körperlichen Schaden darstellt, kann man wohl mit Fug und Recht den Stich von *Pepsis* und Mutilliden als einen großen Bluff bezeichnen. Viel Rauch für ziemlich wenig Feuer.

Niedrige LD_{50}-Werte und damit hohe Toxizität besitzen dagegen besonders viele soziale und nur sehr wenige solitäre Arten. Von den in dieser Studie untersuchen Insekten hat nur eine von 20 solitären Arten einen LD_{50}-Wert von unter 20, dagegen 18 von 20 sozialen Arten. So ist das Gift der Maricopa-Ernteameise 25-mal toxischer als Honigbienengift und etwa 150-mal toxischer als das Gift der Westlichen Diamant-Klapperschlange *(Crotalus atrox).* Dies allerdings nur, wenn das Gift subkutan, also unter die Haut injiziert wird. Intravenös ist das Klapperschlangengift um ein Vielfaches wirksamer. Die zweite Schlussfolgerung aus den Daten lautet also: Der Stich sozialer Arten ist durchschnittlich giftiger als der von solitären Arten.

VERLETZUNG UND SCHMERZ

Warum aber sind die Gifte der verschiedenen Hautflüglerarten überhaupt toxisch? Würde eine starke Schmerzreaktion wie bei *Pepsis* nicht ausreichen, um Angreifer zu vertreiben und sich und das Nest zu schützen? Hochgradig toxische Gifte sind mehrfach unabhängig bei verschiedenen Gruppen der stechenden Hautflügler evolviert worden, und die Giftwirkung wird zudem noch durch unterschiedliche Moleküle und Molekülmischungen erreicht. Ein klarer Hinweis darauf, dass die evolutive

Erfindung toxischer Bestandteile im Gift von Wespen, Bienen und Ameisen kein Zufallseffekt sein kann.

Die Lösung steckt nach Justin Schmidt im Prinzip von »truth in advertising«,[27] was man als »ehrliche Werbung« übersetzen könnte. In der Biologie nennt man dies ein »ehrliches Signal«. Schmerz, wie schon mehrfach betont, ist dem Grunde nach erst einmal ein Signal, eine »Werbung«, für drohenden Schaden oder sogar Tod. Ein lernfähiger Räuber wird es möglicherweise schnell durchschauen, wenn der Schmerz an sich harmlos und daher eine »Lüge« ist, und ihn in Kauf nehmen, wenn er dafür eine leckere Belohnung bekommt. Ohne eine Verstärkung des falschen Signals, die seine angebliche Wirksamkeit durch tatsächliche »ehrliche« Effekte unterstreicht, könnte das ganze System zusammenbrechen.

Hier kommt die Toxizität ins Spiel. Wenn der reine Schmerz eine Lüge ist, ist die Giftigkeit die Wahrheit. Erst durch die Gifte kann tatsächlicher Schaden ausgelöst werden, und um die Werbewirksamkeit des Schmerzes zu verstärken, sollten also Schäden mit Langzeitwirkung auftreten. Besonders soziale Arten haben daher ihr Stachelgift häufig mit diesem Langzeiteffekt verstärkt. Die Symptome treten meist bald nach dem Stich auf, werden aber meist erst dann richtig augenfällig, wenn der Schmerz längst nachgelassen hat. Allgemeines Krankheitsgefühl, Lethargie, hämolytische Anämie (Zerstörung der roten Blutkörperchen, was zur Herabsetzung des Sauerstofftransports und zu Nierenversagen führen kann), Haut- und Muskelnekrosen sowie Beeinträchtigung der Sehfähigkeit, Zungenfunktion und anderer Körperfunktionen sind nur einige der Symptome, die auftreten können. Sind die Symptome gravierend, kann der Räuber spürbar in seiner Lebensfähigkeit eingeschränkt sein. Besonders auf kleinere Räuber kann dies einen signifikanten Einfluss haben, da bereits einige wenige Wespenstiche den Tod einer Maus verursachen können. Es ist anzunehmen, dass in der Evolution der Hautflügler zuerst die schmerzverursachenden Substanzen entwickelt wurden, ohne dass sie besonders giftig sein mussten. Giftige Bestandteile kamen wahrscheinlich erst später und zudem vielfach unabhängig voneinander in den verschiedenen Teilgruppen dazu.

Warum aber sind die Stiche besonders vieler hochsozialer Arten derart giftig? Dies führt zu der Frage nach der Bedeutung des Stachels für die Evolution von Sozialität bei Wespen, Bienen und Ameisen überhaupt.

STACHEL UND SOZIALITÄT

Gruppen, Verbände, Staaten und andere Formen gesellschaftlichen Zusammenlebens haben viele Vorteile gegenüber dem Leben als Einzelorganismus. Nahrung und andere Ressourcen können effektiver ausgebeutet werden, umfangreiche Nestanlagen zum eigenen Schutz und dem des Nachwuchses können errichtet werden. Zugleich aber hat das Sozialleben einen großen Nachteil. Während das einzelne Tier still und heimlich seinen Beschäftigungen nachgehen kann, sind individuenreiche Staaten oft auffällig und locken durch die Vielzahl der an einem Ort versammelten Bewohner Räuber an. Dies betrifft nicht nur stechende Insekten. Die afrikanischen Nacktmulle, eine merkwürdige Gruppe von Nagetieren, leben ebenfalls hochsozial, ihre Verteidigungsstrategie ist aber passiver Natur. Sie legen unterirdische, schwer zugängliche Bauten an. In ihnen leben bis zu 300 Tiere in einer arbeitsteiligen Struktur. Neben den Wespen, Bienen und Ameisen leben unter den Insekten nur noch die Termiten eusozial, von denen manche Arten enorme, festungsartige Holz- oder Lehmnester bauen. Zudem haben sie eine Soldatenkaste entwickelt, die mithilfe starker Oberkiefer und eines ganzen Arsenals an chemischen Waffen das Nest verteidigt.

Auch das Nest sozialer Hautflügler stellt für Räuber eine willkommene Beute dar. In einem individuenreichen Nest befinden sich enorme Mengen an nahrhaften und delikaten Larven oder Massen an süßem, zu Honig fermentiertem Blütennektar. Das alles will beschützt werden. Soziale Hautflügler haben dafür eine mehrstufige Verteidigungsstrategie entwickelt. Zuallererst soll bereits die gelb-schwarze Warnfärbung als ein optisches Fernsignal die Angreifer davon abhalten, dem Nest zu nahe zu kommen. Hilft das nicht, versuchen es die Insekten mit verschiedenen anderen Maßnahmen, ohne gleich zum Angriff überzugehen. Viele soziale Wespen flattern zum Beispiel mit den Flügeln oder breiten die Flügel ruckartig über ihrem Körper aus oder erheben die Vorderbeine in Richtung des Angreifers. Manche Arten erzeugen schnarrende oder quiekende Geräusche, die sie durch das Reiben von an benachbarten Außenskelettteilen befindlichen Riefen erzeugen. Biologen bezeichnen eine solche Lauterzeugung als Stridulation. Japanische Riesenhornissen können laut und auffällig mit ihren Mandibeln, den Oberliefern, schnappen und klicken.

Der Honigdachs *Mellivora capensis* hat eine Vorliebe für Honig und gräbt gerne Bienennester auf. William Jardine, 1840.

Eine andere Vorwarnstufe vor einer direkten Konfrontation ist die chemische Abschreckung. Viele Wespen und Ameisen geben übel riechende Substanzen ab, die die Feinde von einem weiteren Vordringen abhalten sollen. Besonders Ameisen sind wahre Meister der chemischen Kriegsführung. Lassen sich die Feinde von den fiesen Düften nicht in die Flucht schlagen, haben die Gerüche dennoch oft eine längerfristige Wirkung. Sollte der Angreifer trotz der chemischen Abschreckung von den Verteidigern gestochen werden, wird er mit großer Wahrscheinlichkeit den Geruch künftig mit dem Schmerz durch den Stich assoziieren. Und Fersengeld geben, wenn er diesen Duft das nächste Mal riecht.

Erst wenn all diese abschreckenden Maßnahmen nicht greifen, kommt es zum Stich. Einen wehrhaften Angreifer wie ein Säugetier zu stechen stellt dabei für die Insekten ein hohes Risiko dar. Es kann gefressen oder auf andere Weise getötet werden oder durch Autotomie, also das Herausreißen des Stachels aus dem eigenen Körper, sein Leben lassen. Selbst wenn der Angreifer zurückweicht und sich das Opfer für das Nest zu lohnen scheint, ist der Tod der Verteidiger immer auch ein Verlust für das Nest. Der Staat überlebt, aber er verliert an Arbeits- und Verteidigungskraft.

Jeder Stich sollte also eine möglichst große Wirkung entfalten, um in der akuten Bedrohungssituation, aber auch längerfristig die Gemeinschaft zu schützen. Evolutiv betrachtet, entstehen derartige Verteidigungsmechanismen unter einem bestimmten Selektionsdruck. Räuber stellen eine enorme Bedrohung dar. Effektive Verteidigungsmechanismen sind dabei für die Angegriffenen ein erheblicher Vorteil, und Populationen, die einen solchen Verteidigungsmechanismus besitzen, können mit größerer Wahrscheinlichkeit ihre Gene in die nächste Generation weitergeben als Populationen mit einer schlechten Verteidigung. Sie werden »ausselektiert«. Die besser Angepassten dagegen überleben und geben ihre Gene weiter. Die genetisch fixierten Eigenschaften dieser Individuen, wie beispielsweise eine effektive Verteidigungsstrategie, werden daher auch an die Nachkommen übertragen.

DIE TÖTUNGSKRAFT DES GIFTES

Man könnte also vermuten, dass ein stärkerer Selektionsdruck durch Räuber dazu führen sollte, effektivere Verteidigungsstrategien zu entwickeln. Und das lässt sich ja tatsächlich beobachten. Während das Nest einer *Pepsis* nur für eine kurze Zeit besteht, existiert ein Wespennest mehrere Monate, manche Ameisennester sogar mehrere Jahre. Es sollte also im Interesse der sozial lebenden Arten sein, Räuber nicht nur kurzfristig in die Flucht zu schlagen, sondern ihnen auch längerfristig einen Denkzettel zu verpassen. Neben dem lügnerischen Schmerzsignal tun diese Arten also gut daran, den »Bluff« zusätzlich durch ein ehrliches Signal der körperlichen Schädigung zu unterfüttern. Justin Schmidt konnte dies in einer seiner Untersuchungen detailliert zeigen.[28] Er hat dazu nicht nur den LD_{50}-Wert der verschiedenen Arten verglichen, sondern auch die »letale Kapazität« bestimmt. Für diese Zahl wird der LD_{50}-Wert so umgerechnet, dass man darüber Auskunft erhält, wie viel tierisches Gewicht (des Angreifers) durch einen Stich (des Verteidigers) mit 50-prozentiger Wahrscheinlichkeit abstirbt. Justin Schmidt nennt diese letale Kapazität auch etwas plakativer die »Tötungskraft« des Giftes.

Durch den Vergleich von etwa 70 Arten stechender Hautflügler konnte er zeigen, dass die Tötungskraft der Gifte direkt mit der Menge der für einen Angreifer verfügbaren Nahrungsressourcen korreliert. Das bedeutet, je schwerer ein Nest ist, je größer also die Menge an räubergeeigneter Nahrung, desto größer ist die Tötungskraft des Giftes ihrer Verteidiger. Am geringsten ist die letale Kapazität bei solitären Wespen, bei denen ein einzelnes Weibchen ein einzelnes Nest anlegt. Am größten ist sie bei den hochsozialen Arten, die in riesigen Nestanlagen mehrere Hundert bis Tausend Individuen und entsprechend viele mit Larven gefüllte Zellen beherbergen. Dies gilt in ähnlicher Weise für den LD_{50}-Wert, der umso geringer ist, je mehr Individuen in einem Nest leben.

Wie aber sieht es mit der Schmerzstärke des Giftes aus? Die generelle Vorhersage, dass Arten mit großen Nestern einen besseren Verteidigungsmechanismus als Arten mit kleinen Nestern evolviert haben sollten, müsste auch hier gelten. Eine Beziehung zwischen Nestgröße und Schmerzstärke des Giftes konnte allerdings nur teilweise gefunden werden. So gibt es zwar eine Korrelation zwischen Schmerzlevel und Koloniegewicht, allerdings keine zwischen Schmerzlevel und Anzahl der in einer Kolonie lebenden Individuen. Das liegt wahrscheinlich daran, dass die Schmerzwirkung durch eine hohe Zahl angreifender Individuen erheblich zunimmt und einen umso bleibenderen Eindruck hinterlässt. Bei sehr vielen Wespen muss die einzelne nicht besonders schmerzhaft sein. Unsere allgemeine Vorhersage stimmt also nur für das Gewicht einer Kolonie. Das impliziert auch, dass Schmerz und Giftigkeit zwei voneinander getrennte Faktoren sind, die auch unabhängig voneinander evolviert wurden.

OHNE STACHEL GEHT ES AUCH

Bemerkenswerterweise fehlt manchen sozialen Wespen-, Bienen- und Ameisenarten ein Stachelapparat, und dies ist besonders charakteristisch für einige Ameisengruppen und insbesondere für die stachellosen Bienen (Meliponini). Die Meliponini sind eine Gruppe tropischer Bienen, die mit beinahe 400 Arten sehr vielfältig ist. Sie sind mit den echten Honigbienen (Apini), den Prachtbienen (Euglossini) und den Hummeln

Verschiedene Arten stachelloser Bienen, die um ein Nest arrangiert sind. William Jardine, 1840.

(Bombini) nahe verwandt und kommen in allen tropischen Gebieten der Erde vor. Einige wenige Arten werden in einem traditionellen Handwerk für die Honiggewinnung kultiviert.

Wenn nun der Stachel eine derart wichtige Erfindung in der Frühevolution von Wespen, Bienen und Ameisen und für die Evolution von Eusozialität darstellt, warum haben all diese Gruppen den Stachel wieder verloren? Wissenschaftler nehmen an, dass der Fressdruck, der zu der Entwicklung hocheffektiver Stachelapparate geführt hat, im Wesentlichen auf große Räuber wie Säugetiere und Vögel zurückzuführen ist. Möglicherweise verschob sich das Bedrohungsszenario von diesen großen zu viel kleineren Räubern, und zwar insbesondere zu Ameisen. Besonders in den Tropen stellen Ameisen einen signifikanten Teil der tierischen Biomasse dar, und schon die Evolution der Nestbaustrategien sozialer Wespen wird maßgeblich durch die Bedrohung durch Ameisen beeinflusst. Wenn also die Bedrohung durch Räuber wie schwadronierende Ameisen besonders hoch ist, könnten andere Verteidigungsstrategien effektiver sein als ein Stachel. Dies scheint die Entwicklung einer geringen Körpergröße, großer Beweglichkeit, scharfer Mandibeln und letztlich effektiver chemischer Waffen zu begünstigen. Und dann kann der einst so erfolgreiche Stachel auch wieder verloren gehen. Meliponini sind deutlich kleiner als die Honigbiene und können sich recht effektiv durch Bisse und Abgabe ätzender und unangenehm riechender Substanzen verteidigen.

BIENENGIFT UND MEDIZIN

Es spricht vieles dafür, dass die Erfindung des Stachels als Verteidigungsapparat eine wichtige Grundlage dafür war, dass sich große, hochsoziale Staaten von Wespen, Bienen und Ameisen überhaupt entwickeln konnten. Wie es Chris Starr, ein Wespenforscher der University of the West Indies, Trinidad und Tobago, prägnant zusammengefasst hat: »The sting is the thing«, was man im Deutschen ohne die schöne Alliteration als »Der Stachel ist das Ding« übersetzen kann. Starr geht genau wie Justin Schmidt davon aus, dass größere Fressfeinde die Hauptbedrohung für große Insektenstaaten darstellen und dass erst mit der Evolution des Stachels die Grundlage gelegt war, überhaupt derart umfangreiche Nestanlagen anlegen zu können. Um allerdings befriedigend die Evolution von Eusozialität in all ihrer Komplexität erklären zu können, reicht der alleinige Besitz eines Stachels nicht aus. Doch dazu später mehr.

Auf jeden Fall gehören Stiche von Wespen, Bienen und Ameisen zweifellos zu den wirksamsten Verteidigungsmechanismen, die Insekten gegen große Tieren einsetzen können. Der Schmerz wirkt bei uns Menschen genauso wie bei anderen Organismen, und wir Menschen versuchen daher Stiche zu vermeiden. In der Regel zumindest. Unter bestimmten Umständen lassen sich nicht nur von Neugier und Forschungsdrang getriebene Wissenschaftler mit Absicht stechen, sondern auch ganz normale Menschen. Zur Anwendung kommen dabei meist Bienenstiche, immerhin Stufe 2 des Schmidt-Schmerz-Index. »Brennend, ätzend, aber erträglich. Ein brennender Streichholzkopf landet auf dem Arm und wird zuerst mit einer Lauge und dann mit einer Säure gelöscht«, so Schmidt. Wahrscheinlich wird Honigbienengift schon seit 3000 bis 5000 Jahren zu medizinischen Zwecken eingesetzt.[29]

Insbesondere in der chinesischen Medizin werden lebende Honigbienen gegen eine Vielzahl von Leiden verwendet. Die Honigbienen werden dabei an bestimmten Stellen des Körpers entlang der sogenannten Meridiane angesetzt, die nach Ansicht der chinesischen Medizin die Leitbahnen des Qi, der Lebensenergie, darstellen. Durch gezielte Stiche an bestimmten Stellen der Meridiane, die auch in der Akupunktur verwendet werden, soll der gestörte Energiefluss des Qi verbessert werden. Die Bienen werden einzeln mit einer Pinzette aus einem Gefäß entnommen und auf die Haut des Patienten gedrückt. Sobald sie zusticht, lässt der behandelnde Arzt die Biene los, die sich bei der Flucht den Stachelapparat aus dem Hinterleib zieht. Der Stachel bleibt noch einige Minuten in der Haut des Patienten stecken und pumpt.

Bei anderen Anwendungsformen wird der herausgerissene Stachel mit einer feinen Pinzette erfasst und noch an weiteren Körperstellen platziert, bis sich die Giftblase völlig entleert hat. Auch wenn die Gefahr einer allergischen Reaktion statistisch gesehen recht gering ist, wird der Patient üblicherweise langsam an das Bienengift gewöhnt und erhält zu Beginn der Therapie nur einen einzelnen Stich. Die Stichzahl wird dann kontinuierlich bis auf zehn oder mehr Stiche pro Sitzung gesteigert. Insbesondere bei rheumatischen Erkrankungen konnte in Vergleichsstudien nachgewiesen werden, dass die Bienenstichtherapie, die seit der zweiten

Hälfte des 19. Jahrhunderts auch in Europa regelmäßig angewendet wird, zu einer signifikanten Linderung der Beschwerden führt. Die Liste der Krankheiten, zu deren Therapie Bienenstiche eingesetzt werden, ist lang, und nur für wenige von ihnen gibt es systematische Studien zur Wirksamkeit.

SCHMERZRITUALE

Ein ganz anderes, drastisches Beispiel für vorsätzlich herbeigeführte Stiche sind die Wespen- und Ameisenrituale südamerikanischer Ethnien. So führen die Sateré-Mawé, eine indigene Volksgruppe Brasiliens, das *waumat*-Initiationsritual durch.[30] Die Sateré-Mawé leben am mittleren Amazonas im indigenen Territorium Andirá-Marau, im Grenzgebiet zwischen den brasilianischen Bundesstaaten Pará und Amazonas. Die schon mehrfach von mir erwähnte 24-Stunden-Riesenameise *Paraponera clavata*, die auf Sateré *watyma* und auf Portugiesisch *tucandira* heißt, kommt in diesem Gebiet vor.

Zur Erinnerung: *Paraponera* hat auf der Schmidt'schen Schmerzskala eine satte 4+ und gilt als das am schmerzhaftesten stechende Insekt überhaupt.

Etwa ab einem Alter von zehn Jahren müssen männliche Jugendliche der Sateré-Mawé ein komplexes Initiationsritual über sich ergehen lassen. Dazu werden in aus Pflanzenfasern angefertigten Handschuhen und andere ähnliche Flechtwerke bis zu 200 *Paraponera*-Ameisen eingewebt, sodass sie in der Lage sind, in den Hohlraum des Handschuhs zu stechen. Es gibt Handschuhe unterschiedlichen Typs mit verschiedenen Flechtmustern und Federornamenten, die in einer komplexen Symbolik und Ikonografie unterschiedliche Bezüge des Menschen mit der ihn umgebenden Natur herstellen. Die Handschuhe werden auf einer zentralen Armatur aufgereiht, um die die Jugendlichen in einer langen Reihe herumtanzen. Nacheinander treten die Initianden heran, um dann die Handschuhe über ihre Hände gestülpt zu bekommen. Mit aufgesteckten Handschuhen und unter ungeheuren Schmerzen tanzen sie eine Zeit lang weiter, bis ihnen die Handschuhe abgenommen werden. Im Lauf eines Initiationsfestzyklus werden die Ameisenhandschuhe bis zu 20-mal über die Hände der Jugendlichen gezogen. Zur Bedeutung des Ameisenfestes der Sateré-Mawé schreibt der Ethnologe Wolfgang Kapfhammer: »Die erwachsene Sateré-Mawé-Person ist in ein Netz zur Achtsamkeit verpflichtender Beziehungen zu menschlichen wie nicht-menschlichen Wesen eingesponnen, seien es die Tiere und Geister des Waldes oder die oftmals nicht minder kapriziösen Heiratsverwandten aus anderen Klans. Hier die eigene Integrität zu bewahren wird zeitlebens einer alltäglichen rituellen Routine bedürfen, mittels derer die Grenzen zwischen Mensch und Natur immer wieder vermittelt werden. In dem überwältigenden Schmerzschock der Ameisenprobe wird diese Einsicht in den jungen Sateré-Mawé verankert.«[31]

Die Wayana-Apalai, die im Grenzgebiet zwischen Französisch-Guayana und Brasilien leben, nutzen im Gegensatz zu den Sateré-Mawé neben Ameisen auch soziale Faltenwespen zum »maraké«, dem Initiationsfest, wie zum Beispiel Arten der Gattungen *Polybia* und *Parachartergus*. Bei den rituellen Objekten, die zu diesem Zweck verwendet werden, handelt es sich um geflochtene und geschmückte Rahmen, die gemäß einer symbolträchtigen Ikonografie gestaltet sind und zum Beispiel Tierformen darstellen. In das Flechtwerk innerhalb des Rahmens werden die Wespen oder Ameisen eingewebt, die den Kandidaten auf den Körper gepresst werden.[32]

SECHSBEINIGE SOLDATEN

Es ist naheliegend, die Schmerzen verursachenden Wespen, Bienen und Ameisen auch als Waffen einzusetzen. In der Vergangenheit sind stechende Hautflügler immer wieder gezielt bei kriegerischen Konflikten verwendet worden.[33] In der Literatur gibt es eine Vielzahl von Schilderungen, aber ein offizieller Bericht des US-Militärs über die Möglichkeiten des Einsatzes von Bienen zu militärischen Zwecken legt nahe, dass Bienen und wahrscheinlich auch Wespen und Ameisen nur selten und nur bei zufälliger Verfügbarkeit zum Einsatz kamen.[34]

Die Berichte ähneln sich darin, dass gegnerische Truppen durch die Insekten sofort in einen chaotischen und damit wehrlosen Zustand gebracht werden konnten. Als Angriffsobjekte sind Hymenopterennester allerdings nicht einfach zu handhaben. Sie sind zu fragil, um sie weit werfen zu können, und wenn sie nach dem Wurf erst einmal aufgeschlagen sind, verbreiten sich die übel gelaunten Insekten in alle Richtungen, sodass auch der Angreifer selbst zu Schaden kommen kann.

Bereits vor 2600 Jahren hatten die Maya die wehrhaften Insekten in Tongefäße gesperrt, die auch beim offenen Kampf weit geworfen werden konnten, um erst in den gegnerischen Reihen zu detonieren. Im Römischen Reich wurden ebenfalls Bienen, Hornissen und andere soziale Wespen sowohl als Angriffs- als auch als Defensivwaffen eingesetzt. Mit der Erfindung des Katapults wurde die Reichweite des Einsatzes von stechenden Insekten in Tongefäßen erheblich erhöht. Auch auf Schiffen sollen Bienen und Wespen bis in das Mittelalter regelmäßig als biologische Kampfmittel verwendet worden sein. Im Ersten Weltkrieg setzten deutsche Truppen Trittfallen ein, die mit Bienenkörben verbunden waren, um britische Truppen am schnellen Vordringen zu hindern. Sowohl bei der Eroberung Äthiopiens durch die Italiener von 1935 bis 1936 als auch im Vietnamkrieg von 1955 bis 1975 warfen die Landesbewohner Bienen- und Wespennester von oben in Panzerluken. Es wird berichtet, dass die Panzerbesatzungen durch zahlreiche Stiche schwer in Mitleidenschaft gezogen wurden und Panzer dadurch verloren gingen.

BIENE MAJA OHNE STACHEL

Welch schlechten Leumund bestachelte Wespen und Bienen in unserer westlichen Gesellschaft offenkundig haben, zeigt ein recht amüsantes Beispiel aus der Welt der Medien. Es gibt sicherlich keine berühmtere Biene als die Biene Maja. Ich zumindest war als Kind ein großer Fan der neugierigen Biene, die auf der Klatschmohnwiese ihre Abenteuer erlebte. Mich inspirierte zugegebenermaßen nicht so sehr die ursprüngliche Buchvorlage von Waldemar Bonsels (1880–1952), die ich erst als Erwachsener gelesen habe, sondern die deutsch-japanische Zeichentrickverfilmung von 1975. Die mit dem unvergesslichen Titelsong von Karel Gott. Trotz aller Ungenauigkeiten und grafischen Vereinfachungen war mir doch schon als Kind klar, dass die Geschichten und Figuren einen biologisch fundierten Kern haben. Zugegeben, die vier Extremitäten von Maja, ihrem Freund Willie, der Fliege Puck und manch anderem Insekt haben mich schon immer gestört. Nicht so sehr wegen der unkorrekten Beinzahl, sondern wegen der Inkonsistenzen. Flip, der Ratschläge geben-

Erdhummeln *(Bombus terrestris)* beim Blütenbesuch. William Jardine, 1840.

de Grashüpfer, hat sechs Beine, und auch die Ameisen besitzen die korrekte Zahl. Auch Tekla, die Spinne, besitzt die richtige Zahl von acht Beinen. Warum dann die arme Maja nicht? Es blieb mir ein Rätsel, sowie die Anordnung der Beine auch. Die Grafiker haben den Insekten das Hinterbeinpaar an den Hinterleib gebastelt, wo es, wie ich schon als Kind bemängelte, gar nicht hingehört. Die Geschichten selbst habe ich aber immer gemocht. Als ich Jahre später mit meinen eigenen Kindern erstmals wieder die Biene-Maja-Serie sah, stellte ich fest, dass sie kaum etwas von ihrem damaligen Reiz auf mich verloren hat. Und auch meine Kinder faszinierte.

2013 wurde die Biene Maja als 3-D-Animationsserie vom deutschen ZDF und von der flämischen Produktionsgesellschaft Studio 100 neu herausgebracht. Ich habe die neue Serie ehrlicherweise nach ihrem Erscheinen nie gesehen, weil mir die hochglänzende 3-D-Maja schon auf den ersten Blick nicht gefiel.

Über die Biene Maja ist viel geschrieben worden, und besonders in den letzten Jahren, nachdem sich 2012 das Erscheinen des ursprünglichen Romans »Die Biene Maja und ihre Abenteuer« von Waldemar Bonsels zum hundertsten Mal jährte, sind diverse Bücher und Artikel über Maja, ihre Geschichte und ihre mediale Verwertung erschienen.[35] Das Erscheinungsjahr der neuen Maja liegt dabei nicht zufällig nur ein Jahr nach dem Jubiläum. Irene Wellershoff, Redaktionsleiterin im ZDF und verantwortlich unter anderem für Auftrags- und Koproduktionen in den Genres Animationsfilm und -serie und damit eben auch für die Biene Maja, hat sich 2015 in einem Aufsatz zum Wandel der Biene Maja in den Animationsserien des ZDF geäußert.[36] Offenkundig gab es einige Änderungen von der alten Maja zur neuen 3-D-Serie. Insbesondere, und da wurde ich hellhörig, fehlt der 3-D-Maja ein Stachel. Wellershoff dazu: »Dies hat mit konzeptionellen Änderungen zu tun. Wir wenden uns mit der neuen Serie in erster Linie an Vorschulkinder. Daher sollte es weniger und kürzere Angst- und Schreckenssituationen geben, um kleinere Kinder, die häufig alleine vor dem Fernseher sitzen, nicht zu ängstigen.«

In anderen Worten, der Bienenstachel und die Wehrhaftigkeit der Bienen, die beide zum Kinderalltag wie selbstverständlich dazugehören, sind kleineren Kindern nicht zuzumuten. Aber Wellershoff fährt fort: »Anstelle von Hornissen hat Maja es nun mit gemeinen Wespen zu tun, die aber komische Züge tragen und mit ihren bösen Plänen immer scheitern. Das Wiesenleben ist insgesamt freundlicher geworden. Maja braucht keine Waffen mehr, denn nun löst sie die Probleme allesamt mit dem Köpfchen.«

Ich muss zugeben, dass mir die alte Maja immer ziemlich clever vorkam und dass sie bei etwaigen Streitigkeiten der Wiesenbewohner meist die besten Lösungen parat hatte. Aber das eigentlich Faszinierende für mich an dieser kleinen filmhistorischen Anekdote ist die rüde Amputation des Stachels, durch den die arme Maja um ihre Identität als Biene gebracht wird. Honigbienen werden fast ausschließlich positiv konnotiert, sie sind fleißig, besuchen hübsche Blüten, produzieren Honig, bestäuben Obstbäume. Sie sind das »Lieblingskind der Philosophen«, wie es der US-amerikanische Wespenforscher Howard E. Evans einmal sagte.[37] Fast sind sie zu gut für diese Welt, in all ihrer Strebsamkeit und Aufopferungsbereitschaft. Wäre da nicht der Stachel, der ihnen letztlich doch wieder die Süße nimmt und ihnen Charakter und Eigensinn verleiht. In dieser inneren Widersprüchlichkeit zwischen Ordnung und Widerstand offenbart sich das eigentliche Wesen der Bienen. Ohne Stachel aber ist auch die Biene Maja nur noch ein bedauernswertes Geschöpf einer missverstandenen Natur.

KAPITEL 9

PERSPEKTIVEN

Von Natur und Mensch

Während ich an dem Manuskript für »Stachel und Staat« schreibe und der Herbst das Ende der Insektensaison einläutet, schreckt ein Paukenschlag Biodiversitätsforscher, Naturschützer und Politiker auf. Mitte Oktober 2017 erscheint in der renommierten wissenschaftlichen Zeitschrift *PLOS One* ein Artikel mit dem Titel »More than 75 percent decline over 27 years in total flying insect biomass in protected areas«.[1] Ein Verlust von 75 Prozent der Biomasse an fliegenden Insekten im Laufe eines Vierteljahrhunderts in geschützten Gebieten.

»Ein ökologisches Armageddon«, titelt *Zeit Online*.[2] Andere Zeitschriften und Blogs überschlagen sich in panischer Betroffenheit[3], während sich zugleich Experten zu Wort melden, die die Methodik der Studie substanziell kritisieren.[4] Was hatte die Forschergruppe herausgefunden?

Der Entomologische Verein Krefeld, der auf eine mehr als hundertjährige Geschichte zurückblickt, ist eine Vereinigung von Profi- und Freizeitentomologen aus der Region. Bereits früher ist der Verein durch Engagement in Sachen Insekten öffentlich in Erscheinung getreten. Der Verein kümmert sich um eine ansehnliche entomologische Sammlung und führt im niederrheinischen Tiefland Exkursionen und wissenschaftlich-entomologische Untersuchungen durch. Klingt wie einer der entomologischen Vereine, von denen es in Deutschland viele gibt.

Die Krefelder Entomologen führten ein besonderes Projekt durch. An 63 unterschiedlichen Orten hatten sie zwischen 1989 und 2016 Fallen aufgestellt und systematisch Insekten gefangen. Ihr Fangmittel waren Malaise-Fallen. Sie erinnern sich vielleicht. Das sind schräg geformte Zelte aus dünnem Gazestoff, in die die Insekten von beiden Seiten hineinfliegen können. In der Mitte werden sie von einer senkrechten Gazewand aufgehalten und krabbeln, wie es sich für Insekten gehört, nach oben zum Licht und werden zu einem alkoholgefüllten Gefäß geleitet, in das sie schließlich hineinfallen. Gefangen werden damit ausschließlich fliegende Insekten, und nur solche, die in der richtigen Flughöhe von bis zu etwa einem Meter und in der Breite der Malaise-Falle unterwegs sind. Laufende oder im Boden lebende Insekten bekommt man so nicht, höher als rund einen Meter fliegende auch nicht, und große, aktive Flieger wie Libellen schaffen es spielend, der Falle wieder zu entkommen. Dennoch ist die Malaise-Falle ein enorm effektives Instrument, mit dessen Hilfe große Mengen an Insekten gesammelt werden, ohne dass dauerhaft ein Wissenschaftler zugegen sein muss. Malaise-Fallen eignen sich besonders dazu, die kleinen und unscheinbaren unter den fliegenden Insekten zu fangen, die man ansonsten kaum jemals zu Gesicht bekommt. Ein weiterer Vorteil: Da sie fest installiert sind und eine konstante Fangfläche haben, lassen sich die Fangergebnisse standardisieren und damit statistisch auswerten.

Die Krefelder Entomologen hatten also solche Malaise-Fallen über mehr als ein Vierteljahrhundert zwischen März und Oktober an 63 verschiedenen Standorten aufgestellt und die dort gefangenen Insekten ausgewertet. Es ging ihnen dabei weniger um die einzelnen Arten, sondern vielmehr um die gesamte Biomasse an Insekten. Dahinter stand die Frage, wie sich die Insektenvielfalt in unserer Kulturlandschaft über einen längeren Zeitraum verändert. Schon lange besteht kein Zweifel, dass Faktoren wie Klimawandel, Lebensraumverlust, Lebensraumfragmentierung und eine Verschlechterung der Lebensraumqualität zum Beispiel durch Umweltgifte Auswirkungen auf die Biodiversität haben. Langzeitbeobachtungen, die zu vertrauenswürdigen, belastbaren und besonders vergleichbaren Zahlen führen, sind aber Mangelware. Auch der Nachweis von zum Beispiel Bestandsrückgängen einzelner Arten sind wichtige Hinweise auf negative Veränderungen in der Natur, aber für nur relativ wenige Arten gibt es systematische Langzeitbeobachtungen.

Die Krefelder also wollten nicht einzelne Arten untersuchen, sondern die gesamte Biomasse als Indikator für die Situation der Insekten. Ohne auf die Details einzugehen, lassen sich die Ergebnisse der Studie prägnant zusammenfassen: Insgesamt konnten die Krefelder einen 76-prozentigen Rückgang der Biomasse an Insekten über einen Zeitraum von 27 Jahren feststellen, und zwar über alle Habitattypen hinweg. Faktoren wie Wetterschwankungen, Landnutzung und Charakteristik der Lebensräume wurden zwar dokumentiert, können diesen drastischen Rückgang aber nicht erklären.

Die Zahl »75 Prozent«, die im Titel der Publikation vielleicht aus Marketinggründen von 76 Prozent abgerundet wurde, schlug ein wie eine Bombe und wurde zur zentralen Zahl der Biodiversitätsdebatte des Jahres 2017. Der Verlust an Biodiversität war allgemein bekannt, wurde aber von vielen nicht selten als Problem der fernen Tropen durch Regenwaldabholzung und intensive Landnutzung gesehen. Und tatsächlich ist das Artensterben da am gravierendsten, wo die Mehrheit der Arten vorkommt, nämlich in den tropischen Regionen. Dass sich aber die Biomasse derart gravierend vor unserer eigenen Haustür verringert hatte, war für viele überraschend, wenn nicht schockierend.

INSEKTENRÜCKGANG

Kritik wurde laut. Die Studie sei zu lokal begrenzt, und die Ergebnisse könnten nicht verallgemeinert werden. Die mathematischen Modelle, die angewendet wurden, um aus den Rohdaten der Malaise-Fallen den Schwund an Biomasse zu errechnen, seien ungeeignet. Zudem lasse sich die Krefelder Studie nicht auf ganz Deutschland oder sogar über die Landesgrenzen hinaus übertragen. Und schließlich gäbe es bei den Insektenpopulationen wie bei allen natürlichen Phänomenen oszillierende Schwankungen. Zuerst einmal müssten mehr Studien und mehr Daten über längere Zeiträume ermittelt werden, um die tatsächlichen zeitlichen Änderungen und in einem weiteren Schritt auch die Gründe für diese Änderungen wissenschaftlich fundiert ermitteln zu können. Vieles davon ist zweifellos richtig, und tatsächlich müssen die Wissenschaftler eingestehen, dass sie die komplexen Ökosysteme und das Zusammenspiel der unendlich vielen Faktoren noch nicht ausreichend verstehen. Ein langfristiges Monitoring, also eine systematische, möglichst automatisierte Erfassung und Überwachung der Arten wird dringend benötigt. Erst auf der Basis belastbarer Zahlen werden politische und private Entscheidungsträger, aber auch die Öffentlichkeit bereit sein, Konsequenzen zu ziehen und Schritte zur Lösung dieser Probleme zu gehen.

Wolfgang Wägele, der Direktor des Zoologischen Forschungsmuseums Alexander Koenig in Bonn, setzt sich mit Nachdruck für eine solche nationale Initiative eines Biodiversitätsmonitorings ein: »Ohne Nachweis des Ausmaßes der Verluste wird man keine politische Aufmerksamkeit erreichen.«[5] Mit der Krefelder Studie liegen harte Zahlen vor, und das, was eigentlich alle bereits wussten oder zumindest wissen sollten, ist mit einem Schlag bezifferbar. Weitere Studien zu bestimmten Insektengruppen und teilweise aus anderen Ländern wie zum Beispiel ein schneller Rückgang von häufigen und weitverbreiteten Motten in Großbritannien[6] bestätigen bislang die generelle Aussage: Den Insekten als einem der wesentlichsten Elemente des komplexen Funktionsnetzwerkes der Natur geht es schlecht.

WOZU INSEKTEN?

Warum aber sollte uns interessieren, dass es immer weniger Insekten gibt? Sonst fallen die vielen kleinen Lebewesen auch nicht weiter auf, und manche davon sind wirklich arg lästig. Gibt es von ihnen weniger, umso besser. Tatsächlich sind die Tausenden von Insektenarten, die es alleine in Deutschland gibt, von essenzieller Bedeutung für das Funktionieren der Natur, deren Teil wir sind. Etwa 60 Prozent der Vogelarten sind auf Insekten als Nahrungsquelle angewiesen. Der Nachwuchs vieler auch wirtschaftlich bedeutender Fischarten ernährt sich teilweise zu 90 Prozent von Insektenlarven, aber auch viele Amphibien, Reptilien und Säugetiere benötigen Insekten als Nahrung. Insekten wiederum ernähren sich von anderen Insekten und verhindern so ein übermäßiges Ausbreiten von Schädlingen. Insekten stellen insgesamt einen erheblichen Teil der weltweiten Biodiversität und der Biomasse dar. »Ohne

Insekten würde die Welt ins Chaos stürzen«, wie es die US-Entomologin May Berenbaum zusammenfasst, und nach E. O. Wilson bleiben den Menschen noch zehn Jahre, sollten die wirbellosen Tiere und damit auch die Insekten aussterben.[7] Und diese Gedankenspiele beziehen sich nur auf das Funktionieren der natürlichen Ökosysteme. Für viele Menschen wird die Bedeutung der Insekten erst dann deutlich, wenn sie sich die Dienstleistungen anschauen, die Insekten erbringen. Honig, Wachs und Seide sind Produkte, die in unserer Kultur eine große Rolle spielen, auch wenn sie nicht lebensnotwendig sind. Eine der wichtigsten und meist im Mittelpunkt der Debatte stehenden Leistungen der Insekten aber ist die Blütenbestäubung, und hier spielen die stechenden Insekten eine zentrale Rolle.

BLÜTENBESTÄUBER SIND WICHTIG

Die Bestäubung von Blütenpflanzen durch Tiere spielt in der Natur auf vielen Ebenen eine fundamentale Rolle. Viele Tiergruppen bestäuben Blüten. In erster Linie sind dies Insektengruppen wie Bienen, Wespen, Ameisen, Fliegen, Schmetterlinge, Käfer, Thripse und Mücken, aber auch Fledermäuse, Vögel, Primaten, Nagetiere und Reptilien tragen in bestimmten Regionen der Erde zur Bestäubung bei. Insekten sind jedoch bei Weitem die wichtigsten Bestäuber, und unter ihnen spielen die Bienen die Hauptrolle. Man schätzt, dass rund 90 Prozent aller Blütenpflanzen der Erde zumindest teilweise von der Bestäubung durch Tiere abhängig sind.[8] Etwa drei Viertel der wichtigsten Nutzpflanzenarten wiederum benötigen in unterschiedlichem Maße tierische Bestäuber. Unter diesen Nutzpflanzen werden nahezu 90 Prozent von Bienen besucht und 30 Prozent von Fliegen. Alle anderen Bestäubergruppen besuchen nur rund 6 Prozent der Nutzpflanzen. Die Artenvielfalt an Bestäubern ist dabei enorm. Nahezu alle etwa 20 000 bekannten Bienenarten tragen in unterschiedlichem Ausmaß zur Bestäubung bei, und nur sehr wenige von ihnen werden kultiviert. Dies sind besonders die Westliche Honigbiene *Apis mellifera* und die Östliche Honigbiene *Apis cerana*, aber auch einige Arten von Hummeln, stachellosen Bienen und solitären Bienen.

Schaut man allein aus der Sicht der Ökosystemdienstleistungen, wie man heute den Nutzen der Natur für den Menschen bezeichnet, auf die Bestäuber, ist ihre Bedeutung wirklich immens. Man schätzt, dass zwar nur 5 bis 8 Prozent der weltweiten Nahrungsmittelproduktion direkt auf Bestäuberleistungen zurückgehen, dass diese aber einem jährlichen Wirtschaftswert von 235 bis 577 Milliarden US-Dollar entsprechen. Die meisten der wichtigsten Nutzpflanzen spielen dabei eine Rolle. Viele der wichtigsten Exportprodukte aus Entwicklungsländern wie Kaffee und Kakao sind bestäuberabhängig, aber auch in Industrieländern sichert die Produktion von insektenbestäubten Nahrungsmitteln, wie beispielsweise durch den Mandelanbau, die Beschäftigung und das Einkommen von Millionen von Menschen. Tendenz steigend. In den letzten fünf Jahrzehnten verdreifachte sich die Produktionsmenge an bestäuberabhängigen Nutzpflanzen, sodass die weltweite Nahrungsmittelproduktion zunehmend von Bestäubern abhängt. Neben dem Anbau von Früchten, Gemüse, Getreide und Nüssen spielt die Produktion von Bienenwachs, Honig und aus Honig gewonnenen Wirkstoffen eine erhebliche Rolle. Besonders in Entwicklungsländern hängt die wirtschaftliche Stabilität vieler ländlicher Gemeinschaften oft direkt oder indirekt von Honigbienen ab. Man schätzt, dass die weltweit 81 Millionen Bienenstöcke 65 000 Tonnen Bienenwachs und 1,6 Millionen Tonnen Honig produzieren. Mehr als eine halbe Million Tonnen Honig werden jährlich gehandelt.

Neben nahrungsmittelbezogenen Ökosystemdienstleistungen tragen Bestäuber auf vielen weiteren Ebenen zum Wohl der Menschen bei. Viele pharmazeutische Produkte, Biotreibstoffe, Pflanzenfasern und pflanzliche Baumaterialien werden aus insektenbestäubten Pflanzen gewonnen. Aber auch kulturelle und emotionale Bezüge zeugen von der Bedeutung von Bestäuberinsekten und besonders der Honigbiene für uns Menschen. In der darstellenden Kunst, Musik, Literatur und Religion sind besonders die Bienen Quelle von Anregung und Inspiration, und die Ästhetik blühender Landschaften und ihrer Bestäuber spielt eine bedeutende Rolle für Erholung und emotionale Verbindungen mit der Natur.

Der immensen Bedeutung von Bestäubern steht die Beobachtung entgegen, dass die Zahl von Wildbestäubern, also den natürlich vorkommenden Bestäubern ohne die Nutztierarten wie der Honigbiene, zumindest in Nordwesteuropa und Nordamerika im Rückgang begriffen ist. Für andere Kontinente und Länder fehlen verlässliche Zahlen, aber es deutet vieles darauf hin, dass ein solcher Trend zumindest lokal in vielen Regionen der Erde feststellbar ist.

Bislang habe ich mehr über Ökosystemdienstleistungen gesprochen, also über Eigenschaften der Bestäuber, die sich ganz und gar auf den Nutzen für den Menschen beziehen. Diese Ebene ist wichtig, weil ein unmittelbarer menschlicher Nutzen leicht vermittelbar ist. Das Bestäuber-Blüten-System als zentrales Element für das Funktionieren der Natur ist mit seinen Zehntausenden von beteiligten Tier- und Pflanzenarten und den vielen gut bekannten und weniger gut untersuchten Faktoren von einer atemberaubenden Komplexität. Welche Folgen dabei der Rückgang bestimmter Arten für das Gesamtgefüge hat, erschließt sich nicht leicht und wird teilweise auch unzureichend verstanden. Geht es uns Menschen dabei aber an unser Wohlergehen und womöglich sogar an das Leben selbst, wächst das Interesse enorm.

NATURSCHUTZ UND HONIGBIENENSCHUTZ

Aus diesem Grund spielt die Honigbiene in der Diskussion um Bestäuber und ihre Bedeutung eine so große Rolle. Dabei ist es aber wichtig, sich klarzumachen, dass die derzeitig so intensiv diskutierte Situation der Honigbiene als landwirtschaftliches Nutztier eine fundamental andere ist als die Frage des Naturschutzes. Das beginnt bereits mit der Feststellung, dass die weltweit kultivierte Honigbiene gar keine natürliche Art ist, sondern ein aus landwirtschaftlichen Interessen produziertes Kreuzungsprodukt.

Apis mellifera, die Westliche Honigbiene, ist die einzige von rund einem Dutzend Arten in der Gattung *Apis*, deren ursprüngliches Verbreitungsgebiet Europa, Asien und Afrika umfasst.[9] Wissenschaftler unterscheiden dabei rund 27 Unterarten von *Apis mellifera*. Bis zum 19. Jahrhundert war die namengebende Unterart, die Dunkle Honigbiene *Apis mellifera mellifera*, die in West- und Mitteleuropa heimische Honigbiene. Durch Importe anderer Unterarten, besonders der Italienischen Honigbiene *Apis mellifera ligustica* fand eine genetische Vermischung der Unterarten statt. Diese Unterarten-Hybride erwiesen sich zunehmend als ungeeignet für die Bienenwirtschaft, besonders im Zuge der Industrialisierung und Intensivierung von Land- und Forstwirtschaft und des damit verbundenen Rückgangs an natürlichen Blütenangeboten. Als geeigneter wurde die Kärntner Honigbiene *Apis mellifera carnica* angesehen, besonders weil sie einen früheren Brutbeginn zeigte, sodass zur Rapsblüte eine genügend große Zahl an Flugbienen zur Verfügung stand. Die Kärtner Honigbiene ist seitdem in Mitteleuropa konsequent weitergezüchtet worden. Der züchterische Selektionsprozess hat in mehreren Jahrzehnten aus ihr ein sanftmütiges und fleißiges Nutztier gemacht, das in Mitteleuropa natürlicherweise nicht vorkommt. In Nord- und Südamerika und Australien erst recht nicht, denn dort hat es vor ihrer Einführung durch den Menschen niemals echte Honigbienen gegeben.

Während in den vergangenen 50 Jahren die Zahl an Völkern der Westlichen Honigbiene weltweit stieg, gab es in den letzten Jahren in manchen europäischen Ländern und in Nordamerika einen teils dramatischen Einbruch. Die Sterberate der Bienenvölker im Winter lag dabei im Durchschnitt bei 20 Prozent, schwankte allerdings im Vergleich zwischen den europäischen Ländern zwischen 1,8 und 53 Prozent.[10] In den USA sind seit 2004 durch den sogenannten Völkerkollaps (Colony Collapse Disorder), ein Phänomen, bei dem die Arbeitsbienen verschwinden, 30 bis 40 Prozent der Bienenvölker zu Grunde gegangen, sodass dort so wenige Bestäuber in Kultur gehalten werden wie nicht mehr in den letzten Jahrzehnten. In Ländern wie Spanien, China und Argentinien dagegen kann man eine Zunahme an Honigbienenvölkern beobachten. Insgesamt befürchten die Landwirte, dass zumindest in Industrienationen der Bedarf an kultivierten Bestäubern und besonders Honigbienen schneller steigt als der Bestand, der in manchen Regionen sogar rückläufig ist. Es ist denkbar, dass in baldiger Zukunft nicht mehr genügend Bestäuber für die erforderliche Agrarproduktion zur Verfügung stehen.

Die Gründe für dieses Problem, mit dem sich die Landwirtschaft vielerorts konfrontiert sieht, sind vielfältig und umstritten. Zudem ist es sicherlich ein komplexes Konglomerat aus vielen Faktoren, die sich gegenseitig beeinflussen und die erst teilweise verstanden werden. Lebensraumveränderungen zum Beispiel durch Überbauung, durch landwirtschaftliche Intensivnutzung und durch Fragmentierung zusammenhängender Schutzgebiete sind als wichtige Faktoren erkannt worden. Der Klimawandel, der zu höheren Temperaturen führt, begünstigt dabei

Verschiedene Arten und Unterarten der Honigbiene. Heinrich Friese, 1923.

die Ausbreitung wärmeliebender Arten, die weiter nach Norden vorstoßen und so lokal die Artenzahl sogar erhöhen können. Zugleich aber verändert sich auch die Vegetation im Zuge der Klimaerwärmung, was zu veränderten Naturräumen führen kann, die nicht für jede Insektenart geeignet sind. Die Insektenpopulationen sind damit zahlreichen Einflüssen ausgesetzt, die in komplexen Wechselwirkungen aufeinander einwirken und es sehr schwermachen, genaue Funktionszusammenhänge zu diagnostizieren. Krankheiten und Parasiten der Bienenvölker sind zudem ein wichtiger Faktor. Die Varroamilbe *Varroa destructor* ist ein Ektoparasit, der weltweit Bienenvölker gefährdet. Die Anfälligkeit für *Varroa*-Milben und andere Krankheitserreger scheint in vielen Regionen zugenommen zu haben, was möglicherweise auf eine veränderte Ernährung der Bienen und eine Zunahme der Belastung durch Pestizide, Insektizide und andere giftige Chemikalien zurückgeht.

Global gesehen sind die Honigbienen nicht bedroht, wie die Nachrichten manchmal vermuten lassen. Bislang scheint das Bienensterben ein regionales Phänomen zu sein, das mit der Intensivnutzung der Honigbienen als landwirtschaftliches Nutztier zu tun hat. Dafür müssen Lösungen gefunden werden, da ihr Verlust unmittelbare Auswirkungen auf unsere Ernährung hat.

Die Zukunft der natürlichen Lebensräume und der von Insekten abhängigen Wildpflanzen aber hängt nicht von der Honigbienenbewirtschaftung ab. Ganz im Gegenteil. Neue wissenschaftliche Studien zeigen unzweifelhaft, dass zumindest in Europa die Honigbienenintensivwirtschaft zur Biodiversitätskrise der wilden Bestäuber signifikant beiträgt.[11] Die Gründe dafür sind einerseits die Verbreitung von Bienenkrankheiten, die aus den individuenreichen Bienenvölkern leicht auf andere Arten übertragen werden können. Insbesondere aber konkurrieren Honigbienen mit den Wildbienen und anderen Bestäubern um Pollen und Nektar. Die meisten Wildpflanzen blühen nur für einen kurzen Zeitraum, an den ihre natürlichen Bestäuber angepasst sind. Honigbienen dagegen sind Allrounder und beinahe Allwetterbestäuber. Je nach Witterung und Region sind sie acht bis zwölf Monate aktiv und haben eine enorme Reichweite von bis zu zehn Kilometern. Die Heerscharen an Bienenarbeiterinnen entnehmen so der Natur effektiv wichtige natürliche Ressourcen, die ihren wilden Verwandten dann fehlen und so zu dem Rückgang an Arten beitragen können.[12]

Ohne die Bedeutung der Honigbienen für unser Wohlergehen aus den Augen zu verlieren, sollten wir uns bewusst machen, dass das sogenannte Honigbienensterben ein landwirtschaftliches und kein naturschützerisches Problem ist. Anders gesagt, Honigbienen zu schützen und zu halten hilft der Obstbaumbestäubung im Garten und der landwirtschaftlichen Produktion und damit letztlich uns. Der Natur als Lebensraum einer artenreichen und komplexen Biodiversität hilft es nicht. Die gut gemeinten Initiativen zur Ansiedlung von Honigbienen in Lebensräumen wie in Großstädten, in denen die natürliche Vielfalt an Tieren und Pflanzen ohnehin einen schweren Stand hat, könnten sich als Bärendienst an der Natur erweisen. Es gibt zwar mehr Kirschen an den Bäumen in den Städten, aber gleichzeitig werden die natürlichen Bestäuber zusätzlich bedrängt.

Die große Aufmerksamkeit, die derzeit der Honigbiene gilt, hat aber sicherlich auch ihren Nutzen. Es ist zu hoffen, dass der Honigbienen-Hype die Sensibilität für die schwierige Situation der Bestäuberinsekten insgesamt schärft, sodass letztlich Natur und Landwirtschaft gleichermaßen davon profitieren.

Dennoch muss man konstatieren, dass die Honigbienen nicht das Problem sind, das gelöst werden muss. Der Rückgang an Honigbienen, Wildbienen und den anderen Bestäubern ist Ausdruck eines grundsätzlich problematischen Verhältnisses zwischen Mensch und Natur. Es kann keinen Zweifel geben, dass die Faktoren, die die Bestäuberarten bedrängen, durch den Menschen erzeugt wurden. Intensive Landwirtschaft, zersiedelte Naturräume, Umweltgifte, Klimaerwärmung – unsere Natur wird zunehmend zu einer ökonomischen Landschaft, die durch die menschliche Intensivnutzung gravierend verändert wird. Viele Wissenschaftler und Umweltpolitiker fordern ein gravierendes Umdenken.

Georgina Mace, eine britische Ökologin und Naturschutzwissenschaftlerin, sieht eine grundsätzliche Änderung im Natur- und Naturschutzverständnis der Menschen in den letzten 50 Jahren.[13] Während in den 1960er- und 1970er-Jahren das Prinzip des »Natur für sich selbst« vorherrschte und durch die Etablierung von Naturschutzgebieten der schädliche menschliche Einfluss ausgespart werden sollte, spitzte sich die Situation in den 1980er- und 1990er-Jahren zu einer »Natur trotz Menschen«-Haltung zu. Artensterben und Lebensraumverlust bestimmten die Naturwahrnehmung. Mit dem Prinzip »Natur für den Menschen«

gerieten in den frühen 2000ern Konzepte wie Ökosystemleistungen zunehmend in den Blick und betonten den Wert der Natur als notwendige Quelle für das menschliche Wohlergehen. Heute aber, so Mace, sollte der Blick auf Natur interdisziplinärer und integrativer sein. Der Mensch muss die Natur als Umwelt begreifen, in der er selbst und seine eigenen Nachkommen leben möchten. Statt der Natur ökonomische Werte zuzuschreiben, bedarf es eines nachhaltigen und erneuerbaren Zusammenwirkens zwischen der menschlichen Gesellschaft und der natürlichen Umwelt. Naturschützer arbeiten heute mit Soziologen zusammen, um zu erforschen, welche Naturschutzkonzepte gleichermaßen die Bedürfnisse von Natur und Gesellschaft berücksichtigen.

WAS NUN?

Was aber ist konkret zu tun, um den Rückgang an Wespen, Bienen, Ameisen und anderen Bestäubern aufzuhalten? Grundsätzliche Maßnahmen sind zweifellos nur mit politischer Unterstützung durchzusetzen. Insbesondere sollte die intensive Landwirtschaft motiviert werden, verstärkt nachhaltige, ökologische Anbaumethoden einzusetzen. Hier müssen zudem wir Verbraucher unseren Anteil leisten und bereit sein, biologisch und damit insektenfreundlicher produzierte Nahrungsmittel zu kaufen. Ökologische Anbaumethoden, die ohne den Einsatz von chemischen Düngern und Pestiziden auskommen und mit zusätzlichen Maßnahmen wie Ackerrandstreifenbegrünungen verbunden werden, begünstigen das Vorkommen artenreicher Lebensgemeinschaften. Diese wiederum stärken die Widerstandskräfte von Ökosystemen und helfen so gleichermaßen landwirtschaftlichen und natürlichen Lebensräumen. Weitere Maßnahmen liegen bereits auf dem Tisch und werden intensiv diskutiert. So wäre eine signifikante Reduktion oder sogar ein Verbot chemischer Substanzen, wie die bekannt gewordenen Neonikotinoide, einer chemischen Gruppe von Insektiziden, oder das Glyphosat, einem Herbizid, wichtig. Einzelne Maßnahmen werden das Insektensterben sicherlich nicht beenden, dafür sind zu viele Faktoren beteiligt. Aber jede einzelne Maßnahme ist ein wichtiger Schritt in die richtige Richtung.

Aber auch im Kleinen ist es möglich, die Vielfalt an Bienen, Wespen und Ameisen zu fördern. So können wir dafür sorgen, dass im eigenen Garten und auf dem eigenen Balkon ein vielfältiges Angebot an Blüten und Nistmöglichkeiten zur Verfügung steht. Viele der gezüchteten Zierpflanzen haben Insekten nur wenig zu bieten. Wildblumen und -kräuter, einfache, ursprüngliche, ungefüllte Blüten dagegen locken die auf sie spezialisierten Bestäuber an und sorgen für reichliche Nahrung. Kombiniert man solche Blüten mit Nistangeboten wie Totholz, Trockenmauern, Insektenhotels und ungenutzten Trockenflächen, werden schnell zahlreiche Insektenarten im Garten auftauchen, die in der Kulturlandschaft kaum noch ein Unterkommen finden. Solche Anpflanzungen sind nicht nur naturnäher, sondern auch pflegeleichter und durch die Vielzahl der sich im Jahresverlauf ändernden Blüten vielfältig und abwechslungsreich. Und auch ein sinnvoll bepflanzter Blumenkasten auf einem großstädtischen Balkon oder eine bepflanze Baumscheibe vor der Haustür locken viele Insekten an. Haben Sie Mut zur Wildnis. *Tagetes*-Monokulturen waren gestern, heute sollte der Garten bunt und naturnah sein. Denken Sie global und handeln Sie lokal. Auch kleine Maßnahmen helfen den Wespen, Bienen und Ameisen. Sie können viel bewirken. Und wer es genau wissen will, passende Literatur zu naturnahen Gärten, Insektenhotels und Wespenschutz gibt es zuhauf.

NATURSCHUTZ ODER BIODIVERSITÄTSENTDECKUNG

Wenn also nun die stechenden Insekten, die einen erheblichen Anteil der Blütenbestäuber darstellen, derart bedroht sind, sollte man sich als Wespenspezialist und Entomologe dann nicht lieber mit ganzer Kraft in Naturschutzprojekte stürzen und politische Naturschutzarbeit betreiben? Das ist im Grunde richtig, aber zu vereinfacht. Die Natur ist ein derartig komplexes Phänomen, dass zu ihrem Verständnis komplexe Perspektiven erforderlich sind. In den Kapiteln dieses Buches habe ich Sie mitgenommen auf eine naturwissenschaftliche Reise in die faszinierende Vielfalt der stechenden Insekten. In einem viele Jahrmillionen dauernden Evolutionsprozess ist einst aus einer durch einen Legebohrer ihre Eier platzierenden Wespe eine ungeheure Vielfalt stechender Wespen, Bienen und Ameisen entstanden. Wir kennen bereits etwa 70 000

Arten aculeater Hautflügler, und jedes Jahr werden Hunderte Arten neu entdeckt. 18 000 neu benannte Tier- und Pflanzenarten sind es insgesamt, die unserem Katalog des Lebens jedes Jahr hinzugefügt werden.[14] Das Ziel dieses seit rund 250 Jahren dauernden Erfassungsprogramms, das mit Carl von Linnés Ordnungsschema seinen Anfang nahm, ist im Grunde klar. Die Taxonomen fragen in einem ersten Schritt nach dem »Was«. Was gibt es in der Natur? Wie viele Arten existieren auf der Erde? Wo leben sie? Und welches sind ihre nächsten Verwandten? Und schließlich, »wie«. Wie kann der evolutive Prozess der Entstehung dieser Vielfalt als »Baum des Lebens« nacherzählt und verstanden werden? Diese Fragen können nur in dieser Reihenfolge beantwortet werden, und am Anfang steht die Frage nach den Arten. Mit welchen Arten teilen wir unseren Planeten?

Der tatsächliche Umfang eines weltweiten Arten-Zensus aber ist weitestgehend unklar. Heute kennen wir 1,5 bis 1,8 Millionen beschriebene Arten. Einig sind sich alle Beteiligten, dass wir damit noch recht weit von der wahren Zahl der auf der Erde lebenden Arten entfernt sind. Warten noch 10, 30 oder sogar 100 Millionen Arten auf ihre Entdeckung? Die Schätzungen schwanken gewaltig, auch wenn die Hochrechnungen der letzten Jahre gemäßigter sind als noch vor einigen Jahrzehnten. So sind es vielleicht doch 5 Millionen, allerdings mit einem Fehler von plus/minus 3 Millionen.[15] Das bedeutet, irgendwo zwischen 2 und 8 Millionen liegt vielleicht die Wahrheit. Naturgemäß aber ist es schwierig, den Umfang des Unbekannten verlässlich zu kalkulieren.

Klar ist in jedem Fall, dass die Menschheit mit der Entdeckung der weltweiten Biodiversität noch nicht so weit gekommen ist, wie es der Zeitraum von 250 Jahren vielleicht erwarten lässt. In jedem Fall haben wir keine weiteren 250 Jahre Zeit, das »Linné'sche Unternehmen«, wie E. O. Wilson die globale Erfassung aller Arten bezeichnete,[16] zu vollenden, denn wir beobachten derzeit ein gravierendes Artensterben überall auf der Erde. In den letzten Jahrzehnten ist allerdings das Bewusstsein dafür gewachsen, dass wir die Naturzusammenhänge nur dann wirklich verstehen können, wenn wir wissen, welches die Mitstreiter im großen, komplexen Spiel der Natur sind. Wir benötigen dringend eine komplette Inventarisierung aller Arten unserer Erde, vom Nordpol zum Südpol, vom Einzeller bis zum Blauwal, und auf allen biologischen Organisationsebenen vom Gen bis zum Ökosystem.

Es ist aber nicht nur die gezielte, planvolle Wissenschaftsarbeit, die Wissenschaftler dazu bringt, Arten erforschen zu wollen. In uns allen steckt ein Entdeckertrieb, die Neugierde, wissen zu wollen, was es alles gibt. Damit steht die Biodiversitätsentdeckung keineswegs alleine da. Die Astronomie beispielsweise ist eine Wissenschaft der Entdeckung von Himmelskörpern, Phänomenen und naturgesetzlichen Zusammenhängen durch Beobachtung und Interpretation.[17] Die Entdeckung von Planeten, Sternen und Galaxien folgt dabei einem systematischen Plan der Durchmusterung des sichtbaren und nicht sichtbaren Himmels mit entsprechenden Instrumenten. Aus dieser planvollen, aber ungezielten Durchmusterung des Universums aber wird erst dann eine gezielte Entdeckung, wenn zuvor bereits Hinweise auf die Existenz eines noch unbekannten Objekts oder Phänomens vorhanden sind. Ansonsten ist Entdeckung in der Astronomie eine Frage des Glücks und einer guten Portion Spürsinns. Sie wird angetrieben von der Erkenntnis, dass die Entdeckung und Dokumentation aller Himmelsobjekte die Grundvoraussetzung ist, neue Zusammenhänge, neue Naturgesetze und neue Theorien von weit über das Einzelobjekt hinausgehender Relevanz formulieren zu können.

Nicht anders funktioniert die Taxonomie als Wissenschaft der Artenentdeckung. Mit jeder neu entdeckten Art fügt sich ein weiteres Mosaiksteinchen in das komplexe Gesamtbild der Natur. Jede neu entdeckte Art trägt mit dazu bei, den Stammbaum des Lebens und die Funktion der Biodiversität besser zu verstehen. Vielleicht nur in einem kleinen Rahmen, aber es ist die Summe der Mosaiksteine, die das Gesamtbild ausmachen. Wie auch bei Himmelskörpern, wissen die Taxonomen nicht, was die nächste Entdeckung bringen wird. Vielleicht ist es einfach nur die nächste Art einer Grabwespengattung, die die Liste bekannter Arten um eine Zeile verlängert. Vielleicht aber besitzt gerade diese neue Art Eigenschaften, die uns etwas zu erzählen haben über die Evolution von Wespen, von Insekten, ja vielleicht über die Wirkungsweise der Evolution überhaupt. Ohne die Entdeckung des australischen Schnabeltieres würde uns ein wesentliches Puzzleteil bei der Erforschung der Stammesgeschichte der Säugetiere fehlen. Ohne die Entdeckung der wichtigen Menschenfossilien wüssten wir nicht, dass der Ursprung der Menschheit in Afrika liegt. Und ohne die Entdeckung der vielen Arten der Mückengattung *Anopheles* wüssten wir nicht, welche von ihnen

Überträger von Malaria und anderen Tropenkrankheiten sind und wie man sie bekämpft.

Mit rund 153 000 bereits bekannten Arten sind die Hautflügler eine taxonomisch nennenswerte Größe im Gefüge der Natur. Besonders die aculeaten Hymenopteren, die Stachelträger, konnten durch die einzigartige Kombination ihrer spezifischen genetischen Ausstattung (der Haplodiploidie) und dem Besitz eines Stachels als Verteidigungswaffe die Sozialität auf die Spitze treiben. Erst durch die Entwicklung hocheffektiver, arbeitsteiliger Strukturen konnten die sozialen Wespen, Bienen und Ameisen eine derartige Vormachtstellung in der Natur einnehmen. Sie erinnern sich vielleicht: Das Gewicht aller Ameisen der Erde ist in etwa so groß wie das Gewicht aller Menschen. Und wenn man die sozialen Wespen, Bienen und Ameisen zusammenrechnet, machen sie im brasilianischen Regenwald etwa 80 Prozent der gesamten Insektenbiomasse aus.[18] Man kann ohne Übertreibung sagen, dass das Funktionieren der weltweiten Ökosysteme ohne das Zutun der Hautflügler infrage gestellt wäre.

Die Entdeckung und Erforschung der stechenden Hautflügler hat der Wissenschaft zu vielen neuen Erkenntnissen verholfen. Es ist kein Zufall, dass die Soziobiologie als eine der wichtigsten Erweiterungen der Darwin'schen Evolutionstheorie von einem Ameisenforscher begründet wurde. Wahrscheinlich ist keine andere Tierart wissenschaftlich so gut untersucht worden wie die Honigbiene, das »Lieblingskind der Philosophen«[19]. Die Ergebnisse dieser Untersuchungen haben zu grundlegenden neuen Erkenntnissen in der Sinnes- und Neurophysiologie, der Verhaltensbiologie, der biologischen Kommunikation und vielem mehr geführt. Und es ist dementsprechend auch kein Zufall, dass Karl von Frisch aufgrund der allgemeinen Relevanz seiner Bienenforschung mit dem Nobelpreis ausgezeichnet wurde.

Auch heute werden weiterhin spannende Entdeckungen bei Wespen, Bienen und Ameisen gemacht, von denen noch nicht endgültig klar ist, wohin sie führen werden. So ist erst vor wenigen Jahren von deutschen Wissenschaftlern um den Biologen Martin Kaltenpoth nachgewiesen worden, dass der Bienenwolf *Philanthus triangulum* eine spektakuläre Form von Symbiose mit Antibiotika produzierenden Bakterien eingeht.[20] Die Bakterien werden in speziellen Drüsen in den Antennen der Bienenwolfweibchen herangezüchtet und auf den Wänden der Brutzellen verteilt. Sie werden dann von den Bienenwolflarven aufgenommen und in den Verpuppungskokon eingearbeitet. Die Antibiotika lassen sich dabei vorwiegend in der Außenwand des Kokons nachweisen, was das Risiko von Nebenwirkungen für die verpuppte Larve herabsetzt. Durch diese äußerliche Antibiotika-Prophylaxe sind die Larven im feuchten Milieu der unterirdischen Brutzelle gegen Pilz- und Bakterienbefall geschützt. Als wenn das nicht schon spektakulär genug wäre, beschränken sich die Bienenwolfweibchen nicht nur auf ein Antibiotikum, sondern stellen ihren Larven gleich neun verschiedene antibiotische Substanzen zur Verfügung. Damit haben die Wissenschaftler gezeigt, dass Grabwespen bereits vor Jahrmillionen das Prinzip des antibiotischen Kombinationspräparats entdeckt und angewendet haben, was ihnen erlaubt, ein breites Spektrum von Mikroorganismen prophylaktisch zu bekämpfen. Schon früher war bekannt, dass auch Honigbienen sich ihre Zellen und den Stock mithilfe von Antibiotika keimfrei halten. Die Befunde, die nun an frei lebenden Wespen gemacht wurden, haben ein ganz neues Feld eröffnet: die Erforschung der Wirkung antibiotischer Substanzen in der natürlichen Umwelt. Schon jetzt weiß man, dass diese Art des pharmakologischen Schutzes der Larven wohl unter Wespen weiter verbreitet ist, als bislang angenommen.

Auch die Dementoren-Wespe *Ampulex dementor* und ihre viel besser untersuchte Gattungsgenossin *Ampulex compressa* sind spannende Untersuchungsobjekte. Sie erinnern sich, dass die Weibchen von *Ampulex compressa* durch die spezifische pharmakologische Wirkung ihres Stiches eine ungewöhnliche Wirkung bei den Beuteschaben auslöst. Nach Injektion des Wespengiftes verlieren die Schaben zwar die willentliche Steuerung ihrer Bewegungen, nicht aber ihre motorischen Fähigkeiten. Die Stachelgifte von *Ampulex* und überhaupt von Wespen, Bienen und Ameisen sind als potenzielle Wirkstoffe in der Humanmedizin von großem Interesse.

Müssen wir also neben der aus Neugierde betriebenen Grundlagenforschung die Natur und ihre Arten schützen, weil in ihnen mögliche Anwendungen zum Nutzen des Menschen verborgen sind? Auch dies ist eine der Perspektiven, die es zu bedenken gilt, wenn wir über den Wert und die Schutzbedürftigkeit einzelner Arten sprechen. Die Menschheit steht derzeit vor großen Herausforderungen. Welternährung und Weltgesundheit sind zwei der großen Themen, mit denen wir uns heute konfrontiert sehen. Es ist wahrscheinlich, dass Lösungen für diese Probleme in der noch unentdeckten Biodiversität zu finden sind. Zahlreiche neue Naturstoffe, neue Impfstoffe und neue verträgliche und nachhaltige Methoden der Schädlingsbekämpfung und neue Nahrungsressourcen wurden bereits entdeckt und werden immer weiter entdeckt.

LEIDENSCHAFT UND NEUGIER

Das Buch ist aus einer tief in mir verwurzelten Neugierde entstanden, die Vielfalt der Natur besser verstehen zu wollen. Die Vielfalt alles Lebendigen hat mich immer schon fasziniert, und ich habe den Weg in die Biologie gewählt, weil ich hier Antworten auf Fragen zu erhalten hoffe, die mich schon als Kind umgetrieben haben. Was ist das, was dort draußen auf der Blüte sitzt? Was bedeutet es, wenn ich sage, dass diese Wespe, die ich dort sehe, ein Bienenwolf der Art *Philanthus triangulum* ist? Und wenn die Welt tatsächlich bevölkert ist von Millionen und Abermillionen von solchen Arten, wie sind sie alle entstanden, und wie hängen sie miteinander zusammen?

Ich bin ehrlich gesagt nie ein begeisterter Freilandbiologe gewesen, der sich mit Engelsgeduld der Beobachtung des lebendigen Organismus widmet. Meiner jüngeren Schwester Frauke Ohl, die ebenfalls Biologin wurde, war meine zugegebenermaßen ziemlich akademische Perspektive auf Natur immer ein Graus. Sie wurde Verhaltensbiologin und erforschte »richtige« Tiere, wie sie zu sagen pflegte. Das Lernverhalten von Haushunden und Spitzhörnchen zum Beispiel. Denn damit könne man etwas anfangen und etwas über das Lernen allgemein erfahren und damit auch über uns Menschen. Dagegen konnte ich schlecht etwas einwenden. Ich dagegen, so meine Schwester in diesem typischen Tonfall, den jeder kennt, der Geschwister hat und der von langjähriger Erfahrung darin zeugt, den eigenen Bruder effektiv auf die Palme zu bringen, sitze in meinem Elfenbeinturm und beschreibe Wespen, die niemanden sonst interessieren, erstelle Stammbäume, die niemand verstehe, und lese Philosophiebücher, die gut und gerne auch einfach nicht hätten geschrieben werden müssen. Das saß. Meine Erwiderung ging irgendwie in Richtung Hörnchenärgern, aber so richtig weiß ich das nicht mehr. Letztlich pflegten wir uns nach solchen Wortgefechten am Ende zu umarmen, uns unseres gegenseitigen Respekts zu versichern und noch ein Glas Whiskey zu trinken.

Diese kleinen geschwisterlichen Gefechte, die ich seit dem frühen Tod meiner Schwester vermisse, haben mir eines bewusst gemacht: Taxonomen wie ich kennen sich mit ihrer Spezialgruppe aus wie sonst fast niemand. Sie sind wahre Koryphäen ihres kleinen Gebietes. Daran arbeiten sie ein Leben lang und oft mit großem persönlichem Engagement. Nicht selten wird vielen von ihnen die taxonomische Bearbeitung »ihrer« Gruppe zur Lebensaufgabe. Aber warum eigentlich? Warum muss noch die letzte kleine Fliege von Neuguinea beschrieben, benannt und dokumentiert sein? Oder die Grabwespe aus Saudi-Arabien? Oder die Milbe aus Uruguay? Wen interessiert das eigentlich? Ist es in Zeiten der akuten Bedrohung der weltweiten Biodiversität und der bedrohlichen Aussterberaten wichtig und hilfreich, die Biodiversität weiterhin zu erfassen und zu dokumentieren? Darauf eine befriedigende Antwort zu finden ist wichtig. Das war meine Lektion aus den Gesprächen mit meiner Schwester.

Ein Teil meiner persönlichen Antwort darauf findet sich in diesem Buch. Wespen, Bienen und Ameisen können auf wichtige Fragen der Biologie Antworten liefern. Nicht auf alle, aber auf viele. Ihre Arten zu kennen und zu dokumentieren ist ein nennenswerter Beitrag zum »Linné'schen Unternehmen« der vollständigen Erfassung aller Arten der Erde und legt damit zugleich die Grundlage für die weiteren Forschungen und für Strategien des Naturschutzes. Wespen, Bienen und Ameisen laden ein, sich von ihren vielfältigen Erscheinungsformen und Anpassungen faszinieren und begeistern zu lassen. Ich arbeite an einem der großen Naturkundemuseen, und an beinahe keinem anderen Ort als an einem Naturkundemuseum öffnet sich der Blick aus dem engen Fachwissen des Taxonomen und Artenkenners heraus für die globale Perspektive. Und man erkennt, dass die Natur voller faszinierender Arten und erstaunlicher Phänomene ist, die zu kennen, zu erforschen und zu erhalten eine unserer vordringlichsten Aufgaben sein sollte.

DANK

Ich widme dieses Buch meiner kleinen Schwester Frauke, die 2016 viel zu früh starb. Auch wenn wir beide Biologen geworden sind, hätte unser Blick auf dieselbe Natur nicht unterschiedlicher sein können. Ich bin dennoch sicher, dass sie dieses Buch verstanden hätte.

Mehr als jedem anderen möchte ich Bernhard Schurian vom Museum für Naturkunde Berlin danken, der Sammlungsinsekten fotografieren kann wie kein Zweiter. Ohne seine technischen Fähigkeiten in der Fotografie und sein Gespür für gute Bilder wären die Insekten-Makrofotos nicht derart spektakulär und das Buch nicht so schön geworden.

Mein Dank geht an das Team des Verlags Droemer Knaur, das mich professionell und engagiert unterstützt hat, allen voran Stefan Ulrich Meyer. Meine Lektorin Nadine Lipp hat den Text sorgsam überarbeitet und zweifellos verbessert.

Die Literaturagentin Rebekka Göpfert hat das Buch über seine ganze Entstehungsgeschichte begleitet und mich unterstützt. Ohne sie hätte ich mich dieses Themas nicht angenommen.

Viele Kolleginnen und Kollegen und Freundinnen und Freunde haben durch Überlassung von Literatur, Abbildungen und Informationen zu diesem Buch beigetragen. Hier sind sie in alphabetischer Reihenfolge: Stephan Blank (Müncheberg), Brian Fisher (San Francisco, USA), James M. Carpenter (New York, USA), Michael S. Engel (Kansas, USA), Stefan Graf (Berlin), Fritz Geller-Grimm (Wiesbaden), Ute Kaczinski (Müncheberg), Wolfgang Kapfhammer (München), Barrett Klein (La Crosse, Wisconsin), Volker Mauss (Gnadental), Silke Mosel (Oldenburg), Christian Rabeling (Phoenix, Arizona), Carola Radke (Berlin), Johannes Reibnitz (Tamm), Justin Schmidt (Tucson, USA), Editha Schubert (Müncheberg), Chris O'Toole (Oxford, Großbritannien), Julia Willer (Berlin), und die Mitglieder meiner Arbeitsgruppe, die mich über die Jahre auf Sammelreisen begleitet, spannende Forschungsprojekte durchgeführt und mich durch ihre Begeisterung immer wieder animiert haben.

Mein besonderer Dank geht an meine Frau Daniela, die mich immer unterstützt und den Text erbarmungslos und mit Sachverstand kritisierte. Das Kapitel »Verführung« wäre ohne sie nicht geschrieben worden. Sie und meine Kinder Mina, Merle, Mattes und Yannika haben mich über die Monate geduldig mit meinem Wespenbuch geteilt.

ANMERKUNGEN

EINLEITUNG: LEIDENSCHAFT

1. Lessing, T. 2005 (1925). Meine Tiere. Matthes & Seitz, Berlin.
2. Gleich, M. et al. 2000. Life Counts. Eine globale Bilanz des Lebens. Berlin Verlag, Berlin.
3. Schmidt-Loske, K. 2007. Die Tierwelt der Maria Sibylla Merian (1647–1717). Arten, Beschreibungen und Illustrationen. Basilisken-Presse, Marburg.
4. A. P. Aguiar, A. R. Deans, M. S. Engel, M. Forshage, J. T. Huber, J. T. Jennings, N. F. Johnson, A. S. Lelej, J. T. Longino, V. Lohrmann, I. Mikó, M. Ohl, C. Rasmussen, A. Taeger und D. Sick Ki Yu. 2013. Order Hymenoptera. In: Zhang, Z.-Q. (Hrsg.) Animal Biodiversity: An Outline of Higher-level Classification and Survey of Taxonomic Richness (Addenda 2013). Zootaxa 3703: 1–82.
5. Vedder, U. 2013. Poetik des Sammelns. In: Rodekamp, V. (Hrsg., für Deutscher Museumsbund): Sammellust und Sammellast. Chancen und Herausforderungen von Museumssammlungen Museumskunde 78: 8–15.

KAPITEL 1: ANNÄHERUNG

1. https://de.wikipedia.org/wiki/Willcox
2. Garza, P. de la 1995. The Story of Dos Cabezas. Westernlore Press, Tucson.
3. Arnold S. Menke aus Bisbee, Arizona, wies mich auf das Buch »The Story of Dos Cabezas« von Phyllis de la Garza hin, in dem ich das erste Mal von Michael Ohl aus Dos Cabezas erfuhr. Kathy Klump und Carol Wien, beide aus Willcox, Arizona, beantworteten mir bei der Recherche zu meinem Buch geduldig meine per E-Mail gesandten Fragen und schickten mir Fotos.
4. Brown, D. E. (Hrsg.) 1994. Biotic communities – Southwestern United States and Northwestern Mexico. University of Utah Press, Salt Lake City.
5. Ohl, M. 2009. A colorful new species of the digger wasp genus *Pseudoplisus* Ashmead from the Southwestern United States (Hymenoptera: Apoidea, Crabronidae). Zootaxa 2009: 27–34.
6. Ohl, M. 2001. Sphecidae. In: Dathe, H. H., Taeger, A. and Blank, S. M. (Hrsg.): Verzeichnis der Hautflügler Deutschlands (Entomofauna Germanica 4). Entomologische Nachrichten und Berichte (Dresden), Beiheft 7, 137–143.
7. Krombein, K. V., Hurd, P. D., Smith, D. R. und Burks, B. D. 1979. Catalog of Hymenoptera in America north of Mexico. Volume 2. Apocrita (Aculeata). Smithsonian Institution Press, Washington, D. C. 1199–2209.

KAPITEL 2: VIELFALT

1. Aguiar et al. 2013.
2. Ebenfalls aus Zhang (Ed.): Animal Biodiversity. Zootaxa 3703.
3. Hutchinson, G. Evelyn (1959). »Homage to Santa Rosalia or Why Are There So Many Kinds of Animals?«. The American Naturalist. 93 (870): 145–159. doi:10.1086/282070.
4. Klausnitzer 2005. Die Insektenfauna Deutschlands (»Entomofauna Germanica«) – ein Gesamtüberblick. Linzer Biologische Beiträge 37: 87–97.
5. Dudenredaktion 2010. Duden: Die Deutsche Rechtschreibung. 25. Auflage. Dudenverlag, Mannheim, Zürich.
6. http://www.duden.de/rechtschreibung/Hymenopter.
7. Jacob Grimm (1785–1863), Wilhelm Grimm (1786–1859).
8. http://woerterbuchnetz.de/DWB/.
9. 1818–1898.
10. 2005, Franckh-Kosmos-Verlag.
11. Wahrig-Redaktion. 2009. Wahrig Herkunftswörterbuch. 5. Auflage. Wissenmedia, Gütersloh, München.
12. https://de.wikipedia.org/wiki/Epithalamium. Stewart, W. 1998. Dictionary of images and symbols in counselling. Jessica Kingsley Press, London, Bristol.
13. Grissell, E. 2010. Bees, wasps, and ants. The indispensable role of Hymenoptera in gardens. Timber Press, Portland, London.
14. Costello, M., May, R. M., Stork, N. E. 2013. Can we name Earth's species before they go extinct? Science 339: 413–416.
15. O'Neill, K.M. 2001. Solitary wasps. Behavior and natural history. Cornell University Press, Ithaca, London.

KAPITEL 3: ENTDECKUNG

1. Trepp, A.-C. 2009. Von der Glückseligkeit alles zu wissen. Die Erforschung der Natur als religiöse Praxis in der frühen Neuzeit. Campus Verlag, Frankfurt, New York.
2. Christ, J. L. 1791. Naturgeschichte, Klassification und Nomenclatur der Insekten vom Bienen, Wespen und Ameisengeschlecht. Hermannische Buchhandlung, Frankfurt am Main.
3. Geisthardt, M. 1990. Die Gerningsche Insektensammlung im Landesmuseum Wiesbaden. Ein Beitrag zur Geschichte der Entomologie. Mitteilungen des Internationalen Entomologischen Vereins 15: 29–39.
4. Schmidt-Loske, K. 2009. Maria Sibylla Merian. The Insects of Surinam. Taschen, Köln.
5. Mayr, E. 1991. Eine neue Philosophie der Biologie. Piper, München, Zürich.
6. Evenhuis, N. L., Thompson, F. C. 2004.

Bibliography of and new taxa described by D. Elmo Hardy (1936–2001). Bishop Museum Bulletin in Entomology 12: 179–222 (D. Elmo Hardy Memorial Volume. Contributions to the Systematics and Evolution of Diptera. Edited by N. L. Evenhuis and K. Y. Kaneshiro).

7. Afzelius 1826, zitiert nach Jahn, I., Schmitt, M. 2001. Carl Linnaeus (1707–1778). In Jahn, I., Schmitt, M. Darwin & Co. Eine Geschichte der Biologie in Portraits. C.H. Beck, München. 9–30.
8. Jahn, Schmitt 2001. Carl Linnaeus (1707–1778).
9. Fabricius, J. Ch. 1793. Entomologia systematica emendata et aucta. Secundum classes, ordines, genera, species adjectis synonymis, locis, observationibus, descriptionibus. Vol. 2. Christ. Gottl. Proft, Hafniae [= Copenhagen]. VIII + 519 pp.
10. http://www.antwiki.org/wiki/Smith,_Frederick_(1805–1879).
11. Ohl, M. 2015. Die Kunst der Benennung. Matthes & Seitz Berlin.
12. Maidl F. 1925: Franz Friedrich Kohl. Konowia 4: 89–96.
13. http://digitalcommons.unl.edu/cgi/viewcontent.cgi?article=1115&context=libraryscience.
14. Weber, W.A. 1965. Theodore Dru Alison Cockerell, 1866–1948. University of Colorado Studies, Series in Bibliography, University of Colorado Press, Boulder, Colorado. 124 Seiten.
15. https://essig.berkeley.edu/publications/cockerell/.
16. https://essig.berkeley.edu/publications/cockerell/.
17. Zuparko, 30.8.2017, mündl. Mitteilung.
18. Rasmussen, C., Ascher, John S. 2008. Heinrich Friese (1860–1949): Names proposed and notes on a pioneer melittologist (Hymenoptera, Anthophila). Zootaxa 1833: 118 pp.
19. Friedrich, J. 1998. Dr. phil. h.c. Heinrich Friese (1860–1948) zum 50sten Todestag. Bembix 11: 8–17. (http://www.bembix.de/index.php/de/bembix-print?download=11:bembix-11)
20. Rasmussen, Ascher 2008: 6.
21. http://www.biologie-seite.de/Biologie/Auguste_Forel.
22. Forel, A. 2010. Rückblick auf mein Leben. Römerhofverlag, Zürich.
23. Forel 2010: 140.
24. Forel 2010: 193.
25. http://antcat.org/.
26. Forel 2010: 324 ff.
27. https://de.wikipedia.org/wiki/Karl_von_Frisch.
28. Munz, T. 2016. The Dancing Bees – Karl von Frisch and the discovery of the honeybee language. University of Chicago Press, Chicago, London.
29. Frisch, K. von. 1923. Über die Sprache der Bienen. Eine tierpsychologische Untersuchung. Gustav Fischer Verlag, Jena.
30. 1823. Verlag Fleischmann, München.
31. Unhoch 1823, zitiert nach von Frisch, 1923: 3.
32. Von Frisch 1923: 92.
33. Von Frisch 1923: 24.
34. Von Frisch 1923: 24.
35. Tautz, J., Stehen, D. 2017. Die Honigfabrik. Die Wunderwelt der Bienen – eine Betriebsbesichtigung. Gütersloher Verlagshaus, Gütersloh.

36. Tautz, Stehen 2017: 87.
37. Rüdiger, W. 1977. Ihr Name ist *Apis*. Kulturgeschichte der Bienen. Ehrenwirth, München.
38. Roffet-Salque, M. et al. 2015. Widespread exploitation of the honeybee by early Neolithic farmers. Nature 527: 226–230.
39. Kritsky, G. 2015. The Tears of Re. Beekeeping in Ancient Egypt. Oxford University Press, Exford, New York. Etc.
40. Walter, S. 2015. Etwa 11 500 Jahre alte Darstellungen von Hymenopteren aus Obermesopotamien (Körtik Tepe, SO Türkei): Neue Bestimmungsversuche und Interpretation. Entomologie heute 27: 125–148.
41. Walter 2015: 125.
42. Engels, D., Nicolaye, C. (Hrsg.) 2008. Ille operum custos. Kulturgeschichtliche Beiträge zur antiken Bienensymbolik und ihrer Rezeption (= Spudasmata. Bd. 118). Olms, Hildesheim u. a.
43. http://www.bienenzuchtverein-sulzbach-rosenberg.de/fileadmin/daten_40 812/Die_imperialen_Bienen_Napoleons.pdf
44. https://de.wikipedia.org/wiki/Bonne_ville_de_l%E2%80%99Empire_fran%C3%A7ais.
45. https://de.wikipedia.org/wiki/Francesco_Stelluti.
46. Bodenheimer, F. S. 1928. Materialien zur Geschichte der Entomologie bis Linné. 2 Bände. W. Junk, Berlin.
47. Bodenheimer 1928.

KAPITEL 4: VERWECHSLUNG

1. Ohl 2015.
2. http://www.norwich-ruesse.net/2012/10/31/filmkritiken/.
3. https://thebreakthrough.org/index.php/journal/past-issues/issue-1/an-environmental-journalists-lament/.
4. http://berlin.deutschland-summt.de/die-initiative.html.
5. Lunau, K. 2011. Warnen, Tarnen, Täuschen – Mimikry und Nachahmung bei Pflanze, Tier und Mensch. Überarbeitete Neuausgabe. Wissenschaftliche Buchgesellschaft, Darmstadt (Primus Verlag).
6. Lunau 2011: 17.
7. Alcock, J. 1989. Animal Behavior. 4. Ausgabe. Sinauer Associates, Sunderland, Massachusetts.
8. Kauppinen, J., Mappes, J. 2003. Why are wasps so intimidating: field experiments on hunting dragonflies (Odonata *Aeshna grandis*). Animal Behaviour 66: 505–511.
9. Schuler, W. Hesse, E. 1985. On the function of warning coloration: a black and yellow pattern inhibits prey-attack by naïve domestic chicks. Behav. Ecol. Sociobiol. 16: 249–255.
10. Horwarth, B. et al. 2000. The mimicry between British Syrphidae (Diptera) and aculeate Hymenoptera. Br. J. Ent. Nat. Hist. 13: 1–39.
11. Schmidt, J. O. 2004. Venom and the good Life in tarantula hawks (Hymenoptera: Pompilidae): How to eat, not to be eaten, and live long. Journal of the Kansas Entomological Society 77: 402–413.

12. Pasteur, G. 1982. A classificatory review of mimicry systems. Ann. Rev. Ecol. Syst. 13: 169–199.
13. Bates, H. M. 1862. Contributions to an insect fauna of the Amazon valley Transaction of the Linnean Society London 23: 495–566. Meine Übersetzung.
14. Mayr, E. 1984. Die Entwicklung der biologischen Gedankenwelt. Springer-Verlag, Berlin, Heidelberg, New York, Tokyo.
15. Mayr 1984: 419.
16. [Darwin, C. R.] 1863. [Review of] Contributions to an insect fauna of the Amazon Valley. By Henry Walter Bates, Esq. Transact. Linnean Soc. Vol. XXIII. 1862. *Natural History Review* 3: 219–224.
17. Mayr 1984: 419.

KAPITEL 5: VERFÜHRUNG

1. Heß, D. 1990. Die Blüte. Verlag Eugen Ulmer, Stuttgart.
2. Zizka, G., Schneckenburger, S. 1999. Blütenökologie – faszinierendes Miteinander von Pflanzen und Tieren. Kleine Senckenberg-Reihe 33 / Palmengarten Sonderheft 31. Senckenbergische Naturforschende Gesellschaft und Palmenarten der Stadt Frankfurt a. M., Frankfurt am Main.
3. https://de.wikipedia.org/wiki/Angraecum_sesquipedale.
4. Darwin, C. 1862. On the various contrivances by which British and foreign orchids are fertilized by insects. Murray, London.
5. Wallace, A. R. 1867. Creation by Law. Quarterly Journal of Science 4: 471–488.
6. Rothschild, L. W. & Jordan, K. 1903. A revision of the Lepidopterous family Sphingidae. *Novitates Zoologicae Supplement* 9: 1–972.
7. Gerlach, G. 1999. Mit allen Tricks – über Strategien von Orchideen. In: Zizka, G., Schneckenburger, S. Blütenökologie. 135–140.
8. Heß 1990: 170.
9. Flügel, H.-J. 2013. Blütenökologie – Band 1: Die Partner der Blumen. Die Neue Brehm-Bücherei Band 43/1. Verlag KG Wolf, Magdeburg.
10. Westerkamp, C. 1999. Blüten und ihre Bestäuber. In: Zizka, G., Schneckenburger, S. Blütenökologie. 26.
11. Westerkamp 1999: 29.
12. Flügel 2013: 130.
13. Westerkamp 1999: 29.
14. Flügel 2013: 113.
15. Flügel 2013: 98.
16. https://idw-online.de/de/news586986.
17. Westerkamp 1999: 40.
18. Westerkamp 1999: 41.
19. Heß 1990: 168.
20. Heß 1990: 169.
21. Flügel, H.-J. 2015. Blütenökologie Band 2: Sexualität und Partnerwahl im Pflanzenreich. Die Neue Brehm-Bücherei Band 43/2. Verlag KG Wolf, Magdeburg.
22. Flügel 2015: 195.

KAPITEL 6: RAUM

1. O'Neill 2001: 61 ff.
2. http://www.spektrum.de/lexikon/biologie/eusozialitaet/23069.
3. Ohl, M., Linde, D. 2003. Ovaries, ovarioles, and oocytes in apoid wasps with special reference to cleptoparasitic species (Hymenoptera: Apoidea: »Sphecidae«). J. Kansas En. Soc. 76: 147–159.
4. O'Neill 2001: 324 ff.
5. Field, J. 2005. The evolution of progressive provisioning. Behavioral Ecology 16: 770–778.
6. O'Neill 2001: 152 ff.
7. O'Neill 2001: 160 ff.
8. O'Neill 2001: 160 ff.
9. Blösch, M. 2000. Die Grabwespen Deutschlands. Sphecidae s.str., Crabronidae. Lebensweise, Verhalten, Verbreitung. Goecke & Evers, Keltern.
10. Blösch 2000: 55,
11. O'Neill 2001: 170.
12. O'Neill 2001: 170.
13. Orlow, M. von 2011. Mein Insektenhotel. Wildbienen, Hummeln & Co. Im Garten. Ulmer, Stuttgart. 192 Seiten.
14. Staab, M., Ohl, M., Zhu, C.-D., Klein, A.-M. (2014). A Unique Nest-Protection Strategy in a New Species of Spider Wasp. – PLOS One 9(7): e101592.
15. http://www.esf.edu/top10/2015/05.htm
16. Staab, M., Ohl, M. Zhu, C.-D., Klein, A.-M. (2015). Observational natural history and morphological taxonomy are indispensable for future challenges in biodiversity and conservation. Communicative & Integrative Biology 8:1. e992745, DOI: 10.4161/19420889.2014992745.
17. Schmid-Egger, C. 2005. *Sceliphron curvatum* (F. Smith, 1870) in Europa mit einem Bestimmungsschlüssel für die europäischen und mediterranen *Sceliphron*-Arten (Hymenoptera, Sphecidae). Bembix 19: 7–28.
18. Schmid-Egger 2005: 7.
19. Westrich, P. 1990. Die Wildbienen Baden-Württembergs. 2 Bände. Ulmer Verlag, Stuttgart. 1–431, 437–972.
20. https://en.wikipedia.org/wiki/Birgenair_Flight_301.
21. https://www.express.co.uk/news/world/462 854/Passenger-jet-carrying-175-people-makes-EMERGENCY-landing-due-to-a-WASP-NEST-problem.
22. Turner, J. S. 2000. The Extended Organism. The Physiology of animal-built Structures. Harvard University Press, Cambridge, London.
23. Dawkins, R. 2010. Der erweiterte Phänotyp: Der lange Arm der Gene. Spektrum Akademischer Verlag, Heidelberg. 334 Seiten (engl. Originalausgabe: 1982, The Extended Phenotype. The Gene as the Unit of Selection. Freeman).
24. Matthews, R. W. 1991. Evolution of social behavior in sphecid wasps. In: Ross, K. G., Matthews, R. W. The Social Biology of Wasps. Comstock Publishing Associates, Ithaca, London.
25. Jeanne, R. L. 1975. The adaptiveness of social wasp nest architecture. The Quaterly Review of Biology 50: 267–287.

26. Hansell, M. 2005. Animal architecture. (Oxford Animal Biology Series). Oxford University Press, Oxford, New York.
27. Kirby, W. 1835. On the Power Wisdom and Goodness of God. As Manifested in the Creation of Animals and in Their History, Habits and Instincts (Bridgewater Treatises). W. Pickering.
28. Tautz, Steen 2017: 61.
29. Tautz, Steen 2017: 62.
30. Darwin, C. 1860. Über die Entstehung der Arten im Thier- und Pflanzen-Reich durch natürliche Züchtung. Übersetzt von H. G. Bronn. E. Schweizerbart'sche Verlagshandlung, Stuttgart.
31. https://www.darwinproject.ac.uk/commentary/life-sciences/evolution-honeycomb.
32. Tautz, Steen 2017: 63.
33. Pirk, C. W. W., Hepburn, H. R., Radloff, S. E., Tautz, J. 2004. Honeybee combs: Construction through a liquid equilibrium process? Naturwissenschaften 91: 350–353.
34. Tschinkel, W. R. 2003. Subterranean ant nests: trace fossils past and future? Palaeogeography, Palaeoclimatology, Paleoecology 192: 321–333.
35. Hölldobler, B., Wilson, E. O. 1990. The Ants. Belknap Press of Harvard University Press, Cambridge, Massachusetts.
36. Hölldobler, B., Wislon, E. O. 1995. Ameisen. Die Entdeckung einer faszinierenden Welt. Birkhäuser Verlag, Basel.
37. Rabeling, C., Brown, J. M., Verhaagh, M 2008. Newly discovered sister lineage sheds light on early ant evolution. PNAS 105: 14913–14917.
38. Kück, P., Garcia, F. H., Misof, B., Meusemann, K. 2011. Improved phylogenetic analyses corroborate a plausible position of *Martiualis heureka* in the ant tree of life. PLOS One 6: e21031.
39. Persönliche Mitteilung Christian Rabeling, Dezember 2017.

KAPITEL 7: STAAT

1. https://de.wikipedia.org/wiki/Eusozialit%C3%A4t.
2. Kemper, H., Döhring, E. 1967. Die sozialen Faltenwespen Mitteleuropas. Paul Parey, Berlin, Hamburg.
3. Carpenter, J. M. 1991 Phylogenetic relationships and the origin of social behavior in the Vespidae. In: Ross, K. G., Matthews, R. W. 1991. The Social Biology of Wasps. Comstock Publishing Associates, Ithaca, London.
4. Danforth, B. et al. 2013. The Impact of molecular Data on our Understanding of bee phylogeny and evolution. Annu. Rev. Ent. 58: 57–78.
5. Michener, C. D. 2000. The bees of the world. Johns Hopkins University Press, Baltimore.
6. Brady, S. G. et al. 2006a. Recent and simultaneous origins of eusociality in halictid bees. Proc. R. Soc. B 273: 1643–1649.
7. Wilson, E. O. 1971. The Insect Societies.

The Belknap Press of Harvard University Press, Cambridge, Massachusetts.

8. Danforth et al. 2013: 71.
9. Brady et al. 2006a: 1644.
10. Danforth et al. 2013: 71.
11. Hölldobler, B., Wilson, E. O. 2016. Auf den Spuren der Ameisen. Die Entdeckung einer faszinierenden Welt. 3. Auflage. Springer-Verlag, Berlin, Heidelberg.
12. Hölldobler, Wilson 2016: 8.
13. Gleich, M. et al. 2000. Life Counts. Eine globale Bilanz des Lebens. Berlin Verlag, Berlin.
14. Brady et al. 2006b. Evaluating alternative hypotheses for the early evolution and diversification of ants. PNAS 103: 18172–18177.
15. Hölldobler, Wilson 2016: 219.
16. Hölldobler, Wilson 2016: 219.
17. Hölldobler, Wilson 2016: 222-223.
18. Hölldobler, Wilson 2016: Seite 227.
19. Mayr, E. 1984. Die Entwicklung der biologischen Gedankenwelt. Springer-Verlag, Berlin, Heidelberg, New York, Tokyo.
20. Nach Mayr 1984: 384.
21. Janning, W., Knust, E. 2008. Genetik: Allgemeine Genetik – Molekulare Genetik – Entwicklungsgenetik. 2. Auflage. Georg Thieme, Stuttgart.
22. Darwin, C. R. 1876. Die Entstehung der Arten im Thier- und Pflanzen-Reich durch natürliche Züchtung, oder Erhaltung der vervollkommneten Rassen im Kampfe um's Daseyn. Aus dem Englischen übersetzt von H. G. Bronn. Nach der sechsten englischen Auflage wiederholt durchgesehen und berichtigt von J. Victor Carus. Schweizerbart'sche Buchdruckerei, Stuttgart.
23. Darwin 1876.

KAPITEL 8: SCHMERZ

1. Schmidt, J. 2004. Venom and the good life in Tarantula Hawks (Hymenoptera: Pompilidae): How to eat, not to be eaten, and live long. J. Kansas Ent. Soc. 77: 402–413.
2. Schmidt 2004: 402.
3. http://www.spektrum.de/lexikon/biologie/schmerz/59642.
4. Das Milchzahn-Beispiel hat bereits Justin Schmidt in seinem Buch »The Sting of the Wild« (2016, Johns Hopkins University Press, Baltimore) genannt, aber es ist ein so prägnanter und allseits bekannter Fall von lustvollem Schmerz, dass ich es einfach übernehmen muss.https://en.wikipedia.org/wiki/Coyote_Peterson.
5. https://www.youtube.com/watch?v=MnExgQ81fhU.
6. https://www.youtube.com/watch?v=tXjHb5QmDVo.
7. Smith, M. L. 2014. Honey bee sting pain index by body location. Peer J. 2: e338. https://peerj.com/articles/338/.
8. http://www.mirror.co.uk/news/weird-news/bee-sting-penis-scrotum-see-3383253.
9. https://de.wikipedia.org/wiki/Ig-Nobelpreis.
10. http://www.npr.org/2016/05/15/

477852486/stung-by-83-different-insects-biologist-rates-his-pain-on-a-scale-of-1-to-ow.

11. Schmidt: Sting of the Wild, p. 41.
12. Schmidt 2016: 41.
13. https://www.nytimes.com/2016/08/21/magazine/the-connoisseur-of-pain.html.
14. https://curiosity.com/topics/entomologist-justin-schmidt-suffered-insect-stings-for-science-curiosity/.
15. https://www.nytimes.com/2016/08/21/magazine/the-connoisseur-of-pain.html.
16. Schmidt, J. O. et al. 1984. Hemolytic activities of stinging insect venom. Archives of Insect Biochemistry and Physiology 155–160.
17. Schmidt, J. O. 1990. Hymenoptera Venoms: Striving Toward the Ultimate Defense Against Vertebrates. In D. L. Evans; J. O. Schmidt. Insect Defenses: Adaptive Mechanisms and Strategies of Prey and Predators. Albany, New York: State University of New York Press. Seiten 387–419.
18. Seifert, G. 1995. Entomologisches Praktikum. 3. Auflage. Georg Thieme, Stuttgart, New York.
19. Dettner, K., Peters, W. 2010. Lehrbuch der Entomologie. Spektrum Akademischer Verlag, Heidelberg.
20. Schmidt. Venom and the good life. P. 405.
21. Schmidt 2004: 405.
22. Schmidt 1990: 397–398.
23. Müller, U. R. 1988. Insektenstichallergie. Klinik, Diagnostik und Therapie. Gustav Fischer Verlag, Stuttgart, New York.
24. Müller 1988: 47 ff.
25. Müller 1988: 47 ff.
26. Schmidt 1990: 397–398.
27. Schmidt 2016: 45.
28. Schmidt, J. O. 2014. Evolutionary responses of solitary and social Hymenoptera to predation by primates and overwhelmingly powerful vertebrate predators. Journal of Human Evolution 71: 12–19.
29. Ali, M. A. M. 2012. Studies on bee venom and its medical uses. International Journal of Advancements in Research & Technology 1: 1–15.
30. Kapfhammer, W. 2015. Das Ameisenfest der Sateré-Mawé, in: Feest, Christian / Christine Kron (Hg.), Regenwald, Begleitbuch zur Ausstellung, Ausstellungszentrum Lokschuppen, Rosenheim: Konrad Theiss, 2015:76–81 (www.ethnologie.uni-muenchen.de/personen/lehrbeauftragte/kapfhammer/kapfhammer_ameisenfest.pdf.)
31. Kapfhammer 2015.
32. Hurault, J. 1968. Les Indiens Wayana de la Guyane française. ORSTOM, Paris; Césard, N. 2005. Suplices d'insectes en Amazonie indigène. Insectes 136: 3–6; siehe auch: http://classiques.uqac.ca/contemporains/chapuis_jean/personne_wayana_entre_sang_et_ciel/personne_wayana.html.
33. Lockwood, J. A. 2009. Six-legged soldiers. Using insects as weapons of war. Oxford University Press, Oxford, New York.
34. Delany, L. 2011. Military applications of apiculture: The (other) nature of war. Masters of Military Research Papers.

www.dtic.mil/docs/citations/ADA600636.

35. Weiss, H. 2012. Der Flug der Biene Maja durch die Welt der Medien: Buch, Film, Hörspiel und Zeichentrickserie (Buchwissenschaftliche Beiträge aus dem Deutschen Bucharchiv München). Harrassowitz Verlag, Wiesbaden; Weiss, H. (Hrsg.) 2014. 100 Jahre Biene Maja – Vom Kinderbuch zum Kassenschlager. (Studien zur Europäischen Kinder-und Jugendliteratur, Bd. 1). Universitätsverlag Winter, Heidelberg; Josting, P., Schmideler, S. 2015. Bonsels' Tierleben – Insekten und Kriechtiere in Kinder- und Jugendmedien. Schneider Verlag, Hohengehren.
36. Wellershoff, I. Der Wandel der Biene Maja in den Animationsserien des ZDF. In: Josting, P., Schmideler, S. 2015. Bonsels' Tierleben – Insekten und Kriechtiere in Kinder- und Jugendmedien. Schneider Verlag, Hohengehren. 27–37.
37. Howard E. Evans 1985. Wasp Farm. Comstock Publishing Associates, Cornell University Press, Ithaca, London.

KAPITEL 9: PERSPEKTIVEN

1. Hallmann, C. A. et al. 2017. More than 75 percent decline over 27 years in total flying insect biomass in protected areas. PLOS One 12 (10): 12 (10): e0185809. https://doi.org/10.1371/journal.pone.0185809.
2. http://www.zeit.de/wissen/umwelt/2017–10/insektensterben-fluginsekten-gesamtmasse-rueckgang-studie.
3. http://journals.plos.org/plosone/article/related?id=10.1371/journal.pone.0185809.
4. https://www.welt.de/wissenschaft/article170679639/Expertenstreit-Wie-zaehlt-man-Insekten-richtig.html.
5. http://www.biodiversity.de/produkte/interviews/nationales-biodiversitats-monitoring.
6. http://onlinelibrary.wiley.com/wol1/doi/10.1111/1365–2656.12789/full.
7. http://folio.nzz.ch/2001/juli/unerwarteter-weltuntergang.
8. Alle Informationen zur Situation der Bestäuber entstammen dem aktuellen IPBESS-Bericht zu den Ökosystemdienstleistungen von Bestäubern: IPBES 2016. The assessment report of the Intergovernmental Science-Policy Platform on Biodiversity and Ecosystem Services on pollinators, pollination and food production. S.G. Potts, V. L. Imperatriz-Fonseca, and H. T. Ngo, (eds). Secretariat of the Intergovernmental Science-Policy Platform on Biodiversity and Ecosystem Services, Bonn, Germany. 552 Seiten. https://www.ipbes.net/deliverables/3a-pollination.
9. Flügel, H.-J. 2011. Die Honigbiene: Arten, Unterarten, Linien und Rassen. Lebbimuk 8: 50–66.
10. Tirado, R. et al. 2013. Bye Bye Biene? Das Bienensterben und die Risiken für die Landwirtschaft in Europa. Green-

peace International. https://www.greenpeace.de/presse/publikationen/report-bye-bye-biene.

11. http://www.cam.ac.uk/research/news/think-of-honeybees-as-livestock-not-wildlife-argue-experts.
12. http://journals.plos.org/plosone/article?id=10.1371/journal.pone.0189268.
13. http://science.sciencemag.org/content/345/6204/1558.full.
14. Costello, M., May, R. M., Stork, N. E. 2013. Can we name Earth's species before they go extinct? Science 339: 413–416.
15. Costello et al. 2013.
16. Wilson, E. O. 2005. The Linnaean Enterprise: Past, Present, and Future. Proceedings of the American Philosophical Society 149: 344–348.
17. Dick, S. J. 2013. Discovery and classification in astronomy. Controversy and consensus. Cambridge University Press, Cambridge, UK.
18. Hölldobler, B., Wilson, E. O. 2016. Auf den Spuren der Ameisen. Die Entdeckung einer faszinierenden Welt. Springer Spektrum, Heidelberg.
19. Howard E. Evans. 1985. Wasp Farm. Comstock Publishing Associates, Cornell University Press, Ithaca, London.
20. https://www.mpg.de/603252/pressemitteilung201002012.

REGISTER

BILDNACHWEIS

S. 8, 216, 219 Wheeler, W. M. 1910. Ants. Their structure, development and behavior. Columbia University Biological Series IX. Bibliothek des Museums für Naturkunde Berlin; S. 13, 78 Merian, M. S. 1705. Metamorphosis Insectorum Surinamensium. Amsterdam, Eigenverlag M. S. Merian. Tafel XVIII. Bibliothek Senckenberg Deutsches Entomologisches Institut Müncheberg, Signatur F9a; S. 15, 48 Panzer, G. W. F. 1792–1813. Faunae Insectorum Germanicae initia oder Deutschlands Insecten, Felseckersche Buchhandlung, Nürnberg. Bibliothek des Museums für Naturkunde Berlin; S. 19 Saussure, H. de 1854. Mélanges Hyménoptérologiques. 1er Fascicule. Mémoires de la Société de Physique et d'Histoire Naturelle de Genève 14:1–76; S. 24, 112 Stelluti, F. 1630. Mit freundlicher Genehmigung der Linda Hall Library of Science, Engineering & Technology, Kansas City, USA; S. 27, 29 Michael Ohl; S. 35 Daniela Linde, privat; S. 38, 198 C. Radke, Museum für Naturkunde Berlin; S. 46 Saussure, H. de 1854. Mélanges Hyménoptérologiques. 1er Fascicule. Mémoires de la Société de Physique et d'Histoire Naturelle de Genève 14:1–76; S. 59 Stark verändert nach Peters et al. 2017. Evolutionary history of the Hymenoptera. Current Biology 27: 1–6; S. 71 Richard M. Bohart und Arnold S. Menke 1976. Sphecid Wasps of the World. Mit freundlicher Genehmigung der University of California Press; S. 74, 91, 310 Dahlbom, A. G. 1839–1840. Synopsis Hymenopterologiae Scandinavicae. Skandinaviska Steklarnes Natur-Historia med figurer målade after naturen och ritade på sten af J. Ahlgren. Andra Kretsen: rof-steklar och deras likar. 1:sta häftet. Första afdelningen: Naturhi storisk undersökning om skandinaviska Gull- och Silvermunsteklar. Examen historico-naturale de Crabronibus Scandinavicis. Lund. [1–4], 1–104 pp., 5 pl.; S. 77, 80 Christ, J. L. 1791. Naturgeschichte, Klassification und Nomenclatur der Insekten vom Bienen, Wespen und Ameisengeschlecht. Bibliothek des Museums für Naturkunde Berlin; S. 83 Mit freundlicher Genehmigung der Naturwissenschaftlichen Sammlung des Museums Wiesbaden, Landesmuseum für Kunst und Kultur; S. 89 Pressefoto Schwedisches Nationalmuseum, Stockholm; S. 94 Kohl, F. F. 1890. Die Hymenopterengruppe der Sphecinen. I. Annalen des k. k. naturhistorischen Hofmuseums Wien 5: 77–104, 317–461; S. 107 Frisch, K. von 1923. Über die »Sprache« der Bienen. Gustav Fischer Verlag, Jena. Mit freundlicher Genehmigung von Springer Nature; S. 111 Stilleben von Jan van Kessel dem Älteren, ca. 1650. Mit freundlicher Genehmigung des Fine Arts Museum of San Francisco (Schenkung von Mr. und Mrs. Richard S. Rheem, Eingangsnummer 58.42.2); S. 114 Moffett, T. 1634. Insectorum sive minimorum animalium theatrum. London. Bibliothek des Museums für Naturkunde Berlin (Drory-Bibliothek); S. 115 Aldrovandi, U. 1602. De animalibus insectis libri septem. Frankfurt. Nachdruck 1618. Bibliothek des Museums für Naturkunde Berlin (Drory-Bibliothek); S. 116, 171 Turner, R. E. 1910. Hymenoptera. Fam. *Thynnidae. Genera Insectorum* 105:

62 Seiten. Bibliothek des Museums für Naturkunde Berlin; S. 124 B. Schurian, Museum für Naturkunde Berlin (EOS-Projekt, Kastennummer MfN_Hym_Sph_D0017); S. 138 Mit freundlicher Genehmigung von Thierry Hubin, Königliches Belgisches Institut für Naturwissenschaften, Brüssel; S. 150, 152, 165, 167 Friese, H. 1923. Die Europäischen Bienen (Apidae). Das Leben und Wirken unserer Blumenwespen. Walter de Gruyter, Berlin, Leipzig. 456 Seiten. Bibliothek des Museums für Naturkunde Berlin; S. 167 Friese, H. 1923. Die Europäischen Bienen (Apidae). Das Leben und Wirken unserer Blumenwespen. Walter de Gruyter, Berlin, Leipzig. 456 Seiten. Bibliothek des Museums für Naturkunde Berlin; S. 174 Saussure, H. de 1853–1858: Monographie des Guêpes Sociales. Atlas. Tafel VIII. Bibliothek des Museums für Naturkunde Berlin; S. 194 Osten, T. 2003. *Sceliphron curvatum* (Smith, 1870) (Hymenoptera: Sphecidae) in Stuttgart. Mitteilungen des entomologischen Vereins Stuttgart 38: 13–14. Mit freundlicher Genehmigung von Johannes Reibnitz, Tamm; S. 200 Saussure, H. de 1853–1858: Monographie des Guêpes Sociales. Atlas. Tafel VIII. Bibliothek des Museums für Naturkunde Berlin; S. 202 li. Saussure, H. de 1853–1858: Monographie des Guêpes Sociales. Atlas. Tafel XXXII. Bibliothek des Museums für Naturkunde Berlin; S. 202 re. Saussure, H. de 1853–1858: Monographie des Guêpes Sociales. Atlas. Tafel XV. Bibliothek des Museums für Naturkunde Berlin; S. 204 Saussure H. de 1853–1858: Monographie des Guêpes Sociales. Atlas. Tafel X. Bibliothek des Museums für Naturkunde Berlin; S. 207 Möbius, K. 1856. Die Nester der geselligen Wespen. Abhandlungen des naturwissenschaftlichen Vereins in Hamburg 3: 51 Seiten. Tafel VII. Bibliothek des Museums für Naturkunde Berlin; S. 213 Mit freundlicher Genehmigung von Barrett A. Klein, 2012. Eine frühere Version der Abbildung wurde in Rabeling, C., Brown, J. M., Ver¬haagh, M 2008. Newly discovered sister lineage sheds light on early ant evolution. PNAS 105: 14 913– 14 917 veröffentlicht; S. 221 Mauss, V., Treiber, R. 2004. Bestimmungsschlüssel für Faltenwespen (Hymenoptera: Masarinae, Polistinae, Vespinae) der Bundesrepublik Deutschland. 3. Auflage. Deutscher Jugendbund für Naturbeobachtung, Hamburg. Bibliothek des Museums für Naturkunde Berlin. Mit freundlicher Genehmigung von Volker Mauss; S. 227 Batra, S. W. T. 1966. The life cycle and behavior of the primitively social bee, Lasioglossum zephyrum (Halictidae). Kansas University Science Bulletin 46: 359–422. Bibliothek des Museums für Naturkunde Berlin. Mit freundlicher Genehmigung der University of Kansas, Museum of Natural History; S. 234 Wilson, E. O. 1971. The Insect Societies. The Belknap Press of Harvard University Press, Cambridge, Massachusetts. Bibliothek des Museums für Naturkunde Berlin. Mit freundlicher Genehmigung der Harvard University Press, Cambridge, Massachusetts; S. 243 Stark verändert nach Brembs, B. 2001 Hamilton's Theory. 1–4. In: Brenner, S., Miller, J. Brenner's Online Encyclopedia of Genetics. Academic Press. http://brembs.net/papers/hamilton.pdf; S. 244, 246 Sichel, J. und O. Radoszkovsky 1869–1870. Essai d'une monographie mutilles de l'ancient continent. Horae

Societatis Entomologicae Rossicae 6: 139–172, Tafeln 6–8; S. 259, 278, 281, 290 Jardine, W. 1840. The Naturalist's Library. Entomology. Bees. Bibliothek des Museums für Naturkunde Berlin; S. 262 Réamur, R. A. F. de 1759. Oeconomische Abhandlung von den Bienen, worinnen die Geschichte dieser Insecten, deren Wart und Pflege, wie auch die Art, davon guten Nutzen zu haben, enthalten ist. Aus dem Französischen ins Teutsche übersezet, und mit Anmerkungen begleitet, von C. C. O. Schöllenbach. Göbhards Erben, Frankfurt, Leipzig. Bibliothek des Museums für Naturkunde Berlin; S. 264, 267, 268, 269 Mosel, S. 2014. Der Stachelapparat aculeater Hymenopteren: Morphologie, Evolution und die Bedeutung für Reproduktionsstrategien bei solitären Wespen. Dissertation an der Mathematisch-Naturwissenschaftlichen Fakultät I der Humboldt-Universität zu Berlin; S. 287 Erdhummeln (Bombus terrestris) beim Blütenbesuch. Jardine, W. 1840. The Naturalist's Library. Entomology. Bees. Bibliothek des Museums für Naturkunde Berlin; S. 299 Verschiedene Arten und Unterarten der Honigbiene. Friese, H. 1923. Die Europäischen Bienen (Apidae). Das Leben und Wirken unserer Blumenwespen. Walter de Gruyter, Berlin, Leipzig. Bibliothek des Museums für Naturkunde Berlin

DIE BILDTEILE

Die Tiere chronologisch nach ihrem Auftreten

Die Maßangaben beziehen sich auf die Körperlänge des fotografierten Tieres, ohne die Antennen und Beine.

ERSTER BILDTEIL

Die Europäische Hornisse *Vespa crabro* (Linnaeus, 1758). Vespidae. Deutschland, Brandenburg. 28 mm

Stigmus solskyi (A. Morawitz, 1864) ist eine der kleinsten Grabwespen in Mitteleuropa. Crabronidae. Deutschland, Region Saaletal, Schönburg. 4,8 mm

Die südamerikanische Grabwespe *Trigonopsis intermedia* (Saussure, 1867) ist ein eleganter Schabenjäger. Sphecidae. Französisch-Guayana, Relais de Patawa. 22 mm

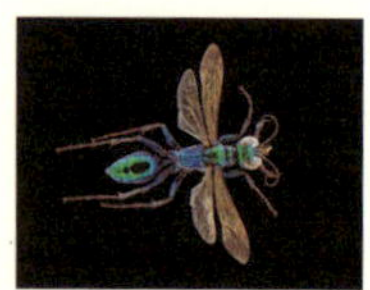

Chlorion lobatum (Fabricius, 1775) ist eine der schönsten Grabwespen Südostasiens. Sphecidae. Malaysia. 28 mm

Die australische Rollwespe *Diamma bicolor* (Westwood, 1835) ist eine der ungewöhnlichsten Wespenarten. Australien, New South Wales. 21,3 mm

Die Mai-Langhornbiene *Eucera nigrescens* (Pérez, 1879) hat wie alle Langhornbienen ungewöhnlich lange Fühler. Griechenland, Pindos-Gebirge. 12,1 mm

Methocha articulata (Latreille, 1792) ist eine Rollwespenart, die an Sandlaufkäfern parasitiert. Tiphiidae. Österreich, Burgenland. 12,1 mm

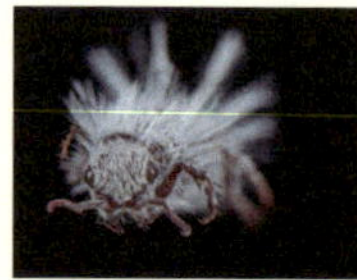

Die weiß-puschelige Spinnenameise *Dasymutilla gloriosa* (Saussure, 1868) ist auf hellem Wüstensand kaum zu sehen. Mutillidae. USA, Arizona. 12,7 mm

Die flügellosen Weibchen der parasitischen Spinnenameise *Dasymutilla occidentalis* (Linneaus, 1758) legen ihre Eier in Hummelnester. Mutillidae. USA, Florida. 19,4 mm

Die Weibchen der Thynninae sind flügellos und werden während der Paarung von den Männchen im Flug herumgetragen. Tiphiidae. Westaustralien. 20,7 mm

Xylocopa inconstans (Smith, 1874) ist eine große, dicht behaarte Holzbiene. Apidae. Namibia, Kavango-Ost/Sambesi. 24,1 mm

Die Dolchwespe *Dasyscolia ciliata* (Fabricius, 1787) ist der Bestäuber des Spiegel-Ragwurz, einer Orchideenart. Scoliidae. Spanien, Mallorca. 16,2 mm

Arten der Grabwespengattung *Aphilanthops* jagen für ihren Nachwuchs Königinnen der Ameisengattung *Formica*. Crabronidae: *Aphilanthops foxi* (Dunning, 1898). USA, Arizona. 12,5 mm

Die Weibchen der Grabwespe *Stictia carolina* (Fabricius, 1793) wird auch als »horse guard wasp« bezeichnet, weil sie von Pferden angelockte Bremsen jagt. Crabronidae. USA, Florida. 25 mm

Die Sand-Goldwespe *Hedychrum nobile* (Scopoli, 1763) parasitiert an Grabwespen der Gattung *Cerceris*. Chrysididae. Deutschland, Niedersachsen. 7,8 mm

Männchen von *Crabro cribrarius* (Linneaus, 1758) besitzen große Schilde an ihren Vorderbeinen mit einem artspezifischen Muster aus transparenten Stellen, mit denen sie bei der Paarung die Augen der Weibchen bedecken. Crabronidae. Deutschland, Berlin. 12,7 mm

Diese Wespe der Gattung *Celonites* gehört zu den Honigwespen. Sie ist die einzige Wespengruppe, bei der die Larven Vegetarier sind. Vespidae, Masarinae. Südafrika, Provinz Westkap. 8,3 mm

Die Lehmwespe *Delta dimidiatipenne* (Saussure, 1852) trägt Schmetterlingsraupen für ihre Larven ein, die in charakteristischen Lehmnestern heranwachsen. Vespidae, Eumeninae. Spanien, Gran Canaria. 29 mm

Die Weibchen der Grabwespe *Oxybelus mucronatus* (Fabricius, 1793) transportieren ihre Fliegenbeute aufgespießt auf ihrem Stachel. Crabronidae. Deutschland, Brandenburg. 9,8 mm

Die riesigen Komplexaugen der Männchen der Grabwespe *Astata boops* (Schrank, 1781) berühren sich auf der Stirn. 9,1 mm Crabronidae. Spanien, Gran Canaria. 9,1 mm

Diese Grabwespe der Art *Bembix occidentalis* (Fox, 1893) nistete in einer großen Aggregation am sandigen Ufer eines Wüstensees. Crabronidae. USA, Nevada. 21,2 mm

Die Heidekraut-Seidenbiene *Colletes succinctus* (Linneaus, 1758) ist in Europa und Asien weitverbreitet. Deutschland, Niedersachsen. 9,5 mm

Die Dolchwespe *Megascolia (Regiscolia) maculata* (Drury, 1773) ist eine der größten europäischen Wespen. Scoliidae. Griechenland, Peloponnes. 35 mm

Das Weibchen der Grabwespe *Stictia carolina* (Fabricius, 1793) aus einer anderen Perspektive. Crabronidae. USA, Florida. 25 mm

Eine Arbeiterin der Blattschneiderameisengattung *Atta* aus Brasilien mit ihrem charakteristischen, herzförmigen Kopf. Formicidae: Myrmicinae. 8,9 mm

Die Wegwespe *Cryptocheilus ichneumonides* (Costa, 1874) ist eine der größten europäischen Wegwespenarten. Pompilidae. Griechenland, Makrinoros-Gebirge. 21 mm

Die Lehmwespe *Sceliphron caementarium* (Drury, 1773) ist in den USA als »yellow mud dauber« bekannt. Sphecidae. USA, Arizona. 26 mm

Die Weibchen der Rollwespe *Myzinum dubiosum* (Cresson, 1872) sind kräftige, große Tiere. Tiphiidae. USA, Arizona. 17,5 mm

Die großen Wegwespen der Gattung *Hemipepsis* sind in Südafrika die einzigen Bestäuber von beinahe 20 Pflanzenarten. Pompilidae. Südafrika, Provinz Ostkap. 45 mm

Die Feldwespe *Polistes dominulus* (Christ, 1791) legt kleine, einwabige Papiernester an. Vespidae. Deutschland, Ostwestfalen. 14,9 mm

Die weiß-puschelige Spinnenameise *Dasymutilla gloriosa* (Saussure, 1868) aus einer anderen Perspektive. USA, Arizona. 12,7 mm

ZWEITER BILDTEIL

Eine Honigbienearbeiterin *Apis mellifera* (Linneaus, 1758). Apidae. Deutschland, Brandenburg. 11,9 mm

Wie bei allen Spinnenameisen besitzen die Männchen von *Dasymutilla occidentalis* (Linneaus, 1758) im Gegensatz zu ihren Weibchen Flügel. Mutillidae. USA, Florida. 22 mm

Xylocopa inconstans (Smith, 1874) ist eine große, dicht behaarte Holzbiene. Apidae. Namibia, Kavango-Ost/ Sambesi. 24,1 mm

Die Dolchwespe *Dasyscolia ciliata* (Fabricius, 1787) ist der Bestäuber des Spiegel-Ragwurz, einer Orchideenart. Scoliidae. Spanien, Mallorca. 16,2 mm

Arten der Grabwespengattung *Aphilanthops* jagen für ihren Nachwuchs Königinnen der Ameisengattung *Formica*. Crabronidae: *Aphilanthops foxi* (Dunning, 1898). USA, Arizona. 12,5 mm

Die Weibchen der Grabwespe *Stictia carolina* (Fabricius, 1793) wird auch als »horse guard wasp« bezeichnet, weil sie von Pferden angelockte Bremsen jagt. Crabronidae. USA, Florida. 25 mm

Die Sand-Goldwespe *Hedychrum nobile* (Scopoli, 1763) parasitiert an Grabwespen der Gattung *Cerceris*. Chrysididae. Deutschland, Niedersachsen. 7,8 mm

Männchen von *Crabro cribrarius* (Linneaus, 1758) besitzen große Schilde an ihren Vorderbeinen mit einem artspezifischen Muster aus transparenten Stellen, mit denen sie bei der Paarung die Augen der Weibchen bedecken. Crabronidae. Deutschland, Berlin. 12,7 mm

Diese Wespe der Gattung *Celonites* gehört zu den Honigwespen. Sie ist die einzige Wespengruppe, bei der die Larven Vegetarier sind. Vespidae, Masarinae. Südafrika, Provinz Westkap. 8,3 mm

Die Lehmwespe *Delta dimidiatipenne* (Saussure, 1852) trägt Schmetterlingsraupen für ihre Larven ein, die in charakteristischen Lehmnestern heranwachsen. Vespidae, Eumeninae. Spanien, Gran Canaria. 29 mm

Die Weibchen der Grabwespe *Oxybelus mucronatus* (Fabricius, 1793) transportieren ihre Fliegenbeute aufgespießt auf ihrem Stachel. Crabronidae. Deutschland, Brandenburg. 9,8 mm

Die riesigen Komplexaugen der Männchen der Grabwespe *Astata boops* (Schrank, 1781) berühren sich auf der Stirn. 9,1 mm Crabronidae. Spanien, Gran Canaria. 9,1 mm

Diese Grabwespe der Art *Bembix occidentalis* (Fox, 1893) nistete in einer großen Aggregation am sandigen Ufer eines Wüstensees. Crabronidae. USA, Nevada. 21,2 mm

Die Heidekraut-Seidenbiene *Colletes succinctus* (Linneaus, 1758) ist in Europa und Asien weitverbreitet. Deutschland, Niedersachsen. 9,5 mm

Die Dolchwespe *Megascolia (Regiscolia) maculata* (Drury, 1773) ist eine der größten europäischen Wespen. Scoliidae. Griechenland, Peloponnes. 35 mm

Das Weibchen der Grabwespe *Stictia carolina* (Fabricius, 1793) aus einer anderen Perspektive. Crabronidae. USA, Florida. 25 mm

Eine Arbeiterin der Blattschneiderameisengattung *Atta* aus Brasilien mit ihrem charakteristischen, herzförmigen Kopf. Formicidae: Myrmicinae. 8,9 mm

Die Wegwespe *Cryptocheilus ichneumonides* (Costa, 1874) ist eine der größten europäischen Wegwespenarten. Pompilidae. Griechenland, Makrinoros-Gebirge. 21 mm

Die Lehmwespe *Sceliphron caementarium* (Drury, 1773) ist in den USA als »yellow mud dauber« bekannt. Sphecidae. USA, Arizona. 26 mm

Die Weibchen der Rollwespe *Myzinum dubiosum* (Cresson, 1872) sind kräftige, große Tiere. Tiphiidae. USA, Arizona. 17,5 mm

Die großen Wegwespen der Gattung *Hemipepsis* sind in Südafrika die einzigen Bestäuber von beinahe 20 Pflanzenarten. Pompilidae. Südafrika, Provinz Ostkap. 45 mm

Die Feldwespe *Polistes dominulus* (Christ, 1791) legt kleine, einwabige Papiernester an. Vespidae. Deutschland, Ostwestfalen. 14,9 mm

Die weiß-puschelige Spinnenameise *Dasymutilla gloriosa* (Saussure, 1868) aus einer anderen Perspektive. USA, Arizona. 12,7 mm

ZWEITER BILDTEIL

Eine Honigbienearbeiterin *Apis mellifera* (Linneaus, 1758). Apidae. Deutschland, Brandenburg. 11,9 mm

Wie bei allen Spinnenameisen besitzen die Männchen von *Dasymutilla occidentalis* (Linneaus, 1758) im Gegensatz zu ihren Weibchen Flügel. Mutillidae. USA, Florida. 22 mm

Melecta luctuosa (Scopoli, 1770), eine Trauerbiene, ist ein Parasit von Pelzbienen. Griechenland, Peloponnes. 14,4 mm

Eine Arbeiterin der Ameisenart *Polyrhachis sexspinosa* (Latreille, 1802) mit auffälligen Körperdornen. Papua Neuguinea. 13,6 mm

Die Gewöhnliche Blutbiene *Sphecodes ephippius* (Linneaus, 1767) ist eine Kuckucksbiene, die an anderen Bienen parasitiert. Griechenland, Peloponnes. 8,7 mm

Die Männchen vieler Rollwespenarten *Myzinum maculatum* (Fabricius, 1793) besitzen an ihrer Hinterleibsspitze einen Scheinstachel, mit dem sie allerdings nicht richtig stechen können. Tiphiidae. USA, Arizona. 15 mm

Die Lehmwespe *Abispa splendida splendida* (Guérin, 1838) baut ihre Lehmnester unter Steinen oder in Holzlöchern. Vespidae, Eumeninae. Australien, New South Wales. 25 mm

Eine Arbeiterin der Treiberameise *Dorylus nigricans* (Illiger, 1802). Formicidae: Dorylinae. Namibia, Nakatwa. 12,2 mm

Eine Arbeiterin der 24-Stunden-Ameise *Paraponera clavata* (Fabricius, 1775). Venezuela. 23 mm

Grabwespen der Art *Clypeadon sculleni* (Bohart, 1959) sind auf die Jagd von Ernteameisen der Gattung *Pogonomyrmex* spezialisiert. Crabronidae. USA, Arizona. 8,5 mm

Ein Bienenwolf *Philanthus triangulum* (Fabricius, 1775) aus der arabischen Wüste. Crabronidae. Oman, Wadi Ghul. 13,7 mm

Metanysson arivaipa (Pate, 1938) ist eine Grabwespe, die an anderen Grabwespen der Gattung *Cerceris* parasitiert. Crabronidae. USA, Arizona. 9,8 mm

Ctenochilus cuyanus (Brèthes, 1903) ist eine südamerikanische Lehmwespenart. Vespidae, Eumeninae. Argentinien, Provinz Catamarca. 17 mm

Die parasitischen Wespenbienen der Gattung *Nomada* wie diese *Nomada italica* (Dalla Torre & Friese, 1894) sind fast unbehaart und werden oft mit sozialen Wespen verwechselt. Griechenland, Evinochori. 13,7 mm

Die Arten der Gattung *Pachycondyla* gehören zu den Urameisen. Formicidae: Ponerinae. Namibia, Kavango-Ost/Sambesi. 15,2 mm

Die blassbraune Färbung der Männchen der Wespengattung *Chyphotes* deutet auf ihre nachtaktive Lebensweise hin. Bradynobaenidae. USA, Arizona. 9,1 mm

Die Königinnen der Treiberameisengattung *Dorylus* sp. gehören zu den größten Ameisen überhaupt. Formicidae: Dorylinae. Namibia, Nakatwa. 33 mm

Das Weibchen der parasitischen Rollwespe *Methocha articulata* (Latreille, 1792) ist flügellos. Tiphiidae Österreich, Niederösterreich. 7,9 mm

Die Weibchen der Grabwespe *Chlorion maxillosum* (Poiret, 1787) legen ihre Eier auf vorübergehend paralysierte Grillen. Sphecidae. Tansania, Viktoriasee. 37 mm

Die Grabwespe *Miscophus kriechbaumeri* (Brauns, 1899) besitzt zahlreiche helle Haarbüschelchen, die auf Brust und Kopf verteilt sind. Crabronidae. Namibia, Windhuk. 7,5 mm

Die Larven der Dolchwespe *Scolia (Discolia) verticalis* (Fabricius, 1775) parasitieren an Rosenkäfern. Scoliidae. Australien, New South Wales. 14,2 mm

Ein Weibchen der Grabwespe *Stictia carolina* (Fabricius, 1793). Crabronidae. USA, Florida. 25 mm

Das Weibchen der Grabwespe *Stictia carolina* (Fabricius, 1793) und seine Mundwerkzeuge. Crabronidae. USA, Florida. 25 mm